ISBN 978-0-364-47633-8
PIBN 11030059

G. Brogi Firenze phot. — Meisenbach Riffarth & Co. Berlin heliograv.

Verlag von Julius Springer in Berlin N.

Lebenserinnerungen

von

Werner von Siemens.

Siebente Auflage.

Mit dem Bildniß des Verfassers in Kupferätzung.

Berlin.
Verlag von Julius Springer.
1904.

Buchdruckerei von Gustav Schade (Otto Francke) in Berlin N.

Harzburg, im Juni 1889.

„Unser Leben währet siebenzig Jahr, und wenn's hochkommt, so sind's achtzig Jahr" — das ist eine bedenkliche Mahnung für Jemand, der sich dem Mittel dieser Grenzwerthe nähert und noch viel zu thun hat! Man kann sich zwar im Allgemeinen damit trösten, daß Andere das thun werden, was man selbst nicht mehr fertig bringt, daß es also der Welt nicht dauernd verloren geht; doch giebt es auch Aufgaben, bei denen dieser Trost nicht gilt, und für deren Lösung kein Anderer eintreten kann. Hierher gehört die Aufzeichnung der eigenen Lebenserinnerungen, die ich meiner Familie und meinen Freunden versprochen habe. Ich gestehe, daß mir der Entschluß zur Ausführung dieser Arbeit recht schwer geworden ist, da ich mich weder historisch noch schriftstellerisch begabt fühle und stets mehr Interesse für Gegenwart und Zukunft als für die Vergangenheit hatte. Dazu kommt, daß ich kein gutes Gedächtniß für Namen und Zahlen habe, und daß mir auch viele Ereignisse meines ziemlich wechselvollen Lebens im Laufe der Jahre entschwunden sind. Andrerseits wünsche ich aber, meine Bestrebungen und Handlungen durch eigene Schilderung festzustellen, um zu verhindern, daß sie später verkannt und falsch gedeutet werden, und glaube auch, daß es für junge Leute lehrreich und anspornend sein wird, aus ihr zu ersehen, daß ein junger Mann auch ohne ererbte Mittel und einflußreiche Gönner, ja sogar ohne richtige Vorbildung, allein durch seine eigene Arbeit sich emporschwingen und Nützliches leisten kann. Ich werde nicht viel Mühe auf die Form der Darstellung verwenden, sondern meine Erinnerungen niederschreiben, wie sie mir in den Sinn kommen, ohne andere Rücksichten dabei zu nehmen als die, daß sie mein Leben klar und wahr schildern und meine Gefühle und Anschauungen getreulich wiedergeben. Ich werde aber versuchen, zugleich auch die inneren und äußeren Kräfte aufzudecken, die mich auf meiner Lebensbahn durch Freud und Leid den erstrebten Zielen zuführten und meinen Lebensabend zu einem sorgenfreien und sonnigen gestaltet haben.

Hier in meiner abgelegenen Villa zu Harzburg hoffe ich die zu einem solchen Rückblicke auf mein Leben nöthige geistige Ruhe am besten zu finden, denn an den gewohnten Stätten meiner Arbeitsthätigkeit, in Berlin und Charlottenburg, bin ich zu sehr von den Aufgaben der Gegenwart in Anspruch genommen, um ungestört längere Zeit der eigenen Vergangenheit widmen zu können.

Meine früheste Jugenderinnerung ist eine kleine Heldenthat, die sich vielleicht deswegen meinem Gedächtnisse so fest einprägte, weil sie einen bleibenden Einfluß auf die Entwicklung meines Charakters ausgeübt hat. Meine Eltern lebten bis zu meinem achten Lebensjahre in meinem Geburtsorte Lenthe bei Hannover, wo mein Vater das einem Herrn von Lenthe gehörige „Obergut" gepachtet hatte. Ich muß etwa fünf Jahre alt gewesen sein und spielte eines Tages im Zimmer meines Vaters, als meine drei Jahre ältere Schwester Mathilde laut weinend von der Mutter ins Zimmer geführt wurde. Sie sollte ins Pfarrhaus zu ihrer Strickstunde gehen, klagte aber, daß ein gefährlicher Gänserich ihr immer den Eintritt in den Pfarrhof wehre und sie schon wiederholt gebissen habe. Sie weigerte sich daher entschieden, trotz alles Zuredens der Mutter, ohne Begleitung in ihre Unterrichtsstunde zu gehen. Auch meinem Vater gelang es nicht, ihren Sinn zu ändern; da gab er mir seinen Stock, der ansehnlich größer war als ich selbst, und sagte: „Dann soll Dich Werner hinbringen, der hoffentlich mehr Courage hat wie Du." Mir hat das wohl zuerst etwas bedenklich geschienen, denn mein Vater gab mir die Lehre mit auf den Weg: „Wenn der Ganter kommt, so geh ihm nur muthig entgegen und haue ihn tüchtig mit dem Stock, dann wird er schon fortlaufen!" Und so geschah es. Als wir das Hofthor öffneten, kam uns richtig der Gänserich mit hoch aufgerichtetem Halse und schrecklichem Zischen entgegen. Meine Schwester kehrte schreiend um, und ich hatte die größte Lust, ihr zu folgen, doch ich traute

1*

dem väterlichen Rathe und ging dem Ungeheuer, zwar mit geschlossenen Augen, aber tapfer mit dem Stocke um mich schlagend, entgegen. Und siehe, jetzt bekam der Gänserich Furcht und zog sich laut schnatternd in den Haufen der auch davonlaufenden Gänse zurück.

Es ist merkwürdig, welch tiefen, dauernden Eindruck dieser erste Sieg auf mein kindliches Gemüth gemacht hat. Noch jetzt, nach fast 70 Jahren, stehen alle Personen und Umgebungen, die mit diesem wichtigen Ereignisse verknüpft waren, mir klar vor Augen. An dasselbe knüpft sich die einzige mir gebliebene Erinnerung an das Aussehen meiner Eltern in ihren jüngeren Jahren, und unzählige Male hat mich in späteren schwierigen Lebenslagen der Sieg über den Gänserich unbewußt dazu angespornt, drohenden Gefahren nicht auszuweichen, sondern sie durch muthiges Entgegentreten zu bekämpfen.

Mein Vater entstammte einer seit dem dreißigjährigen Kriege am nördlichen Abhange des Harzes angesessenen, meist Land- und Forstwirthschaft treibenden Familie. Eine alte Familienlegende, die von neueren Familienhistorikern allerdings als nicht erwiesen verworfen wird, erzählt, daß unser Urahn mit den Tillyschen Schaaren im dreißigjährigen Kriege nach Norddeutschland gekommen sei und Magdeburg mit erstürmt, dann aber eine den Flammen entrissene Magdeburger Bürgerstochter geheirathet habe und mit ihr nach dem Harz gezogen sei. — Wie schon die Existenz eines getreulich geführten Stammbaums, die in bürgerlichen Familien ja etwas seltenes ist, beweist, hat in der Familie Siemens immer ein gewisser Zusammenhang obgewaltet. In neuerer Zeit trägt die alle fünf Jahre in einem Harzort stattfindende Familienversammlung, sowie eine im Jahre 1876 begründete Familienstiftung dazu bei, diesen Zusammenhang der heute sehr ausgebreiteten Familie zu befestigen.

Wie die meisten Siemens war auch mein Vater sehr stolz auf seine Familie und erzählte uns Kindern häufig von Angehörigen derselben, die sich im Leben irgendwie hervorgethan hatten. Ich erinnere mich aber aus diesen Erzählungen außer meines Großvaters mit seinen fünfzehn Kindern, von denen mein Vater das jüngste war, nur noch eines Kriegsraths Siemens, der eine gebietende Stellung im Rathe der freien Stadt Goslar inne hatte, gerade in der Zeit, als die Stadt ihre Reichsunmittelbarkeit verlor. Mein Großvater hatte den Gutsbesitz des Reichsfreiherrn von Grote, bestehend aus den Gütern Schauen und Wasserleben am nördlichen Fuße des Harzes, gepachtet. Wasserleben war der Geburtsort meines Vaters. Unter den Jugendgeschichten, die der Vater uns Kindern gern erzählte, sind mir zwei in lebhafter Erinnerung geblieben.

Es werden jetzt etwa 120 Jahre her sein, als der Duodezhof des reichsunmittelbaren Freiherrn von Grote durch die Ansage überrascht wurde, daß der König Friedrich II. von Preußen auf der Reise von Halberstadt nach Goslar das reichsfreiherrliche Gebiet überschreiten wolle. Der alte Reichsfreiherr erwartete den mächtigen Nachbar gebührender Weise mit seinem einzigen Sohne an der Spitze seines aus 2 Mann bestehenden Contingentes zur Reichsarmee und begleitet von seinen Vasallen — meinem Großvater mit seinen Söhnen, sämmtlich hoch zu Roß. Als der alte Fritz mit seiner berittenen Eskorte sich der Grenze näherte, ritt der Reichsfreiherr ihm einige Schritte entgegen und hieß ihn in aller Form „in seinem Territorio" willkommen. Der König, dem die Existenz dieses Nachbarreiches vielleicht ganz entfallen war, schien überrascht von der Begrüßung, erwiederte den Gruß dann aber ganz formell und sagte zu seinem Gefolge gewandt: „Messieurs, voilà deux souverains qui se rencontrent!" Dieses Zerrbild alter deutscher Reichsherrlichkeit ist mir stets in Erinnerung geblieben und hat schon frühzeitig die Sehnsucht nach künftiger nationaler Einheit und Größe in uns Kindern angefacht.

An das geschilderte Ereigniß schloß sich bald ein anderes von tiefer gehender Bedeutung für den Groteschen Miniaturstaat. Mein Vater hatte vier Schwestern, von denen die eine, Namens Sabine, sehr schön und liebenswürdig war. Das erkannte bald der junge Reichsfreiherr und bot ihr Herz und Hand. Es ist mir nicht bekannt geworden, welche Stellung der alte Freiherr dazu eingenommen hatte; bei meinem Großvater fand der junge

Herr aber entschiedene Ablehnung. Dieser wollte seine Tochter nicht in eine Familie eintreten lassen, die sie nicht als ihresgleichen anerkennen würde, und hielt fest an der Ansicht seiner Zeit, daß Heil und Segen nur einer Verbindung von Gleich und Gleich entsprieße. Er verbot seiner Tochter jeden weiteren Verkehr mit dem jungen Freiherrn und beschloß ihr dies durch Entfernung vom elterlichen Hause zu erleichtern. Doch die jungen Leute waren offenbar schon vom Geiste der Neuzeit ergriffen, denn am Morgen der geplanten Abreise erhielt mein Großvater die Schreckenskunde, daß der junge Freiherr seine Tochter während der Nacht entführt habe. Darob große Aufregung und Verfolgung des entflohenen Paares durch den Großvater und seine fünf erwachsenen Söhne. Die Spur der Flüchtigen wurde bis Blankenburg verfolgt und führte dort in die Kirche. Als der Eingang in diese erzwungen war, fand man das junge Paar am Altar stehend, wo der Pastor soeben die rechtsgültige Trauung vollzogen hatte.

Wie sich das Familiendrama zunächst weiter entwickelte, ist mir nicht mehr erinnerlich. Leider starb der junge Ehemann schon nach wenigen, glücklich verlebten Jahren seiner Ehe, ohne Kinder zu hinterlassen. Die Herrschaft Schauen fiel daher Seitenverwandten zu, freilich damit auch die Last, meiner Tante Sabine noch beinahe ein halbes Jahrhundert lang die gesetzliche reichsfreiherrliche Wittwenpension zahlen zu müssen. Ich habe die liebenswürdige und geistreiche alte Dame zu Kölleda in Thüringen, wohin sie sich zurückgezogen hatte, als junger Artillerie-Officier wiederholt besucht. „Tante Grote" war auch im Alter noch schön und bildete damals den anerkannten Mittelpunkt unserer Familie. Auf uns jungen Leute übte sie einen fast unwiderstehlichen Einfluß aus, und es war für uns ein wahrer Genuß, sie von Personen und Anschauungen ihrer für uns beinahe verschollenen Jugendzeit sprechen zu hören.

Mein Vater war ein kluger, hochgebildeter Mann. Er hatte die gelehrte Schule in Ilfeld am Harz und darauf die Universität Göttingen besucht, um sich gründlich für den auch von ihm gewählten landwirthschaftlichen Beruf vorzubilden. Er gehörte mit

Herz und Sinn dem Theile der deutschen Jugend an, der, unter den Stürmen der großen französischen Revolution aufgewachsen, für Freiheit und Deutschlands Einigung schwärmte. Einst wäre er in Kassel beinahe den Schergen Napoleons in die Hände gefallen, als er sich den schwachen Versuchen schwärmender Jünglinge anschloß, die nach der Niederwerfung Preußens noch Widerstand leisten wollten. Nach dem Tode seines Vaters ging er zum Amtsrath Deichmann nach Poggenhagen bei Hannover, um die Landwirthschaft praktisch zu erlernen. Dort verliebte er sich bald in die älteste Tochter des Amtsraths, meine geliebte Mutter Eleonore Deichmann, und heirathete sie trotz seiner Jugend — er war kaum 25 Jahre alt — nachdem er die Pachtung des Gutes Lenthe übernommen hatte.

Zwölf Jahre lang führten meine Eltern in Lenthe ein glückliches Leben. Leider waren aber die politischen Verhältnisse Deutschlands und namentlich des wieder unter englische Herrschaft gekommenen Landes Hannover für einen Mann wie meinen Vater sehr niederdrückend. Die englischen Prinzen, die damals in Hannover Hof hielten, kümmerten sich nicht viel um das Wohlergehen des Landes, das sie wesentlich nur als ihr Jagdgebiet betrachteten. Daher waren auch die Jagdgesetze sehr streng, so daß allgemein behauptet wurde, es wäre in Hannover weit strafbarer, einen Hirsch zu tödten als einen Menschen! Eine Wildschädigung durch unerlaubte Abwehrmittel, deren mein Vater angeklagt wurde, war auch der Grund, warum er Hannover verließ und sich in Mecklenburg eine neue Heimath suchte.

Das Obergut Lenthe liegt an einem bewaldeten Bergrücken, dem Benther Berge, der mit dem ausgedehnten Deistergebirge in Zusammenhang steht. Die Hirsche und Wildschweine, die für die prinzlichen Jagden geschont wurden und ihrer Unverletzlichkeit sicher waren, besuchten in großen Schaaren die Lenther Fluren mit besonderer Vorliebe. Wenn auch die ganze Dorfschaft bemüht war, durch eine nächtliche Wächterkette die Saaten zu schützen, so vernichtete das in Masse hervorbrechende Wild doch oft in wenigen Stunden die auf die Arbeit eines ganzen Jahres gebauten Hoffnungen. Während eines strengen Winters, als Wald und Feld dem Wild nicht hinlängliche Nahrung boten, suchte es diese oft in ganzen Rudeln in den Dörfern selbst. Eines Morgens meldete der Hofmeister meinem Vater, es sei ein Rudel Hirsche auf dem Hofe; man habe das Thor geschlossen, und er frage an, was mit den Thieren geschehen solle. Mein Vater ließ sie in einen Stall treiben und schickte einen expressen Boten an das Königliche Ober-Hof-Jägeramt in Hannover mit der Anzeige des Geschehenen und der Anfrage, ob er ihm die Hirsche vielleicht nach Hannover schicken solle. Das sollte ihm aber schlecht bekommen! Es dauerte nicht lange, so erschien eine große Untersuchungscommission, welche die Hirsche in Freiheit setzte und während einer mehrtägigen Kriminaluntersuchung das Factum feststellte, daß den Hirschen Zwang angethan sei, als man sie wider ihren Willen in den Stall trieb. Mein Vater mußte sich noch glücklich schätzen, mit einer schweren Geldstrafe davonzukommen.

Es ist dies ein kleines Bild der damaligen Zustände der „Königlich Großbritannischen Provinz Hannover", wie meine lieben Landsleute ihr Land gern mit einem gewissen Stolze nannten. Doch auch in den übrigen deutschen Landen waren die Verhältnisse nicht allzuviel besser, trotz französischer Revolution und der glorreichen Freiheitskriege. Es ist gut, wenn die verhältnißmäßig glückliche Jugend der heutigen Zeit mit den Leiden und oft hoffnungslosen Sorgen ihrer Väter hin und wieder die ihrigen vergleicht, um pessimistischen Anschauungen besser widerstehen zu können.

Die freieren Zustände, die mein Vater suchte, fand er in der That in dem zu Mecklenburg-Strelitz gehörigen Fürstenthum Ratzeburg, wo er die großherzogliche Domäne Menzendorf auf eine lange Reihe von Jahren in Pacht erhielt. In diesem gesegneten Ländchen gab es außer Domänen und Bauerndörfern nur ein einziges adeliges Gut. Die Bauern waren damals zwar noch zu Frohndiensten auf den Domänen verpflichtet, doch wurden diese schon in den nächsten Jahren nach unserer Uebersiedelung abgelöst und der bäuerliche Grundbesitz von allen Lasten und auch fast allen Abgaben befreit.

Es waren glückliche Jugendjahre, die ich in Menzendorf mit meinen Geschwistern, ziemlich frei und wild mit der Dorfjugend aufwachsend, verlebte. Die ersten Jahre streiften wir älteren Kinder — meine Schwester Mathilde, ich und meine jüngeren Brüder Hans und Ferdinand — frei und ungebunden durch Wald und Flur. Unsern Unterricht hatte meine Großmutter, die seit dem Tode ihres Mannes bei uns wohnte, übernommen. Sie lehrte uns lesen und schreiben und übte unser Gedächtniß durch Auswendiglernen unzähliger Gedichte. Vater und Mutter waren durch ihre wirthschaftlichen Sorgen und letztere auch durch die in schneller Folge anwachsende Schaar meiner jüngeren Geschwister zu sehr in Anspruch genommen, um sich viel mit unsrer Erziehung beschäftigen zu können. Mein Vater war ein zwar herzensguter, aber sehr heftiger Mann, der unerbittlich strafte, wenn einer von uns seine Pflicht nicht that, nicht wahrhaft war oder sonst unehrenhaft handelte. Furcht vor des Vaters Zorn und Liebe zur Mutter, der wir keinen Kummer machen wollten, hielt unsre keine, sonst etwas verwilderte Schaar in Ordnung. Als erste Pflicht galt die Sorge der älteren Geschwister für die jüngeren. Es ging das so weit, daß die älteren mit bestraft wurden, wenn eins der jüngeren etwas strafbares begangen hatte. Das lastete namentlich auf mir als dem ältesten und hat das Gefühl der Verpflichtung, für meine jüngeren Geschwister zu sorgen, schon früh in mir geweckt und befestigt. Ich maaßte mir daher auch das Strafrecht über meine Geschwister an, was oft zu Koalitionen gegen mich und zu heftigen Kämpfen führte, die aber immer ausgefochten wurden, ohne die Intervention der Eltern anzurufen. Ich entsinne mich eines Vorfalls aus jener Zeit, den ich erzählen will, da er charakteristisch für unser Jugendleben ist.

Mein Bruder Hans und ich lagen mit oft günstigem Erfolge der Jagd auf Krähen und Raubvögel mit selbstgefertigten Flitzbogen ob, in deren Handhabung wir große Sicherheit erlangt hatten. Bei einem dabei ausgebrochenen Streite brachte ich das Recht des Stärkeren meinem jüngeren Bruder gegenüber zur Geltung. Dieser erklärte das für unwürdig und verlangte, daß der

Streit durch ein Duell entschieden würde, bei dem meine größere Stärke nicht entscheidend wäre. Ich fand das billig, und wir schritten zu einem richtigen Flitzbogenduell nach den Regeln, die wir durch gelegentliche Erzählungen meines Vaters aus seiner Studentenzeit kannten. Zehn Schritte wurden abgemessen, und auf mein Kommando „los" schossen wir beide unsre gefiederten Pfeile mit einer angeschärften Stricknadel als Spitze auf einander ab. Bruder Hans hatte gut gezielt. Sein Pfeil traf meine Nasenspitze und drang unter der Haut bis zur Nasenwurzel vor. Unser darauf folgendes gemeinschaftliches Geschrei rief den Vater herbei, der den steckengebliebenen Pfeil herausriß und sich darauf zur Züchtigung des Missethäters durch Ausziehen seines Pfeifenrohres rüstete. Das widerstritt meinem Rechtsgefühl. Ich trat entschieden zwischen Vater und Bruder und sagte: „Vater, Hans kann nichts dafür, wir haben uns duellirt". Ich sehe noch das verdutzte Gesicht meines Vaters, der doch gerechter Weise nicht strafen konnte, was er selbst gethan hatte und für ehrenhaft hielt. Er steckte auch ruhig sein Pfeifenrohr wieder in die Schwammdose und sagte nur: „Laßt künftig solche Dummheiten bleiben".

Als meine Schwester und ich dem Unterricht der Großmutter Deichmann — geborene von Scheiter, wie sie nie vergaß ihrer Unterschrift beizufügen — entwachsen waren, gab uns der Vater ein halbes Jahr lang selbst Unterricht. Der Abriß der Weltgeschichte und Völkerkunde, den er uns diktirte, war geistreich und originell und bildete die Grundlage meiner späteren Anschauungen. Als ich elf Jahre alt geworden war, ward meine Schwester in eine Mädchenpension nach der Stadt Ratzeburg gebracht, während ich die Bürgerschule des benachbarten Städtchens Schönberg von Menzendorf aus besuchte. Bei gutem Wetter mußte ich den etwa eine Stunde langen Weg zu Fuß machen. Bei schlechtem Wetter waren die Wege grundlos, und ich ritt dann auf einem Pony zur Schule. Dies und meine Gewohnheit, Neckereien immer gleich thätlich zurückzuweisen, führte bald zu einer Art Kriegszustand mit den Stadtschülern, durch deren mir den Rückweg versperrenden Haufen ich mir in der Regel erst mit eingelegter Lanze — einer Bohnenstange — den Weg bahnen mußte. Dieses Kampfspiel, bei dem mir die Bauernjungen meines Dorfes bisweilen zu Hülfe kamen, dauerte ein ganzes Jahr. Es trug sicher viel dazu bei, meine Thatkraft zu stählen, gab aber nur sehr mäßige wissenschaftliche Resultate.

Eine entschiedene Wendung meines Jugendlebens trat Ostern 1828 dadurch ein, daß mein Vater einen Hauslehrer engagirte. Die Wahl meines Vaters war eine außerordentlich glückliche. Der Candidat der Theologie Sponholz war ein noch junger Mann. Er war hochgebildet, aber schlecht angeschrieben bei seinen geistlichen Vorgesetzten, da seine Theologie zu rationalistisch, zu wenig positiv war, wie man heute sagen würde. Ueber uns halbwilde Jungen wußte er sich schon in den ersten Wochen eine mir noch heute räthselhafte Herrschaft zu verschaffen. Er hat uns niemals gestraft, kaum jemals ein tadelndes Wort ausgesprochen, betheiligte sich aber oft an unsern Spielen und verstand es dabei wirklich spielend unsere guten Eigenschaften zu entwickeln und die schlechten zu unterdrücken. Sein Unterricht war im höchsten Grade anregend und anspornend. Er wußte uns immer erreichbare Ziele für unsre Arbeit zu stellen und stärkte unsre Thatkraft und unsern Ehrgeiz durch die Freude über die Erreichung des gesteckten Zieles, die er selbst dann aufrichtig mit uns theilte. So gelang es ihm schon in wenigen Wochen, aus verwilderten, arbeitsscheuen Jungen die eifrigsten und fleißigsten Schüler zu machen, die er nicht zur Arbeit anzutreiben brauchte, sondern vom Uebermaaß derselben zurückhalten mußte. In mir namentlich erweckte er das nie erloschene Gefühl der Freude an nützlicher Arbeit und den ehrgeizigen Trieb, sie wirklich zu leisten. Ein wichtiges Hülfsmittel, das er dazu brauchte, waren seine Erzählungen. Wenn uns am späten Abend die Augen bei der Arbeit zufielen, so winkte er uns zu sich auf das alte Ledersopha, auf dem er neben unserm Arbeitstische zu sitzen pflegte, und während wir uns an ihn schmiegten, malte er uns Bilder unsres eignen künftigen Lebens aus, welche uns entweder auf Höhepunkten des bürgerlichen Lebens darstellten, die wir durch Fleiß und moralische Tüchtigkeit erklommen hatten, und die uns in die Lage brachten, auch die Sorgen der Eltern — die besonders in jener für den Landwirth so schweren Zeit sehr groß waren — zu beseitigen, oder welche uns wieder in traurige Lebenslagen zurückgefallen zeigten, wenn wir in unserm Streben erlahmten und der Versuchung zum Bösen nicht zu widerstehen vermochten. Leider dauerte dieser glücklichste Theil meiner Jugendzeit nicht lange, nicht einmal ein volles Jahr. Sponholz hatte oft Anfälle tiefer Melancholie, die wohl zum Theil seinem verfehlten theologischen Beruf und Lebenslauf, zum Theil Ursachen entsprang, die uns Kindern noch unverständlich waren. In einem solchen Anfalle verließ er in einer dunklen Winternacht mit einem Jagdgewehr das Haus und ward nach langem Suchen an einer entlegenen Stelle des Gutes mit zerschmettertem Schädel aufgefunden. Unser Schmerz über den Verlust des geliebten Freundes und Lehrers war grenzenlos. Meine Liebe und Dankbarkeit habe ich ihm bis auf den heutigen Tag bewahrt.

Der Nachfolger von Sponholz war ein ältlicher Herr, der schon lange Jahre in adeligen Häusern die Stelle eines Hauslehrers inne gehabt hatte. Er war fast in allen Punkten das Gegentheil von seinem Vorgänger. Sein Erziehungssystem war ganz formaler Natur. Er verlangte, daß wir vor allen Dingen folgsam waren und uns gesittet benahmen. Jugendliches Ungestüm war ihm durchaus zuwider. Wir sollten die vorgeschriebenen Stunden aufmerksam sein und unsre Arbeiten machen, sollten ihm auf Spaziergängen gesittet folgen und ihn außerhalb der Schulzeit nicht stören. Der arme Mann war kränklich und starb nach zwei Jahren in unserm Hause an der Lungenschwindsucht. Einen anregenden und bildenden Einfluß hatte er auf uns nicht, und ohne die nachhaltige Einwirkung, die Sponholz auf uns ausgeübt, würden die beiden Jahre wenigstens für mich und meinen Bruder Hans ziemlich nutzlos vergangen sein. Bei mir war aber der Wille, meine Pflicht zu thun und Tüchtiges zu lernen, durch Sponholz so fest begründet, daß ich mich nicht irre machen ließ und umgekehrt den Lehrer mit mir fortriß. Es hat mir in späteren

Jahren oft leid gethan, daß ich dem armen, kranken Mann so häufig die nöthige Ruhe raubte, indem ich nach Schluß der Unterrichtszeit noch Stunden lang auf meinem Arbeitsplatze sitzen blieb und alle feinen Mittel, die er anwendete, um mich los zu werden, unbeachtet ließ.

Nach dem Tode des zweiten Hauslehrers entschloß sich mein Vater, Bruder Hans und mich auf das Lübecker Gymnasium, die sogenannte Katharinenschule, zu bringen, und führte diesen Plan aus, nachdem ich in unsrer Pfarrkirche zu Lübsee konfirmirt war. Beim Eintrittsexamen wurde ich nach Obertertia, mein Bruder nach Untertertia gesetzt. Wir kamen in keine eigentliche Pension, sondern bezogen ein Privatquartier bei einem Lübecker Bürger, bei dem wir auch beköstigt wurden. Mein Vater hatte so unbedingtes Vertrauen zu meiner Zuverlässigkeit, daß er mir auch das volle Aufsichtsrecht über meinen etwas leicht gesinnten Bruder gab, bei dem die frühere Wildheit so ziemlich wieder zum Durchbruch gekommen war, wie schon der Beiname „der tolle Hans" zeigte, den er sich in der Schule erwarb.

Die Lübecker Katharinenschule bestand aus dem eigentlichen Gymnasium und der Bürgerschule, die beide unter demselben Direktor standen und bis zur Tertia des Gymnasiums Parallelklassen bildeten. Das Gymnasium genoß damals hohes Ansehn als gelehrte Schule. Im Wesentlichen wurden auf ihm nur die alten Sprachen getrieben. Der Unterricht in der Mathematik war sehr mangelhaft und befriedigte mich nicht; ich wurde in diesem Gegenstande in eine höhere Parallelklasse versetzt, obschon ich bis dahin Mathematik nur als Privatstudium betrieben hatte, da beide Hauslehrer nichts davon verstanden. Dagegen fielen mir die alten Sprachen recht schwer, weil mir die schulgerechte, feste Grundlage fehlte. So sehr mich das Studium der Klassiker auch interessirte und anregte, so sehr war mir das Erlernen der grammatischen Regeln, bei denen es nichts zu denken und zu erkennen gab, zuwider. Ich arbeitete mich zwar in den beiden folgenden Jahren gewissenhaft bis zur Versetzung nach Prima durch, sah aber doch, daß ich im Studium der alten Sprachen keine Befriedigung finden würde, und entschloß mich, zum Baufach, dem einzigen damals vorhandenen technischen Fache, überzugehen. Daher ließ ich in Secunda das griechische Studium fallen und nahm statt dessen Privatstunde in Mathematik und Feldmessen, um mich zum Eintritt in die Berliner Bauakademie vorzubereiten. Nähere Erkundigungen ergaben aber leider, daß das Studium auf der Bauakademie zu kostspielig war, um meinen Eltern in der für die Landwirthschaft immer schwieriger gewordenen Zeit, in der ein Scheffel Weizen für einen Gulden verkauft wurde, bei der großen Zahl von jüngeren Geschwistern ein solches Opfer auferlegen zu können.

Aus dieser Noth rettete mich der Rath meines Lehrers im Feldmessen, des Lieutenants im Lübecker Contingent, Freiherrn von Bülzingslöwen, der früher bei der preußischen Artillerie gedient hatte. Dieser rieth mir, beim preußischen Ingenieurcorps einzutreten, wo ich Gelegenheit erhalten würde, dasselbe zu lernen, was auf der Bauakademie gelehrt würde. Mein Vater, dem ich diesen Plan mittheilte, war ganz damit einverstanden und führte noch einen gewichtigen Grund dafür an, dessen große Wahrheit durch die neuere deutsche Geschichte in helles Licht gesetzt worden ist. Er sagte: „So, wie es jetzt in Deutschland ist, kann es unmöglich bleiben. Es wird eine Zeit kommen, wo Alles drunter und drüber geht. Der einzige feste Punkt in Deutschland ist aber der Staat Friedrichs des Großen und die preußische Armee, und in solchen Zeiten ist es immer besser, Hammer zu sein als Amboß.“ Ich nahm daher Ostern 1834 im siebzehnten Lebensjahre Abschied von dem Gymnasium und wanderte mit sehr mäßigem Taschengelde nach Berlin, um unter die künftigen Hämmer zu gehen.

Als der schwere Abschied von der Heimath, von der innigst geliebten, im Uebermaaß ihrer Mühen und Sorgen schon kränkelnden Mutter und den zahlreichen, liebevoll an mir hängenden Geschwistern überwunden war, brachte mich mein Vater nach

Schwerin, und ich trat von dort meine Wanderung an. Nachdem ich die preußische Grenze überschritten hatte und nun auf gradliniger, staubiger Chaussee durch eine baumlose und unfruchtbare Sandebene fortwanderte, überkam mich doch das Gefühl einer großen Vereinsamung, welches durch den traurigen Contrast der Landschaft mit meiner Heimath noch verstärkt wurde. Vor meiner Abreise war eine Deputation der angesehensten Bauern des Ortes bei meinem Vater erschienen, um ihn zu bitten, mich, der doch „so ein gauder Junge" wäre, nicht nach dem Hungerlande Preußen zu schicken; ich fände ja zu Hause genug zu essen! Die Bauern wollten es meinem Vater nicht recht glauben, daß hinter dem öden Grenzsande in Preußen auch fruchtbares Land läge. Trotz meines festen Entschlusses, auf eigne Hand mein Fortkommen in der Welt zu suchen, wollte es mir doch jetzt scheinen, als ob die Bauern Recht hätten und ich einer traurigen Zukunft entgegenwanderte. Es war mir daher ein Trost, als ich auf der Wanderung einen munteren und ganz gebildeten jungen Mann traf, der gleich mir mit einem Ränzel auf dem Rücken gen Berlin wanderte. Er war in Berlin schon bekannt und schlug mir vor, mit ihm in seine Herberge zu gehen, die er sehr lobte.

Es war die Knopfmacherherberge, in der ich mein erstes Nachtquartier in Berlin nahm. Der Herbergsvater erkannte bald, daß ich nicht zu seiner gewohnten Gesellschaft gehörte, und schenkte mir sein Wohlwollen. Er schützte mich gegen die Hänseleien der jungen Knopfmacher und half mir am folgenden Tage die Adresse eines entfernten Verwandten, des Lieutenants von Huet, der bei der reitenden Garde-Artillerie stand, erforschen. Vetter Huet nahm mich freundlich auf, bekam aber einen tödtlichen Schreck, als er hörte, ich sei in der Knopfmacherherberge abgestiegen. Er beauftragte sofort seinen Burschen, mein Ränzel aus der Herberge zu holen und mir in einem kleinen Hotel der neuen Friedrichstraße ein Zimmer zu bestellen, erbot sich auch, nach der nothwendigen Verbesserung meiner Toilette mit mir zum damaligen Chef des Ingenieurcorps, dem General von Rauch, zu gehen und ihm meinen Wunsch vorzutragen.

Der General redete mir entschieden ab, da bereits so viele

Avantageure auf die Einberufung zur Artillerie- und Ingenieurschule warteten, daß ich vor vier bis fünf Jahren nicht hoffen dürfte, dahin zu gelangen. Er rieth mir, zur Artillerie zu gehen, deren Avantageure dieselbe Schule wie die Ingenieure besuchten und bedeutend bessere Aussichten hätten. So entschloß ich mich denn, bei der Artillerie mein Heil zu versuchen, und da bei der Garde kein Ankommen war, wanderte ich mit einer Empfehlung vom Vater des Lieutenants von Huet, dem Obersten a. D. von Huet, an den Kommandeur der 3. Artillerie-Brigade, Obersten von Scharnhorst, frohen Muthes nach Magdeburg.

Der Oberst — ein Sohn des berühmten Organisators der preußischen Armee — machte zwar anfangs auch große Schwierigkeiten mit dem Bemerken, daß der Andrang zum Eintritt auf Officiersavancement sehr groß wäre, und daß er von den fünfzehn jungen Leuten, die sich zum Examen bereits gemeldet hätten, nur die vier annehmen könnte, welche das Examen am besten bestehen würden. Er gab aber schließlich meinen Bitten nach und versprach, mich zum Examen zuzulassen, wenn Se. Majestät der König genehmigen würde, daß ich als Ausländer in die preußische Armee eintreten dürfe. Ihm gefiel offenbar mein frisches, entschiedenes Auftreten, bestimmend war aber doch vielleicht der Umstand, daß er aus meinen Papieren ersah, daß meine Mutter eine geborene Deichmann aus Poggenhagen war, welches an das Gut seines Vaters grenzte.

Da das Eintrittsexamen erst Ende Oktober stattfinden sollte, so hatte ich noch drei Monate zur Vorbereitung. Ich wanderte daher weiter nach Rhoden am Nordabhange des Harzes, wo ein Bruder meines Vaters Gutsbesitzer war, und verlebte dort einige Wochen in traulichem Verkehr mit den Verwandten, von denen namentlich die beiden hübschen und liebenswürdigen erwachsenen Töchter einen großen Eindruck auf mich machten; gern ließ ich mir ihre erziehenden Bemühungen um den jungen, noch etwas verwilderten Vetter gefallen. Dann ging ich mit meinem einige Jahre jüngeren Vetter Louis Siemens nach Halberstadt und bereitete mich dort eifrig auf das Eintrittsexamen vor.

Das Programm des Examens, das der Oberst von Scharnhorst mir eingehändigt hatte, machte mir doch große Bedenken. Außer Mathematik verlangte man namentlich Geschichte, Geographie und Französisch, und diese Fächer wurden auf dem Lübecker Gymnasium sehr oberflächlich getrieben. Die Lücken auszufüllen wollte in ein paar Monaten nur schwer gelingen. Es fehlte mir auch noch die Entlassung vom mecklenburgischen Militärdienst, von dem mein Vater mich erst freikaufen mußte, und die Erlaubniß des Königs zum Eintritt in die preußische Armee. Ich marschirte daher gegen Mitte Oktober recht sorgenschwer nach Magdeburg, wo ich den aus der Heimath erwarteten Brief mit den nöthigen Papieren noch nicht vorfand. Als ich dennoch zur festgesetzten Zeit zum Examen gehen wollte, begegnete mir zu meiner großen, freudigen Ueberraschung mein Vater, der mit einem leichten Fuhrwerk selbst nach Magdeburg gefahren war, um mir die Papiere rechtzeitig zu überbringen, da die Post damals noch zu langsam ging.

Das Examen verlief gleich am ersten Tage über Erwarten günstig für mich. In der Mathematik war ich meinen vierzehn Concurrenten entschieden überlegen. In der Geschichte hatte ich Glück und schnitt so leidlich ab. In den neueren Sprachen war ich wohl schwächer als die anderen, doch wurde mir bessere Kenntniß der alten Sprachen dafür angerechnet. Schlimmer schien es für mich in der Geographie zu stehen; ich merkte bald, daß die meisten darin viel mehr wußten als ich. Doch da half mir ein besonders günstiges Zusammentreffen. Examinator war ein Hauptmann Meinicke, der den Ruf eines sehr gelehrten und dabei originellen Mannes hatte. Er galt für einen großen Kenner des Tokayer Weins, wie ich später erfuhr, und das mochte ihn wohl veranlassen, nach der Lage von Tokay zu forschen. Niemand wußte sie, worüber er sehr zornig wurde. Mir als letztem der Reihe fiel zum Glück ein, daß es Tokayer Wein gab, der einst meiner kranken Mutter verordnet war, und daß der auch Ungarwein benannt wurde. Auf meine Antwort „in Ungarn, Herr Hauptmann!“ erhellte sich sein Gesicht, und mit dem Ausruf „Aber, meine Herren, Sie werden

schaftsbunde genommen, da ich glaubte, in einem Mitschüler einen wirklichen Freund gefunden zu haben, doch als ich ihn einst besuchen wollte, ließ er sich verläugnen, und ich hatte doch deutlich gesehen, daß er zu Hause war und sich vor mir verbarg. Das erschien mir als ein so unverzeihlicher Bruch aufrichtiger Freundschaft, daß ich ihn mit tiefem Schmerze von mir stieß und es niemals wieder über mich gewann, ihm freundschaftliche Gesinnung zu zeigen.

William Meyer lernte ich bei der reitenden Artillerie in Burg kennen, wohin er bereits vor mir commandirt war. Er hatte eine wenig ansehnliche Figur, war in keiner Hinsicht hervorragend oder talentvoll, hatte aber einen klaren Verstand und gefiel mir schon damals durch sein gerades, ungeschminktes Wesen und seine unbeeinflußte Aufrichtigkeit und Zuverlässigkeit. Wir schlossen uns auf der Schule innig an einander an, lebten und studirten zusammen, bezogen ein gemeinsames Quartier und setzten dies später überall fort, wo die Verhältnisse es gestatteten. Unsere notorische Freundschaft und der Umstand, daß ich zuerst gegen die „Tyrannei der Fähnriche“ revoltirte, was zu einem Duell mit meinem Stubenältesten führte, bei dem Meyer mir secundirte, bewirkten sonderbarer Weise, daß fast bei allen Paukereien, die im Laufe des ersten Jahres auf der Schule folgten, Meyer und ich zu Secundanten der gegnerischen Parteien gewählt wurden.

Diese Duelle hatten nur in wenigen Fällen gefährliche Verwundungen zur Folge, übten aber insofern eine sehr nützliche Wirkung aus, als sie einen gesitteten Umgangston unter den jungen Leuten herbeiführten. Unser Jahrgang war der erste, bei dem die Avantageure in beschränkter Zahl auf Grund eines ziemlich strengen Eintrittsexamens eingestellt und dann nach Absolvirung eines Dienstjahres zur Schule commandirt wurden. Früher machte man keinen Unterschied zwischen Officiers- und Unterofficierscandidaten, und es wurden dann oft erst nach Ablauf mehrerer Dienstjahre, die zum Theil in den Kasernen verbracht werden mußten, die Tüchtigsten oder auch wohl die Bestempfohlenen zur Schule commandirt. Der etwas rüde Umgangston, der von dem langen Verkehr mit ungebildeten Kameraden an den jungen Leuten haften geblieben war, fand in den Duellen das beste und am schnellsten **wirkende Heilmittel.**

Die dreijährige Schulzeit verlief für mich ohne wesentliche äußere Erlebnisse. Obschon ich sehr an Anfällen von Wechselfieber litt und auch einmal wegen Verletzung des Schienbeins mehrere Monate im Lazareth liegen mußte, gelang es mir doch, die drei Examina — das Fähnrich-, das Armeeofficier- und schließlich das Artillerieofficierexamen — glücklich, wenn auch ohne Auszeichnung, zu bestehen. Ich hatte mir mit eisernem Fleiße das für diese Examina nöthige Gedächtnißmaterial eingepaukt, um es nachher noch schneller wieder zu vergessen, hatte aber alle mir frei bleibende Zeit meinen Lieblingswissenschaften, Mathematik, Physik und Chemie gewidmet. Die Liebe zu diesen Wissenschaften ist mir mein ganzes Leben hindurch treu geblieben und bildet die Grundlage meiner späteren Erfolge.

Groß war die Freude, als ich nach Absolvirung der Schule mit meinem Freunde Meyer einen vierwöchentlichen Urlaub zum Besuche der Heimath erhielt. Meine Geschwister, deren Zahl schon auf zehn gewachsen war, und auch meine Eltern kannten mich kaum wieder. Das ganze Dorf freute sich mit ihnen über die Wiederkehr des „Muschü's", welches der hergebrachte Titel der Söhne „des Hofes" war. Es gab wirklich rührende Wiedersehensscenen mit den braven Leuten unseres und der benachbarten Dörfer, die übrigens großen Respect vor den preußischen Officieren hatten, denen sie das gefürchtete Hungerleiden der Preußen allerdings nicht ansehen konnten.

Meine ältere Schwester Mathilde feierte damals ihre Hochzeit mit dem Professor Karl Himly aus Göttingen, der mir bis zu seinem Tode ein lieber Freund geblieben ist. Hans und Ferdinand waren Landwirthe geworden. Der dritte meiner jüngeren Brüder, Wilhelm, war auf der Schule in Lübeck und sollte Kaufmann werden. Die nächstfolgenden, Friedrich und Karl, besuchten ebenfalls die Schule in Lübeck, wo sie bei einem jüngeren Bruder meiner Mutter, dem Kaufmann Ferdinand Deichmann, in Pension gegeben waren.

Daß Wilhelm Kaufmann werden sollte, wollte mir gar nicht gefallen. Einmal theilte ich damals die Abneigung der preußischen Officiere gegen den Kaufmannsstand, und dann interessirte mich auch Wilhelms eigenthümliches, etwas verschlossenes aber intelligentes Wesen und sein klarer Verstand. Ich bat daher meine Eltern, ihn mir nach meiner künftigen Garnison Magdeburg mitzugeben, um ihn die dortige angesehene Gewerbe- und Handelsschule besuchen zu lassen. Die Eltern willigten ein, und so nahmen wir ihn denn mit uns nach Magdeburg, wo ich ihn in einer kleinen Pensionsanstalt unterbrachte, da ich reglementsmäßig das erste Jahr in der Kaserne wohnen mußte.

Nach Ablauf dieses Jahres, das ich ganz dem strengen Militärdienste zu widmen hatte, bezog ich mit Freund Meyer ein Stadtquartier und nahm den damals sechszehnjährigen Wilhelm nun zu mir. Ich hatte väterliche Freude an seiner schnellen Entwicklung und half ihm in freien Stunden bei seinen Schularbeiten. Auch veranlaßte ich ihn damals, den nicht befriedigenden mathematischen Unterricht auf der Schule aufzugeben und statt dessen Englisch zu treiben. Es ist dies für sein späteres Leben von Bedeutung geworden. Mathematischen Unterricht gab ich ihm selbst jeden Morgen von 5 bis 7 Uhr und hatte die Freude, daß er später ein besonders gutes Examen in der Mathematik machte. Mir selbst war dieser Unterricht sehr nützlich, auch trug er dazu bei, daß ich allen Verlockungen des Officierlebens siegreich widerstand und meine wissenschaftlichen Studien energisch fortsetzte.

Leider wurde dieses brüderliche Zusammenleben durch die immer bedenklicher lautenden Mittheilungen des Vaters über den Gesundheitszustand unsrer geliebten Mutter sehr getrübt. Am 8. Juli 1839 erlag sie ihren Leiden und ließ den selbst kränklichen, durch Kummer und schwere materielle Sorgen niedergebeugten Vater mit der großen Schaar noch unerzogener Kinder in einer höchst traurigen Lage zurück. Ich unterlasse es, den tiefgehenden Schmerz über den Verlust der Mutter zu schildern. Die Liebe zu ihr war das feste Band, das die Familie zusammenhielt, und die Furcht, sie zu betrüben, bildete für uns Geschwister stets die **wirksamste Schutzwehr für unser Wohlverhalten.**

Ich erhielt einen kurzen Urlaub zum Besuche der Heimath und des Grabes der Mutter. Leider flößte mir schon damals die geschwächte Gesundheit des Vaters nur wenig Zutrauen zu der Fortdauer eines geordneten Familienlebens ein, in welchem die jüngeren Geschwister sich gedeihlich würden entwickeln können. Die Richtigkeit meiner trüben Anschauung wurde nur zu bald bestätigt. Kaum ein halbes Jahr später, am 16. Januar 1840, verloren wir auch den Vater.

Nach dem Tode der Eltern wurden vom Vormundschaftsgericht Vormünder für die jüngeren Geschwister bestellt und die Bewirthschaftung der Domäne Menzendorf meinen Brüdern Hans und Ferdinand übertragen. Meine jüngste Schwester Sophie wurde vom Onkel Deichmann in Lübeck an Kindesstatt angenommen, während die jüngsten Brüder Walter und Otto unter der Pflege der Großmutter zunächst noch in Menzendorf blieben.

Die wissenschaftlich-technischen Studien, denen ich mich jetzt mit verstärktem Eifer hingab, wären mir im folgenden Sommer beinahe sehr schlecht bekommen! Ich hatte gehört, daß mein Vetter, der Hannöversche Artillerieofficier A. Siemens, erfolgreiche Versuche mit Frictionsschlagröhren angestellt hatte, die anstatt der damals noch ausschließlich gebrauchten brennenden Lunte zum Entzünden der Kanonenladung benutzt werden sollten. Mir leuchtete die Wichtigkeit dieser Erfindung ein, und ich entschloß mich, selbst Versuche nach dieser Richtung zu machen. Da die versuchten Zündmittel nicht sicher genug wirkten, so rührte ich in Ermangelung besserer Geräthschaften in einem Pomadennapf mit sehr dickem Boden einen wässrigen Brei von Phosphor und chlorsaurem Kali zusammen und stellte den Napf, da ich zum Exerciren fortgehen mußte, gut zugedeckt in eine kühle Fensterecke.

Als ich zurückkam und mich mit einiger Besorgniß nach meinem gefährlichen Präparate umsah, fand ich es zu meiner Befriedigung noch in derselben Ecke stehen. Als ich es aber vorsichtig hervorholte und das in der Masse stehende Schwefelholz, welches zum Zusammenrühren gedient hatte, nur berührte, entstand eine gewaltige Explosion, die mir den Tschako vom Kopfe schleuderte und sämmtliche Fensterscheiben sammt den Rahmen zertrümmerte. Der ganze obere Theil des Porzellannapfes war als feines Pulver im Zimmer umhergeschleudert, während sein dicker Boden tief in das Fensterbrett eingedrückt war.

Als Ursache dieser ganz unerwarteten Explosion stellte sich heraus, daß mein Bursche beim Reinmachen des Zimmers das Gefäß in die Ofenröhre gesetzt und dort einige Stunden hatte trocknen lassen, bevor er es wieder an denselben Platz zurücktrug. Wunderbarer Weise war ich nicht sichtlich verwundet, nur hatte der gewaltige Luftdruck die Haut meiner linken Hand so gequetscht, daß Zeigefinger und Daumen von einer großen Blutblase bedeckt waren. Leider war mir aber das rechte Trommelfell zerrissen, was ich sogleich daran erkannte, daß ich die Luft durch beide Ohren ausblasen konnte; das linke Trommelfell war mir schon im Jahre vorher bei einer Schießübung geplatzt. Ich war in Folge dessen zunächst ganz taub und hatte noch keinen Laut gehört, als plötzlich die Thür meines Zimmers sich öffnete und ich sah, daß das ganze Vorzimmer mit entsetzten Menschen angefüllt war. Es hatte sich nämlich sofort das Gerücht verbreitet, einer der beiden im Quartier wohnenden Officiere hätte sich erschossen.

Ich habe in Folge dieses Unfalles lange an Schwerhörigkeit gelitten und leide auch heute noch hin und wieder daran, wenn sich die verschlossenen Risse in den Trommelfellen gelegentlich wieder öffnen.

Im Herbst des Jahres 1840 wurde ich nach Wittenberg versetzt, wo ich ein Jahr lang die zweifelhaften Freuden des Lebens in einer keinen Garnisonstadt genießen mußte. Um so eifriger setzte ich meine wissenschaftlichen Studien fort. In jenem Jahre wurde in Deutschland die Erfindung Jacobis bekannt, Kupfer in metallischer Form durch den galvanischen Strom aus einer Lösung von Kupfervitriol niederzuschlagen. Dieser Vorgang nahm mein Interesse in höchstem Grade in Anspruch, da er offenbar das Eingangsthor zu einer ganzen Klasse bisher unbekannter Erscheinungen war.

Als mir die Kupferniederschläge gut gelangen, versuchte ich auch andere Metalle auf dieselbe Weise niederzuschlagen, doch wollte mir dies bei meinen beschränkten Mitteln und Einrichtungen nur sehr mangelhaft glücken.

Meine Studien wurden durch ein Ereigniß unterbrochen, welches durch seine Folgen die Richtung meines Lebensganges wesentlich änderte. Die in kleineren Garnisonstädten so häufigen Zwistigkeiten zwischen Angehörigen verschiedener Waffen hatten zu einem Duell zwischen einem Infanterieofficier und einem mir befreundeten Artillerieofficier geführt. Ich mußte dem letzteren als Secundant dienen. Obgleich das Duell mit einer nur unbedeutenden Verwundung des Infanterieofficiers endete, kam es doch aus besonderen Gründen zur Anzeige und zur kriegsgerichtlichen Behandlung. Die gesetzlichen Strafen des Duellirens waren damals in Preußen von einer drakonischen Strenge, wurden aber gerade aus diesem Grunde fast immer durch bald erfolgende Begnadigung gemildert. In der That wurden durch das in Magdeburg über Duellanten und Secundanten abgehaltene Kriegsgericht diese zu fünf, jene zu zehn Jahren Festungshaft verurtheilt.

Ich sollte meine Haft in der Citadelle von Magdeburg absitzen und mußte mich nach der eingetroffenen Bestätigung des kriegsgerichtlichen Urtheils daselbst melden. Die Aussicht, mindestens ein halbes Jahr lang ohne Beschäftigung eingesperrt zu werden, war nicht angenehm, doch tröstete ich mich damit, daß ich viel freie Zeit zu meinen Studien haben würde. Um diese Zeit gut ausnutzen zu können, suchte ich auf dem Wege zur Citadelle eine Chemikalienhandlung auf und versah mich mit den nöthigen Mitteln, um meine elektrolytischen Versuche fortzusetzen. Ein freundlicher junger Mann in dem Geschäfte versprach mir, nicht nur diese Gegenstände in die Citadelle einzuschmuggeln, sondern auch spätere Requisitionen prompt auszuführen, und hat sein Versprechen gewissenhaft gehalten.

So richtete ich mir denn in meiner vergitterten aber geräumigen Zelle ein kleines Laboratorium ein und war ganz zufrieden mit meiner Lage. Das Glück begünstigte mich bei meiner Arbeit. Aus

Versuchen mit der Herstellung von Lichtbildern nach dem vor einiger Zeit bekannt gewordenen Verfahren Daguerres, die ich mit meinem Schwager Himly in Göttingen angestellt hatte, war mir erinnerlich, daß das dabei verwendete unterschwefligsaure Natron unlösliche Gold- und Silbersalze gelöst hatte. Ich beschloß daher, dieser Spur zu folgen und die Verwendbarkeit solcher Lösungen zur Elektrolyse zu prüfen. Zu meiner unsäglichen Freude gelangen die Versuche in überraschender Weise. Ich glaube, es war eine der größten Freuden meines Lebens, als ein neusilberner Theelöffel, den ich mit dem Zinkpole eines Daniellschen Elementes verbunden in einen mit unterschwefligsaurer Goldlösung gefüllten Becher tauchte, während der Kupferpol mit einem Louisdor als Anode verbunden war, sich schon in wenigen Minuten in einen goldenen Löffel vom schönsten, reinsten Goldglanze verwandelte.

Die galvanische Vergoldung und Versilberung war damals, in Deutschland wenigstens, noch vollständig neu und erregte im Kreise meiner Kameraden und Bekannten natürlich großes Aufsehen. Ich schloß auch gleich darauf mit einem Magdeburger Juwelier, der das Wunder vernommen hatte und mich in der Citadelle aufsuchte, einen Vertrag ab, durch den ich ihm das Recht der Anwendung meines Verfahrens für vierzig Louisdor verkaufte, die mir die erwünschten Mittel für weitere Versuche gaben.

Inzwischen war ein Monat meiner Haft abgelaufen, und ich dachte wenigstens noch einige weitere Monate ruhig fortarbeiten zu können. Ich verbesserte meine Einrichtung und schrieb ein Patentgesuch, auf welches mir auch auffallend schnell ein preußisches Patent für fünf Jahre ertheilt wurde. Da erschien unerwartet der Officier der Wache und überreichte mir zu meinem großen — Schrecken, wie ich bekennen muß, eine königliche Kabinetsordre, die meine Begnadigung aussprach. Es war wirklich hart für mich, meiner erfolgreichen Thätigkeit so plötzlich entrissen zu werden. Nach dem Reglement mußte ich noch an demselben Tage die Citadelle verlassen und hatte weder eine Wohnung, in welche ich meine Effecten und Einrichtung schaffen konnte, noch wußte ich, wohin ich jetzt versetzt werden würde.

Ich schrieb deshalb an den Festungscommandanten ein Gesuch, in dem ich bat, mir zu gestatten, meine Zelle noch einige Tage benutzen zu dürfen, damit ich meine Angelegenheiten ordnen und meine Versuche beendigen könnte. Da kam ich aber schlecht an! Gegen Mitternacht wurde ich durch den Eintritt des Officiers der Wache geweckt, der mir mittheilte, daß er Ordre erhalten habe, mich sofort aus der Citadelle zu entfernen. Der Commandant hatte es als einen Mangel an Dankbarkeit für die mir erwiesene königliche Gnade angesehen, daß ich um Verlängerung meiner Haft gebeten. So wurde ich denn um Mitternacht mit meinen Effecten aus der Citadelle geleitet und mußte mir in der Stadt ein Unterkommen suchen.

Glücklicherweise wurde ich nicht wieder nach Wittenberg geschickt, sondern bekam ein Commando nach Spandau zur Lustfeuerwerkerei. Meine bekannt gewordene Erfindung hatte mich in den Augen meiner Vorgesetzten wohl als weniger qualificirt für den praktischen Dienst erscheinen lassen! Die Lustfeuerwerkerei war ein Ueberbleibsel aus der alten Zeit, in der das „Constablerthum“ noch eine Kunst war, als deren Krone die Herstellung von Feuerwerken angesehen wurde. Mein Interesse für die mir zugewiesene Thätigkeit war groß; frohen Muthes zog ich gen Spandau und nahm von den für die Lustfeuerwerkerei bestimmten Räumen in der Citadelle Besitz.

Meine neue Beschäftigung war in der That ganz interessant, und ich lag ihr mit um so größerem Eifer ob, als der Lustfeuerwerkerei-Abtheilung eine große Bestellung auf ein Feuerwerk zuging, welches am Geburtstage der Kaiserin von Rußland im Parke des Prinzen Karl in Glienicke bei Potsdam abgebrannt werden sollte. Durch die Fortschritte der Chemie waren in jener Zeit die Mittel zur Herstellung sehr schöner farbiger Flammen gegeben, die den alten Constablern noch unbekannt waren. Mein Feuerwerk auf dem Havelsee bei Glienicke brachte mir daher namentlich durch die Pracht der Feuerwerksfarben viel Ehre und Anerkennung ein. Ich wurde zur prinzlichen Tafel gezogen und erhielt die Aufforderung, mit dem jungen Prinzen Friedrich Karl eine Segelwettfahrt zu machen, da das Segelboot, mit dem ich von Spandau nach Glienicke gefahren war, sich durch große Schnelligkeit auszeichnete. Ich besiegte mit ihm auch den späteren Sieger großer Schlachten, der mir schon damals durch sein entschlossenes, thatkräftiges Wesen oder durch seine „Schneidigkeit", wie man sich heute ausdrückt, in hohem Grade auffiel.

Mit dem Abbrennen dieses Feuerwerks war mein Commando zur Lustfeuerwerkerei beendet, und ich wurde zu meiner Freude nach Berlin zur Dienstleistung bei der Artillerie-Werkstatt commandirt. Durch diese Versetzung wurde mein größter Wunsch erfüllt, Zeit und Gelegenheit zu weiteren naturwissenschaftlichen Studien und zur Vermehrung meiner technischen Kenntnisse zu erhalten.

Es waren aber auch noch andere Gründe, die mir diesen Wechsel sehr erwünscht machten. Nach dem Tode meiner Eltern lag mir die Verpflichtung ob, für meine jüngeren Geschwister zu sorgen, von denen mein jüngster Bruder Otto beim Tode der Mutter erst im dritten Lebensjahre stand. Die Domänenpachtung blieb zwar noch eine Reihe von Jahren in den Händen der Familie, aber die Zeiten waren für die Landwirthschaft noch immer unerhört schlecht, so daß die geringen Ueberschüsse, die von meinen Brüdern Hans und Ferdinand durch die Bewirthschaftung erzielt wurden, zur Erziehung der Kinder nicht ausreichten. Ich mußte also suchen, mir eigene Erwerbsquellen zu eröffnen, um meine Verpflichtungen als Familienältester erfüllen zu können, und das schien mir in Berlin leichter möglich als an anderen Orten.

Mein Bruder Wilhelm hatte inzwischen die Magdeburger Schule absolvirt und war dann auf meine Veranlassung ein Jahr lang zu meiner Schwester Mathilde nach Göttingen gegangen, um dort naturwissenschaftliche Studien zu treiben. Darauf trat er als Eleve in die Gräflich Stolbergische Maschinenbauanstalt in Magdeburg ein. Er widmete sich dort mit großem Eifer dem praktischen Maschinenbau, der sich zu jener Zeit in Deutschland durch den beginnenden Eisenbahnbau schnell entwickelte. Ich correspondirte stets eifrig mit Wilhelm und ließ mir dabei häufig die Aufgaben mittheilen, bei denen er constructiv thätig war. Eine solche Aufgabe war die exacte Regulirung von Dampfmaschinen, die durch Wind- oder Wassermühlen in ihrer Arbeitsleistung unterstützt werden. Wilhelms Plan gefiel mir nicht, und ich schlug ihm vor, als Regulirungsprincip ein schweres, freischwingendes Kreispendel anzuwenden, welches durch einen Differential-Mechanismus mit der zu regulirenden Maschine verbunden, eine absolute Gleichförmigkeit ihres Ganges erzielen ließe, anstatt der Verminderung der Unregelmäßigkeiten desselben, wie sie durch den damals noch sehr unvollkommenen Wattschen Regulator nur herbeigeführt werden konnte. Es entwickelte sich aus diesem Vorschlage die Construction des Differenz-Regulators, auf den ich im folgenden noch zurückkommen werde.

In Berlin hatten meine Bemühungen, durch meine Erfindungen Geld zu verdienen, bald Erfolg, obwohl sie mir dadurch sehr erschwert wurden, daß ich als Officier in der Wahl der Mittel zur Einleitung von Geschäften sehr beschränkt war. Es gelang mir, mit der Neusilberfabrik von J. Henniger einen Vertrag abzuschließen, nach welchem ich derselben eine Anstalt für Vergoldung und Versilberung nach meinem Patente gegen Betheiligung am Gewinn anzulegen hatte. So entstand die erste derartige Anstalt in Deutschland. In England hatte bereits ein Herr Elkington auf Grund eines anderen Verfahrens — des jetzt allgemein verwendeten Niederschlags aus Gold- und Silbercyaniden — eine ähnliche Anstalt eingerichtet, die schnell großen Umfang erreichte.

Bei den Verhandlungen über die Berliner Anlage und bei der Einrichtung der Anstalt hatte mich mein Bruder Wilhelm, der eine Urlaubsreise zu mir gemacht hatte, wesentlich unterstützt, auch war es ihm gleichzeitig gelungen, eine Berliner Maschinenbauanstalt zur Anwendung des Differenz-Regulators zu bewegen. Da er offenbar Talent für solche Unterhandlungen zeigte und selbst gern England kennen lernen wollte, so kamen wir überein, daß er versuchen sollte, meine Erfindungen in England zu verwerthen und zu dem Zweck einen längeren Urlaub von seiner Fabrik zu nehmen. Große Mittel konnte ich ihm freilich nicht mit auf den Weg geben, und ich habe mich immer darüber gewundert, daß er trotzdem seinen

Zweck erreichte. Er hatte sich mit richtigem Takt gleich direct an unseren Concurrenten Elkington gewendet, der ihn zunächst damit abwies, daß wir nicht das Recht hätten, unser Verfahren in England anzuwenden, da sein Patent ihm das ausschließliche Recht gäbe, elektrische Ströme, die durch galvanische Batterien oder durch Induction erzeugt wären, zu Gold- und Silberniederschlägen zu verwenden. Wilhelm hatte Geistesgegenwart genug, ihm zu entgegnen, wir verwendeten dazu thermoelektrische Ströme, verstießen also nicht gegen seine Patente. Es glückte mir auch in der That sogleich, eine vielpaarige Thermokette aus Eisen und Neusilber herzustellen, mit der man Gold und Silber aus unterschwefligsauren Lösungen gut niederschlagen konnte. In Folge dessen gelang es Wilhelm, unser englisches Patent für 1500 Lstr. an Elkington zu verkaufen. Dies war für unsere damaligen Verhältnisse eine colossale Summe, die unserer Finanznoth für einige Zeit ein Ende machte.

Nach seiner Rückkehr aus England war Wilhelm wieder in seine Magdeburger Fabrik eingetreten, fand aber an den dortigen kleinen Verhältnissen keinen rechten Geschmack mehr, nachdem er die Großartigkeit der englischen Industrie kennen gelernt und das Leben in England ihm gefallen hatte. Er plante daher, ganz nach England überzusiedeln, und da ich sein Vorhaben billigte, so nahmen wir dort ein Patent auf den gemeinschaftlich weiter ausgebildeten Differenz-Regulator, um dessen Einführung in England zu betreiben.

Ich hatte in dieser Zeit noch zwei weitere Erfindungen gemacht, die Wilhelm dort ebenfalls verwerthen wollte. Die Ausdehnung meiner elektrolytischen Versuche hatte mich dahin geführt, auch gute Nickelniederschläge aus einer Lösung des Doppelsalzes von schwefelsaurem Nickel und schwefelsaurem Ammonium zu erzielen. Diese Vernickelung schien von besonderer Wichtigkeit für gravirte Kupferplatten, die mit Nickelüberzug versehen eine weit größere Zahl von Abdrücken ertrugen, ohne daß die Feinheit des Stiches durch die Vernickelung Einbuße erlitt. Zur Ausbeutung dieses Verfahrens hatte ich einen Vertrag mit einem Berliner Hause abgeschlossen, von dem ich große Vortheile erwartete.

Leider wurde aber bald nachher der galvanische Niederschlag von Eisen aus der entsprechenden Eisenlösung erfunden, der vor dem Nickelüberzuge den großen Vorzug hatte, daß er leicht erneuert werden konnte, wenn er abgenutzt war, indem sich das Eisen durch verdünnte Schwefelsäure wieder ablösen und die Platte dann von neuem mit Eisen überziehen ließ. Das machte meine Vernickelung für diesen Zweck werthlos. Sie wurde einige Jahre später von Professor Böttger wieder erfunden und publicirt, hat aber erst in neuerer Zeit größere Anwendung in der Industrie gefunden.

Die zweite Erfindung bestand in der Anwendung des damals bekannt gewordenen Zinkdrucks zu einer rotirenden Schnellpresse. Mit Hülfe eines geschickten Mechanikers, des Uhrmachers Leonhardt, hatte ich ein Modell einer solchen Presse angefertigt, welches die nöthigen Operationen zur Herstellung lithographischer Abdrücke von einer cylindrisch gebogenen Zinkplatte ganz befriedigend ausführte. Doch ergab sich später bei der durch Wilhelm in England bewirkten Ausführung im Großen, daß der Zinkdruck keine schnelle Wiederholung der Abdrücke vertrug. Nach etwa 150 bis 200 Abdrücken mußte die Arbeit für längere Zeit unterbrochen werden, weil sonst eine Verwischung des Umdrucks auf dem Cylinder eintrat.

Als diese Schwierigkeiten meinem Bruder in England begegneten, nahm ich einen sechswöchentlichen Urlaub und besuchte ihn in London, wo er in der Nähe des Mansion Hauses, in einer engen Gasse der City, ein kleines Local für unsere Versuche gemiethet hatte. Trotz der eifrigsten Bemühungen wollte es uns aber nicht gelingen, die Schwierigkeiten zu überwinden. Wir vermochten zwar, selbst Jahrhunderte alte Druckschriften durch einen Regenerationsproceß — wenn ich nicht irre, durch anhaltende Erwärmung in einer Lösung von Barytsalzen — umdruckbar zu machen, und unser Verfahren, dem wir den schönen Namen „anastatisches Druckverfahren" gegeben hatten, fand daher in England viel Aufmerksamkeit und trug dazu bei, Wilhelm daselbst bekannt zu machen. Es wurde uns aber doch klar, daß Erfindungsspekulationen eine sehr unsichere Sache sind und nur in äußerst seltenen Fällen zu Erfolgen führen, wenn sie nicht durch volle Sachkenntniß und ausreichende Mittel unterstützt werden.

Mir persönlich brachte die Reise nach England große Anregung und gab zugleich meinen weiteren Bestrebungen eine ernstere und kritische, mehr die sichere Grundlage als den erhofften Erfolg ins Auge fassende Richtung. Diese befestigte sich noch durch meine Rückreise über Paris, wo damals in der Blüthezeit des Regimentes Louis Philipps die erste große französische Industrieausstellung stattfand.

Leider wurde mein Pariser Aufenthalt durch einen unangenehmen Zufall sehr gestört. Ich wollte mich erst in Brüssel entscheiden, ob ich über Paris reisen oder direct den Heimweg einschlagen sollte, verabredete daher mit Wilhelm, daß er mir das zur Verstärkung meiner Reisekasse nöthige Geld nach Paris schicken solle, wenn ich ihn von Brüssel aus dazu auffordern würde. Als ich mich für die Reise nach Paris entschieden hatte, sandte ich ihm deshalb mit der Aufforderung zur Geldsendung meine Pariser Adresse und gab den Brief dem Wirthe meines Gasthauses zur Besorgung.

In Paris auf dem Hochsitze eines Omnibus der messageries générales nach zweitägiger Fahrt angelangt, fand ich die Stadt in Folge der Ausstellung überfüllt, und es gelang mir nur mit Mühe, im hôtel des messageries générales im achten Stockwerk ein kleines Dachzimmer zu erlangen, in welchem man nur dann aufrecht stehen konnte, wenn das zugleich als Dach dienende Fenster horizontal gestellt war. Da meine Kasse durch die Reise bis auf ein Minimum zusammengeschmolzen war, so konnte ich an keinen Umzug denken, bevor die erwartete Geldsendung aus England eingetroffen war. Darüber vergingen aber fast vierzehn Tage. Ein junger Berliner, der zur Ausstellung nach Paris gekommen war, befand sich in ganz derselben Lage. Wir mußten die Kunst, ohne Geld in Paris zu leben, recht gründlich studiren und geriethen zuletzt, da wir gar keine Bekannten oder sonstige Anhaltspunkte in der Stadt hatten, in eine höchst mißliche Lage. Endlich entschlossen wir uns gleichzeitig, unsere letzten Hülfsmittel zur Absendung von

Briefen nach London und Berlin zu verwenden, da unfrankirte Briefe damals nicht angenommen wurden. Am Postschalter ergab sich aber, daß meine Casse nicht mehr vollständig dazu reichte. Der junge Berliner — Schwarzlose war sein Name — half mir großmüthig aus, verzichtete dann aber selbst auf die Absendung seines Briefes, weil nun sein Geld nicht mehr reichte.

Diese Großmuth fand ihren Lohn, denn noch an demselben Abend traf der ersehnte Geldbrief von meinem Bruder ein, anstatt erst nach Verlauf einer Woche, wie ich befürchtet hatte. Von dem Hausknecht des Brüsseler Hotels war das Porto unterschlagen, die Brüsseler Postbehörde hatte den Brief daher nicht abgeschickt, dem Adressaten aber geschrieben, er möge das Porto senden, wenn er den Brief haben wolle. Erst als mein Bruder dies gethan und den Brief mit meiner Adresse erhalten hatte, konnte er mir das Gewünschte schicken.

Unsre Noth war damit beseitigt, aber der Pariser Aufenthalt war mir verdorben, denn mein Urlaub war jetzt zu Ende. Ich habe dafür die Bitterkeit wirklicher Geldnoth praktisch kennen gelernt. Von Paris habe ich damals nicht viel mehr als die Straßen gesehen, in denen ich mir den Hunger verlief.

Nach Berlin zurückgekehrt, prüfte ich ernstlich meine bisherige Lebensrichtung und erkannte, daß das Jagen nach Erfindungen, zu dem ich mich durch die Leichtigkeit des ersten Erfolges hatte hinreißen lassen, sowohl mir wie meinem Bruder voraussichtlich zum Verderben gereichen würde. Ich sagte mich daher von allen meinen Erfindungen los, verkaufte auch meinen Antheil an der in Berlin eingerichteten Fabrik und gab mich ganz wieder ernsten, wissenschaftlichen Studien hin. Ich hörte Collegia an der Berliner Universität, mußte aber leider bei den Vorlesungen des berühmten Mathematikers Jacobi bald erkennen, daß meine Vorbildung nicht ausreichte, um ihm bis ans Ende zu folgen. Diese unvollkommene Vorbildung für wissenschaftliche Studien hat mich zu meinem großen Schmerze überhaupt immer sehr zurückgehalten und meine Leistungen verkümmert. Um so dankbarer bin ich einigen meiner früheren Lehrer, unter denen ich die Physiker Magnus,

Dove und Rieß hervorheben will, für die freundliche Aufnahme in ihren anregenden Umgangskreis. Auch den jüngeren Berliner Physikern, die mich an der Gründung der physikalischen Gesellschaft theilnehmen ließen, habe ich vieles zu danken. Es war das ein mächtig anregender Kreis von talentvollen jungen Naturforschern, die später fast ohne Ausnahme durch ihre Leistungen hochberühmt geworden sind. Ich nenne nur die Namen du Bois-Reymond, Brücke, Helmholtz, Clausius, Wiedemann, Ludwig, Beetz und Knoblauch. Der Umgang und die gemeinschaftliche Arbeit mit diesen durch Talent und ernstes Streben ausgezeichneten jungen Leuten verstärkten meine Vorliebe für wissenschaftliche Studien und Arbeiten und erweckten in mir den Entschluß, künftig nur ernster Wissenschaft zu dienen.

Doch die Verhältnisse waren stärker als mein Wille, und der mir angeborene Trieb, erworbene wissenschaftliche Kenntnisse nicht schlummern zu lassen, sondern auch möglichst nützlich anzuwenden, führte mich doch immer wieder zur Technik zurück. Und so ist es während meines ganzen Lebens geblieben. Meine Liebe gehörte stets der Wissenschaft als solcher, während meine Arbeiten und Leistungen meist auf dem Gebiete der Technik liegen.

Diese technische Richtung fand in Berlin besonders Nahrung und Unterstützung durch die polytechnische Gesellschaft, der ich mich als junger Officier eifrig widmete. Ich betheiligte mich an ihren Verhandlungen und an der Beantwortung der Fragen, die dem Fragekasten entnommen wurden. Die Beantwortung und Discussion derselben gehörten bald zu meiner regelmäßigen Thätigkeit und bildeten eine gute Schule für mich. Meine naturwissenschaftlichen Studien kamen mir dabei außerordentlich zu statten, und es wurde mir klar, daß technischer Fortschritt nur durch Verbreitung naturwissenschaftlicher Kenntnisse unter den Technikern erzielt werden könnte.

Es herrschte damals noch zwischen Wissenschaft und Technik eine unüberbrückte Kluft. Zwar hatte der verdienstvolle Beuth, der wohl unbestreitbar als Gründer der norddeutschen Technik anzuerkennen ist, im Berliner Gewerbe-Institut eine Anstalt geschaffen, die in erster Linie zur Verbreitung wissenschaftlicher

Kenntnisse unter den jungen Technikern bestimmt war. Die Wirkungsdauer dieses Instituts, aus dem später die Gewerbe-Akademie und schließlich die Charlottenburger Technische Hochschule hervorging, war aber noch zu kurz zur Erhöhung des Niveaus der Bildung bei den damaligen Gewerbetreibenden.

Preußen war in jener Zeit noch ein reiner Militär- und Beamtenstaat. Nur in seinem Beamtenstande war Bildung zu finden, und diesem Umstande ist es wohl hauptsächlich zuzuschreiben, daß auch heute noch ein, wenn auch nur scheinbarer Beamtentitel als ein äußeres Kennzeichen eines gebildeten und achtbaren Mannes anerkannt und erstrebt wird. Von den Gewerbebetrieben hatte nur die Landwirthschaft, aus der sich Militär wie Bureaukratie fast ausnahmslos rekrutirten, eine auch von diesen Ständen geachtete Stellung. Es gab damals in dem Jahrhunderte lang durch zahllose Kriege verwüsteten und verarmten Lande keinen wohlhabenden Bürgerstand mehr, der durch Bildung und Vermögen dem Militär- und Beamtenstande das Gleichgewicht hätte halten können. Zum Theil Schuld dieser Verhältnisse war es wohl auch, daß die in Preußen unter der Herrschaft der weitblickenden Hohenzollern immer hoch angesehenen Träger der Wissenschaft es mit ihrer Würde nicht vereinbar hielten, ein persönliches Interesse für den technischen Fortschritt zu zeigen. Dasselbe galt von der bildenden Kunst, deren Träger es für ihrer unwürdig hielten — und theilweise, wie ich glaube, noch halten — einen Theil ihrer schöpferischen Kraft zur Hebung der Kunstindustrie zu verwenden.

Durch meine Thätigkeit in der polytechnischen Gesellschaft kam ich zu der Ueberzeugung, daß naturwissenschaftliche Kenntnisse und wissenschaftliche Forschungsmethode berufen wären, die Technik zu einer noch gar nicht zu übersehenden Leistungsfähigkeit zu entwickeln. Sie brachte mir ferner den Vortheil, persönlich mit den Berliner Gewerbetreibenden bekannt zu werden und selbst eine Uebersicht über die Leistungen und Schwächen der damaligen Industrie zu erhalten. Ich wurde oft von Gewerbetreibenden um Rath gefragt und erhielt dadurch Einsicht in die benutzten Einrichtungen und Arbeitsmethoden. Es wurde mir klar, daß die Technik nicht in plötzlichen Sprüngen

Dove und Rieß hervorheben will, für die freundliche Aufnahme in ihren anregenden Umgangskreis. Auch den jüngeren Berliner Physikern, die mich an der Gründung der physikalischen Gesellschaft theilnehmen ließen, habe ich vieles zu danken. Es war das ein mächtig anregender Kreis von talentvollen jungen Naturforschern, die später fast ohne Ausnahme durch ihre Leistungen hochberühmt geworden sind. Ich nenne nur die Namen du Bois-Reymond, Brücke, Helmholtz, Clausius, Wiedemann, Ludwig, Beetz und Knoblauch. Der Umgang und die gemeinschaftliche Arbeit mit diesen durch Talent und ernstes Streben ausgezeichneten jungen Leuten verstärkten meine Vorliebe für wissenschaftliche Studien und Arbeiten und erweckten in mir den Entschluß, künftig nur ernster Wissenschaft zu dienen.

Doch die Verhältnisse waren stärker als mein Wille, und der mir angeborene Trieb, erworbene wissenschaftliche Kenntnisse nicht schlummern zu lassen, sondern auch möglichst nützlich anzuwenden, führte mich doch immer wieder zur Technik zurück. Und so ist es während meines ganzen Lebens geblieben. Meine Liebe gehörte stets der Wissenschaft als solcher, während meine Arbeiten und Leistungen meist auf dem Gebiete der Technik liegen.

Diese technische Richtung fand in Berlin besonders Nahrung und Unterstützung durch die polytechnische Gesellschaft, der ich mich als junger Officier eifrig widmete. Ich betheiligte mich an ihren Verhandlungen und an der Beantwortung der Fragen, die dem Fragekasten entnommen wurden. Die Beantwortung und Discussion derselben gehörten bald zu meiner regelmäßigen Thätigkeit und bildeten eine gute Schule für mich. Meine naturwissenschaftlichen Studien kamen mir dabei außerordentlich zu statten, und es wurde mir klar, daß technischer Fortschritt nur durch Verbreitung naturwissenschaftlicher Kenntnisse unter den Technikern erzielt werden könnte.

Es herrschte damals noch zwischen Wissenschaft und Technik eine unüberbrückte Kluft. Zwar hatte der verdienstvolle Beuth, der wohl unbestreitbar als Gründer der norddeutschen Technik anzuerkennen ist, im Berliner Gewerbe-Institut eine Anstalt geschaffen, die in erster Linie zur Verbreitung wissenschaftlicher

Kenntnisse unter den jungen Technikern bestimmt war. Die Wirkungsdauer dieses Instituts, aus dem später die Gewerbe-Akademie und schließlich die Charlottenburger Technische Hochschule hervorging, war aber noch zu kurz zur Erhöhung des Niveaus der Bildung bei den damaligen Gewerbetreibenden.

Preußen war in jener Zeit noch ein reiner Militär- und Beamtenstaat. Nur in seinem Beamtenstande war Bildung zu finden, und diesem Umstande ist es wohl hauptsächlich zuzuschreiben, daß auch heute noch ein, wenn auch nur scheinbarer Beamtentitel als ein äußeres Kennzeichen eines gebildeten und achtbaren Mannes anerkannt und erstrebt wird. Von den Gewerbebetrieben hatte nur die Landwirthschaft, aus der sich Militär wie Bureaukratie fast ausnahmslos rekrutirten, eine auch von diesen Ständen geachtete Stellung. Es gab damals in dem Jahrhunderte lang durch zahllose Kriege verwüsteten und verarmten Lande keinen wohlhabenden Bürgerstand mehr, der durch Bildung und Vermögen dem Militär- und Beamtenstande das Gleichgewicht hätte halten können. Zum Theil Schuld dieser Verhältnisse war es wohl auch, daß die in Preußen unter der Herrschaft der weitblickenden Hohenzollern immer hoch angesehenen Träger der Wissenschaft es mit ihrer Würde nicht vereinbar hielten, ein persönliches Interesse für den technischen Fortschritt zu zeigen. Dasselbe galt von der bildenden Kunst, deren Träger es für ihrer unwürdig hielten — und theilweise, wie ich glaube, noch halten — einen Theil ihrer schöpferischen Kraft zur Hebung der Kunstindustrie zu verwenden.

Durch meine Thätigkeit in der polytechnischen Gesellschaft kam ich zu der Ueberzeugung, daß naturwissenschaftliche Kenntnisse und wissenschaftliche Forschungsmethode berufen wären, die Technik zu einer noch gar nicht zu übersehenden Leistungsfähigkeit zu entwickeln. Sie brachte mir ferner den Vortheil, persönlich mit den Berliner Gewerbetreibenden bekannt zu werden und selbst eine Uebersicht über die Leistungen und Schwächen der damaligen Industrie zu erhalten. Ich wurde oft von Gewerbetreibenden um Rath gefragt und erhielt dadurch Einsicht in die benutzten Einrichtungen und Arbeitsmethoden. Es wurde mir klar, daß die Technik nicht in plötzlichen Sprüngen vorschreiten kann, wie es der Wissenschaft durch die schöpferischen Gedanken einzelner bedeutender Männer oft möglich geworden ist. Eine technische Erfindung bekommt erst Werth und Bedeutung, wenn die Technik selbst so weit vorgeschritten ist, daß die Erfindung durchführbar und ein Bedürfniß geworden ist. Darum sieht man auch so oft die wichtigsten Erfindungen Jahrzehnte lang schlummern, bis sie plötzlich zu großer Bedeutung gelangen, wenn ihre Zeit gekommen ist. —

Unter den wissenschaftlich-technischen Fragen, die mich damals hauptsächlich beschäftigten und zugleich Anlaß zu meinen ersten litterarischen Arbeiten boten, hatte die erste ihre Ursache in einer brieflichen Mittheilung meines Bruders Wilhelm über eine interessante Arbeitsmaschine, die er zu Dundee in Schottland in Thätigkeit gesehen hatte. Aus seiner spärlichen Mittheilung ging hervor, daß diese Maschine nicht durch Dampf, sondern durch erhitzte Luft betrieben wurde. Mich interessirte diese Idee außerordentlich, da sie die Grundlage zu einer vortheilhaften Umgestaltung der ganzen Maschinentechnik zu bilden schien. In einem Aufsatze unter dem Titel „Ueber die Anwendung der erhitzten Luft als Triebkraft", den ich im Jahre 1845 in Dinglers Polytechnischem Journale veröffentlichte, beschrieb ich die Theorie solcher Luftmaschinen und gab auch eine Skizze der Construction einer solchen, wie ich sie mir als ausführbar dachte. Meine Theorie stand schon ganz auf dem Boden des Princips von der Erhaltung der Kraft, das in jener Zeit von Mayer aufgestellt und von Helmholtz in seiner berühmten Schrift „Ueber die Erhaltung der Kraft", die er zuerst in der physikalischen Gesellschaft vortrug, mathematisch entwickelt wurde. Später haben meine Brüder Wilhelm und Friedrich sich viel mit diesen Maschinen beschäftigt und sie in verschiedenen Formen ausgeführt. Auch sie mußten aber leider dabei die Erfahrung machen, daß die Technik noch nicht weit genug vorgeschritten war, um die Erfindung mit Vortheil anwenden zu können. Nur kleine Maschinen ließen sich auf Grundlage jenes Princips so herstellen, daß sie dauernd gut arbeiteten; für große fehlte und fehlt noch jetzt das richtige Material zur Construction der Erhitzungsgefäße.

In demselben Jahre noch ließ ich in Dinglers Journal eine Beschreibung des schon erwähnten Differenz-Regulators erscheinen, dem ich inzwischen in Gemeinschaft mit meinem Bruder Wilhelm die verschiedenartigsten Ausführungsformen gegeben hatte.

Eine Frage, welche mich bereits längere Zeit beschäftigt hatte, war ferner die einer exacten Messung von Geschoßgeschwindigkeiten. Der als geschickter Mechaniker bekannte Uhrmacher Leonhardt hatte im Auftrage der Artillerie-Prüfungscommission eine Uhr gebaut, die einen Zeiger mit großer Geschwindigkeit drehte, wenn er elektromagnetisch mit dem Uhrwerk verbunden wurde. Das An- und Loskuppeln des Zeigers durch das fliegende Geschoß hatte aber große Schwierigkeiten, deren Ueberwindung trotz aller Bemühungen nicht recht gelingen wollte. Dies brachte mich auf die Idee der leichter durchzuführenden Benutzung des elektrischen Funkens zur Geschwindigkeitsmessung. In einem in Poggendorffs Annalen veröffentlichten Aufsatze „Ueber die Anwendung des elektrischen Funkens zur Geschwindigkeitsmessung“ wies ich die Möglichkeit nach, durch einen schnell rotirenden, polirten Stahlcylinder, auf dem einfallende electrische Funken eine deutliche Marke hinterlassen, die Geschwindigkeit der Geschosse in jedem Stadium ihrer Bahn exact zu messen. Auch enthielt dieser Aufsatz schon den erst viele Jahre später von mir ausgeführten Plan, die Geschwindigkeit der Elektricität selbst in ihren Leitern nach derselben Methode zu ermitteln.

Mein Interesse für elektrische Versuche wurde durch die Betheiligung an den Arbeiten Leonhardts, der gleichzeitig mit Versuchen beschäftigt war, welche der Generalstab der Armee über die Frage der Ersetzbarkeit der optischen Telegraphie durch elektrische anstellen ließ, auf das lebhafteste angeregt. Im Hause des Hofraths Soltmann, des Vaters eines mir enger befreundeten Brigadekameraden, hatte ich Gelegenheit, das Modell eines Wheatstoneschen Zeigertelegraphen zu sehen, und hatte mich an den Versuchen betheiligt, ihn zwischen dem Wohnhause und der durch einen großen Garten von ihm getrennten Anstalt für künstliche Mineralbrunnen in sicheren Gang zu bringen. Dies wollte aber niemals recht gelingen, und ich erkannte bald die Ursache dieser Mißerfolge. Sie lag wesentlich im Constructionsprincipe des Apparates, welches verlangte, eine Kurbel so gleichmäßig mit der Hand zu drehen, daß die erzeugten einzelnen Stromimpulse stets hinreichende Stärke hatten, um das Zeigerwerk des Empfangsapparates fortzubewegen. Das war schon nicht sicher zu erreichen, wenn die Apparate im Zimmer arbeiteten, und war ganz unmöglich, wenn ein wesentlicher Theil des Stromes durch die damaligen, unvollkommen isolirten Leitungen verloren ging.

Leonhardt suchte diesen Uebelstand im Auftrage der Commission dadurch zu beseitigen, daß er die Stromimpulse durch ein Uhrwerk, also in ganz regelmäßigen Zeitintervallen, ausführen ließ, was immerhin eine Verbesserung war, aber bei wechselndem Stromverluste doch nicht ausreichte. Dies machte mir klar, daß die Aufgabe am sichersten zu lösen sei, wenn man aus den Zeigertelegraphen selbstthätig laufende Maschinen machte, von denen jede selbstthätig die Stromleitung unterbräche und herstellte. Wurden zwei oder mehrere solcher elektrischen Maschinen in einen elektrischen Kreislauf gebracht, so konnte ein neuer Stromimpuls erst eintreten, wenn alle eingeschalteten Apparate ihren Hub vollendet und dadurch die Stromleitung wieder geschlossen hatten. Es erwies sich das in der Folge als ein sehr fruchtbares Princip für unzählige elektrotechnische Anwendungen. Alle heute verwendeten selbstthätig wirkenden Wecker oder Klingelapparate beruhen auf der hier zuerst eingeführten Selbstunterbrechung nach vollendetem Hube.

Die Ausführung dieser Zeigertelegraphen mit Selbstunterbrechung übertrug ich einem mir aus der physikalischen Gesellschaft bekannten jungen Mechaniker, Namens Halske, der damals in Berlin eine kleine mechanische Werkstatt unter der Firma Böttcher & Halske betrieb. Da Halske anfänglich Zweifel hegte, ob mein Apparat auch functioniren würde, so stellte ich mir selbst aus Cigarrenkisten, Weißblech, einigen Eisenstückchen und etwas isolirtem Kupferdraht ein paar selbstthätig arbeitende Telegraphen her, die mit voller Sicherheit zusammen gingen und standen. Dieses unerwartete Ergebniß enthusiasmirte Halske so sehr für das schon mit so mangelhaften Hülfsmitteln durchführbare System, daß er sich mit größtem Eifer der Ausführung der ersten Apparate hingab und sich sogar bereit erklärte, aus seiner Firma auszutreten und sich in Verbindung mit mir gänzlich der Telegraphie zu widmen.

Dieser Erfolg sowohl wie die wachsende Sorge für meine jüngeren Geschwister reifte in mir den Entschluß, den Militärdienst zu verlassen und mir durch die Telegraphie, deren große Bedeutung ich klar erkannte, einen neuen Lebensberuf zu bilden, der mir denn auch die Mittel liefern sollte, die übernommenen Pflichten gegen meine jüngeren Brüder zu erfüllen. Ich war daher eifrig mit Fertigstellung meines neuen Telegraphen beschäftigt, der die Brücke zu den neu zu gründenden Lebensverhältnissen bilden sollte. Da trat ein Ereigniß ein, welches alle meine Pläne über den Haufen zu werfen drohte.

Es war damals eine Zeit großer religiöser und politischer Bewegung in ganz Europa. Diese fand in Deutschland ihren Ausdruck zuerst in der freireligiösen Bewegung, die sich sowohl gegen den Katholicismus wie gegen die streng protestantische, damals zur Herrschaft gelangte Richtung wendete. Johannes Ronge war nach Berlin gekommen und hielt öffentliche Vorträge im Tivolilocale, die von aller Welt besucht wurden und großen Enthusiasmus erregten. Namentlich die jüngeren Officiere und Beamten, die damals fast ausnahmslos liberale Gesinnung hegten, schwärmten für Johannes Ronge.

Gerade als dieser Ronge-Cultus auf seinem Höhepunkte angelangt war, machte ich mit sämmtlichen Officieren der Artillerie-Werkstatt — neun an der Zahl — nach Schluß der Arbeit eine Promenade im Thiergarten. „Unter den Zelten" fanden wir viele Leute versammelt, die lebhaften Reden zuhörten, in denen alle Gesinnungsgenossen aufgefordert wurden, für Johannes Ronge und gegen die Dunkelmänner Stellung zu nehmen. Die Reden waren gut und wirkten vielleicht gerade deswegen so überzeugend und hinreißend, weil man in Preußen bis dahin an öffentliche Reden nicht gewöhnt war. Als mir daher beim Fortgehen ein Bogen zur Unterschrift vorgelegt wurde, der mit theilweise bekannten Namen schon beinahe bedeckt war, nahm ich keinen Anstand, auch den meinigen hinzuzufügen. Meinem Beispiel folgten die übrigen, zum Theil viel älteren Officiere ohne Ausnahme. Es dachte sich eigentlich Keiner dabei etwas Schlimmes. Jeder hielt es nur für anständig, seine Ueberzeugung auch seinerseits offen auszusprechen.

Aber groß war mein Schreck, als ich am anderen Morgen beim Kaffee einen Blick in die Vossische Zeitung warf und als Leitartikel einen „Protest gegen Reaktion und Muckerthum", und an der Spitze der Unterschriften meinen Namen und nach ihm die meiner Kameraden fand.

Als ich bald darauf — eine halbe Stunde vor Beginn des Dienstes — auf dem Werkstattshofe erschien, traf ich die Kameraden schon alle in großer Aufregung versammelt. Wir mußten fürchten, ein schweres militärisches Vergehen begangen zu haben. In dieser Annahme wurden wir auch bald bestärkt durch das Erscheinen des Commandeurs der Werkstätten, eines braven und höchst liebenswürdigen Mannes, der uns in großer Erregung erklärte, daß wir uns sämmtlich durch diese That zu Grunde gerichtet hätten und ihn selbst ebenfalls.

Es vergingen einige sorgenvoll verlebte Tage. Dann kam ein Parolebefehl, daß der Inspecteur der Werkstätten, General von Jenichen, uns eine Kabinetsordre mitzutheilen habe. Die Kabinetsordre lautete zwar streng tadelnd, doch gnädiger als wir zu hoffen gewagt hatten. Der General hielt uns eine längere Rede, in der er uns das Ungehörige und Tadelnswerthe unsrer Handlungsweise auseinandersetzte. Ich war auf den Schluß dieser Rede einigermaaßen gespannt, da ich mit dem General, der ein hochgebildeter und sehr humaner Mann war, einen ganzen Monat lang Kissinger Brunnen getrunken hatte und genau wußte, daß seine Ansichten von den durch uns unterschriebenen eigentlich nicht verschieden waren. „Sie wissen", sagte der General zum Schlusse, indem er seinen Blick auf mich richtete, „daß ich der Ansicht bin, daß jeder Mann, und namentlich jeder Officier, stets offen seine Meinung sagen soll, Sie haben aber nicht bedacht, daß offen und öffentlich himmelweit verschiedene Dinge sind!"

Wir erfuhren bald, daß wir zur Strafe sämmtlich zu unsrer

Brigade — oder unserm Regimente, wie es jetzt wieder heißt — zurückversetzt werden sollten. Für mich war das ein fast unerträglich harter Schlag, der alle meine Lebenspläne störte und es mir unmöglich machte, weiter für meine jüngeren Brüder zu sorgen. Es galt daher, ein Mittel zu finden, um diese Versetzung zu verhindern. Das war nur durch eine militärisch-wichtige Erfindung zu erreichen, die meine Anwesenheit in Berlin erforderte. Die Telegraphie, mit der ich mich schon lebhaft beschäftigte, konnte diesen Dienst nicht leisten, denn es glaubten damals erst Wenige an ihre große Zukunft, und meine Projekte waren noch in der Entwicklung begriffen.

Da fiel mir zum Glück die Schießbaumwolle ein, die kurz vorher von Professor Schönbein in Basel erfunden, aber noch nicht brauchbar war. Es schien mir unzweifelhaft, daß sie sich so verbessern ließe, daß sie militärisch anwendbar würde. Ich ging daher sogleich zu meinem alten Lehrer Erdmann, Professor der Chemie an der königlichen Thierarzneischule, trug ihm meine Noth vor und bat ihn um die Erlaubniß, in seinem Laboratorium Versuche mit Schießbaumwolle anzustellen. Er erlaubte es freundlich, und ich ging eifrig ans Werk.

Ich hatte die Idee, daß man durch Anwendung stärkerer Salpetersäure und durch sorgfältigere Auswaschung und Neutralisirung ein besseres und weniger leicht zersetzbares Produkt erzielen könne. Alle Versuche schlugen aber fehl, obschon ich rauchende Salpetersäure höchster Concentration verwendete; es entstand immer ein schmieriges, leicht wieder zersetzbares Produkt. Als mir die hoch concentrirte Salpetersäure ausgegangen war, suchte ich sie einmal bei einer Probe durch Zusatz von concentrirter Schwefelsäure zu verstärken und erhielt zu meiner Ueberraschung eine Schießbaumwolle von ganz anderen Eigenschaften. Sie war nach der Auswaschung weiß und fest wie die unveränderte Baumwolle und explodirte sehr energisch. Ich war glücklich, machte bis spät in die Nacht hinein eine ansehnliche Quantität solcher Schießwolle und legte sie in den Trockenofen des Laboratoriums.

Als ich nach kurzem Schlafe am frühen Morgen wieder nach

[illegible] nach [illegible] Rich-
[illegible]

[illegible] gegen die dänische
[illegible] Die nationale Frage wurde
[illegible] [illegible] ganz
[illegible] Bru-
[illegible] bringen. Auf der anderen
[illegible] des [illegible] und
[illegible] Regierung [illegible] auf,
[illegible] Bewegung, die Stadt Kiel,
[illegible]

[illegible] Jahre als
[illegible] dicht am
[illegible] Angst und [illegible] im
[illegible] den Bomben
[illegible] Die See-
[illegible] am Eingange des
[illegible] dänischen Hän-
[illegible] dänischen Flotte daher
[illegible]

[illegible] ganz neuen Ge-
[illegible] elektrischer Zün-
[illegible] isolirten
[illegible] Minen im richtigen
[illegible] zu entzünden.
[illegible] der ihn lebhaft er-
[illegible] Regierung für die Vertheidigung
[illegible] schickte einen be-
[illegible] Regierung mit der Bitte,
[illegible] zu ertheilen. Meiner
[illegible] kriegerischen Zwecke
[illegible] Preußen und Däne-
mark herrsche. Mir wurde aber in Aussicht gestellt, daß ich den
gewünschten Urlaub erhalten solle, wenn die Verhältnisse sich änderten, wie man erwartete.

dem Laboratorium ging, fand ich den Professor trauernd unter Trümmern in der Mitte des Zimmers stehen. Beim Heizen des Trockenofens hatte sich die Schießbaumwolle entzündet und den Ofen zerstört. Ein Blick machte mir dies und zugleich das vollständige Gelingen meiner Versuche klar. Der Professor, mit dem ich in meiner Freude im Zimmer herumzutanzen suchte, schien mich anfangs für geistig gestört zu halten. Es kostete mir Mühe, ihn zu beruhigen und zur schnellen Wiederaufnahme der Versuche zu bewegen. Um elf Uhr Morgens hatte ich schon ein ansehnliches Quantum tadelloser Schießwolle gut verpackt und sandte es mit einem dienstlichen Schreiben direct an den Kriegsminister.

Der Erfolg war glänzend. Der Kriegsminister hatte in seinem großen Garten eine Schießprobe angestellt und, da sie brillant ausfiel, sofort die Spitzen des Ministeriums zu einem vollständigen Probeschießen mit Pistolen veranlaßt. Noch an demselben Tage erhielt ich eine officielle, directe Ordre des Kriegministers, mich zur Anstellung von Versuchen in größerem Maaßstabe zur Pulverfabrik nach Spandau zu begeben, die bereits angewiesen sei, mir dazu alle Mittel zur Verfügung zu stellen. Es ist wohl selten eine Eingabe im Kriegsministerium so schnell erledigt worden! Von meiner Versetzung war keine Rede mehr. Ich war bald der einzige von meinen Unglücksgefährten, der Berlin noch nicht hatte verlassen müssen.

Die Versuche in großem Maaßstabe, die in der Spandauer Pulverfabrik unter meiner Leitung angestellt wurden, führten nicht zu dem im ersten Feuereifer erwarteten Ergebniß, daß die Schießwolle allgemein das Pulver ersetzen würde. Zwar gaben sowohl die Schießproben mit Gewehren wie auch die mit Kanonen recht gute Resultate, es stellte sich aber doch heraus, daß die Schießwolle selbst keine hinlänglich constante Verbindung war, da sie sich in trocknem Zustande allmählich zersetzte und unter Umständen auch von selbst entzünden konnte. Außerdem hing die Schußwirkung von dem Grade der Zusammendrückung der Schießwolle und der Art ihrer Entzündung ab. Mein Bericht ging also dahin, daß die nach meiner Methode vermittelst einer Mischung von Salpeter- und

Schwefelsäure hergestellte Schießwolle ausgezeichnete Eigenschaften als Sprengmittel habe und geeignet scheine, anstatt des Sprengpulvers zu militärischen Zwecken verwendet zu werden, daß sie aber das Schießpulver nicht allgemein ersetzen könne, da sie keine hinlänglich feste, chemische Verbindung darstelle und ihre Wirkung nicht constant genug sei.

Diesen Bericht hatte ich schon eingesandt, als Professor Otto in Braunschweig meine Methode der Darstellung brauchbarer Schießwolle neu erfand und publicirte. Meine frühere Thätigkeit in der Sache und mein Bericht an das Kriegsministerium blieben natürlich geheim, und Otto gilt daher mit Recht als Erfinder der brauchbaren Schießwolle, da er die Methode ihrer Herstellung zuerst veröffentlicht hat. So ist es mir vielfach gegangen. Es erscheint zunächst zwar hart und ungerecht, daß Jemand durch frühere Publikation die Ehre einer Entdeckung oder Erfindung sich aneignen kann, die ein Andrer, der schon lange mit Liebe und gutem Erfolge an ihr gearbeitet hat, erst nach vollkommener Durcharbeitung publiciren wollte. Andererseits muß man jedoch zugeben, daß irgend eine bestimmte Regel über die Prioritäten festgesetzt werden muß, da für die Wissenschaft und die Welt nicht die Person, sondern die Sache selbst und deren Bekanntmachung in Betracht kommt.

Nachdem die Gefahr der Versetzung von Berlin auf diese Weise glücklich beseitigt war, konnte ich mich mit größerer Ruhe der Telegraphie widmen. Ich sandte dem General Etzel, dem Chef der unter dem Generalstabe der Armee stehenden optischen Telegraphen, einen Aufsatz über den damaligen Stand der Telegraphie und ihre zu erwartenden Verbesserungen. In Folge dessen wurde ich zur Dienstleistung bei der Commission des Generalstabes commandirt, welche die Einführung der elektrischen Telegraphen anstatt der optischen vorbereiten sollte. Es gelang mir, das Vertrauen des Generals und seines Schwiegersohnes, des Professors Dove, in so hohem Grade zu gewinnen, daß die Commission meinen Vorschlägen fast immer beitrat und mich mit der Ausführung beauftragte.

Man hielt es damals für ganz ausgeschlossen, daß eine an Pfosten befestigte, leicht zugängliche Telegraphenlinie sichern Dienst thun könne, da man glaubte, daß das Publikum sie zerstören würde. Es wurden daher überall, wo man auf dem europäischen Continente elektrische Telegraphen einführen wollte, zunächst Versuche mit unterirdischen Leitungen gemacht. Am bekanntesten sind diejenigen des Professors Jacobi in Petersburg geworden. Dieser hatte Harze, Glasröhren und Kautschuk als Isolirmittel verwendet, doch keinen dauernd befriedigenden Erfolg erzielt. Auch die Berliner Commission hatte solche Versuche begonnen, die jedoch ebensowenig eine genügende, haltbare Isolation ergaben.

Zufällig hatte mir damals mein Bruder Wilhelm aus London eine Probe von einem neu auf dem englischen Markte erschienenen Material, der Guttapercha, als Curiosität zugeschickt. Die ausgezeichneten Eigenschaften dieser Masse, im erwärmten Zustande plastisch zu werden und, wieder erkaltet, ein guter Isolator der Elektricität zu sein, erregten meine Aufmerksamkeit. Ich überzog einige Drahtproben mit der erwärmten Masse und fand, daß sie sehr gut isolirt waren. Die Commission ordnete auf meinen Vorschlag größere Versuche mit solchen, durch Guttapercha isolirten Drähten an, die im Sommer 1846 begannen und 1847 fortgesetzt wurden. Bei den im Jahre 1846 auf dem Planum der Anhaltischen Eisenbahn verlegten Proben war die Guttapercha durch Walzen um den Draht gebracht. Es stellte sich aber heraus, daß die Walznaht sich mit der Zeit löste. Ich construirte daher eine Schraubenpresse, durch welche die erwärmte Guttapercha unter Anwendung hohen Druckes ohne Naht um den Kupferdraht gepreßt wurde. Die mit Hülfe einer solchen, von Halske ausgeführten Modellpresse überzogenen Leitungsdrähte erwiesen sich als gut isolirt und behielten ihre Isolation dauernd bei.

Im Sommer 1847 wurde die erste längere unterirdische Leitung von Berlin bis Großbeeren mit derartig isolirten Drähten von mir gelegt. Da sie sich vollkommen bewährte, so schien die Frage der Isolation unterirdischer Leitungen durch Anwendung der Guttapercha und meiner Preßmaschine jetzt glücklich gelöst zu sein. In der That sind seit jener Zeit nicht nur die unterirdisch geführten Landlinien, sondern auch die submarinen Kabellinien fast ausnahmslos in dieser Weise isolirt. Die Commission nahm in Aussicht, sowohl die mit Guttapercha umpreßten Leitungen wie auch mein Zeiger- und Drucktelegraphensystem den in Preußen zunächst zu erbauenden Telegraphenlinien zu Grunde zu legen.

Mein Entschluß, mich ganz der Entwicklung des Telegraphenwesens zu widmen, stand nunmehr fest. Ich veranlaßte daher im Herbst des Jahres 1847 den Mechaniker J. G. Halske, mit dem die gemeinsamen Arbeiten mich näher verbunden hatten, sein bisheriges Geschäft dem Socius zu überlassen und eine Telegraphenbauanstalt zu begründen, in die ich mir den persönlichen Eintritt nach meiner Verabschiedung vorbehielt. Da Halske ebensowenig wie ich selbst disponible Geldmittel hatte, so wandten wir uns an meinen in Berlin wohnenden Vetter, den Justizrath Georg Siemens, der uns zur Einrichtung einer keinen Werkstatt 6000 Thaler gegen sechsjährige Gewinnbetheiligung darlieh. Die Werkstatt wurde am 12. October 1847 in einem Hinterhause der Schöneberger Straße — wo Halske und ich auch Wohnung nahmen — eröffnet und entwickelte sich schnell und ohne weitere Inanspruchnahme fremden Kapitals zu dem weltbekannten Etablissement von Siemens & Halske in Berlin mit Zweiggeschäften in vielen Hauptstädten Europas.

Die verlockende Aussicht, mich vermöge meiner dominirenden Stellung in der Telegraphencommission zum Leiter der künftigen preußischen Staatstelegraphen aufzuschwingen, hatte ich von mir gewiesen, da ein Dienstverhältniß mir nicht zusagte und ich die Ueberzeugung gewann, ich würde der Welt und mir selbst mehr nützen können, wenn ich mir volle persönliche Unabhängigkeit verschaffte. Doch wollte ich meinen Abschied vom Militär und damit von meinem Commando zur Telegraphencommission erst dann nehmen, wenn die Commission ihre Aufgabe vollständig erfüllt hätte und eine definitive Ordnung des künftigen Telegraphenwesens eingetreten wäre.

Ich kämpfte damals in der Commission dafür, daß die Benutzung der herzustellenden Telegraphenlinien auch dem Publikum gestattet würde, was in militärischen Kreisen großer Abneigung begegnete. Die große Geschwindigkeit und Sicherheit, mit der meine inzwischen in Preußen patentirten Zeiger- und Drucktelegraphen auf der oberirdischen Linie zwischen Berlin und Potsdam und auf der unterirdischen zwischen Berlin und Großbeeren arbeiteten — eine Leistung, die mit derjenigen der früheren Semaphoren gar nicht zu vergleichen war — trugen aber wesentlich dazu bei, eine dem Publikum günstigere Auffassung herbeizuführen. Die Kunde von den überraschend günstigen Resultaten dieser Versuche machte damals in den höheren Gesellschaftskreisen Berlins die Runde und brachte mir die Aufforderung der Prinzessin von Preußen, ihrem Sohne, unserm späteren Kronprinzen Friedrich Wilhelm und Kaiser Friedrich, in Potsdam einen Vortrag über elektrische Telegraphie zu halten. Dieser von Experimenten auf der Berlin-Potsdamer Linie begleitete Vortrag und eine an ihn sich knüpfende Denkschrift, in der ich auseinandersetzte, welche Bedeutung die Telegraphie in Zukunft erlangen würde, falls man sie zum Gemeingute des Volkes machte, haben offenbar viel dazu beigetragen, die höheren Kreise hierfür zu gewinnen.

Für den März des Jahres 1848 schrieb die Commission auf meinen Antrag eine öffentliche Concurrenz aus und setzte die dabei von den Telegraphenleitungen und Apparaten zu erfüllenden Bedingungen fest. Den Siegern wurden Preise ausgesetzt, auch sollten sie die Anwartschaft auf die späteren Lieferungen erhalten. Ich hatte ziemlich sichere Aussicht, auf dieser, am 15. März 1848 eröffneten Concurrenz mit meinen Vorschlägen den Sieg davonzutragen, als der 18. März der Concurrenz sowohl wie der Commission selbst ein jähes Ende bereitete.

In meine interessanten Arbeiten versunken hatte ich wenig Zeit gefunden, an der wilden Bewegung der Geister Theil zu nehmen, die sich seit der Pariser Februarrevolution über ganz Deutschland verbreitete. Mit elementarer Gewalt brauste der mächtige Strom der politischen Aufregung dahin und riß alle die schwachen Dämme nieder, welche die bestehenden Gewalten ihr ziel- und planlos entgegenstellten. Die Unzufriedenheit mit den herrschenden Zuständen, das Gefühl der Hoffnungslosigkeit, daß sie sich ohne gewaltsamen Umsturz ändern ließen, durchdrang das ganze deutsche Volk und reichte selbst bis in höhere Schichten der preußischen Civil- und sogar der Militärverwaltung. Das politische und nationale Phrasenthum, dessen Hohlheit erst durch die späteren Ereignisse offenbart wurde, übte damals noch seine ungeschwächte Wirkung auf die Massen aus, und seine Entwicklung wurde mächtig unterstützt durch das außerordentlich schöne Sommerwetter, welches diese ganze Zeit in Deutschland herrschte.

Die Straßen Berlins wurden ununterbrochen von erregten Menschen durchfluthet, die sich gegenseitig die übertriebensten Gerüchte über den Fortschritt der Bewegung in Deutschland mittheilten und überall improvisirten Volksrednern zuhörten, welche sie verbreiteten und zu gleichen Thaten anfeuerten. Die Polizei schien aus der Stadt verschwunden zu sein, und das Militär, welches durchweg treu seine Pflicht erfüllte, machte sich kaum ernstlich bemerkbar. Da kam die überwältigende Nachricht von dem Siege der Revolution in Dresden und Wien, kurz darauf die Erschießung des Postens vor dem Bankgebäude und schließlich das Mißverständniß auf dem Schloßplatze. Dies trieb auch die ruhigen Bürger, die sich zu einer vermittelnden Bürgerwache zusammengeschaart hatten, auf die revolutionäre Seite. Ich sah von meinen Fenstern aus, wie eine Abtheilung dieser Bürgerwache in großer Erregung vom Schloßplatze herkam und auf dem Platze vor dem Anhaltischen Thore Schärpen und Stäbe zusammenwarf mit dem Rufe „Verrath! Das Militär hat auf uns geschossen!" In wenigen Stunden bedeckten sich die Straßen mit Barrikaden, die Wachen wurden angegriffen und zum Theil überwältigt, und der Kampf mit der Garnison, die sich meist auf die Vertheidigung beschränkte und ohne jede Ausnahme der Fahne treu blieb, verbreitete sich schnell über einen großen Theil der Stadt.

Ich selbst war damals durch mein Commando zu einer Specialcommission außer Verbindung mit einem militärischen Truppentheile und wartete klopfenden Herzens auf das Ende des unseligen Kampfes. Da erschien mit Beginn des folgenden Tages die königliche Proklamation, die den Frieden herstellte.

Um dem Könige für diese Proklamation zu danken, zogen am Vormittage des 19. März die Bürger auf den Schloßplatz. Es duldete mich nicht länger im Hause, und so schloß ich mich ihnen in Civilkleidung an. Ich fand den ganzen Platz mit einer großen Menschenmenge bedeckt, die ihrer Freude über die Friedensproklamation allseitig lebhaften Ausdruck gab. Doch bald änderte sich die Scene. Es kamen lange Züge an, welche die Gefallenen auf den Schloßplatz brachten, damit, wie man sagte, der König sich selbst überzeugen könnte, welches Unheil seine Soldaten angerichtet hätten. Es ereignete sich die schreckliche Scene auf dem Balkon des Schlosses, auf dem die Königin in Ohnmacht niedersank, als ihr Auge auf die blutige Menge der Todten fiel, die man zu ihren Füßen aufgehäuft hatte. Dann kamen immer neue Züge mit Todten, und als der König dem Geschrei nach seinem Erscheinen nicht wieder Folge leistete, bereitete sich die begleitende, aufgeregte Menge vor, das Schloßthor zu erbrechen, um dem Könige auch diese Todten zu zeigen.

Es war dies ein kritischer Moment, denn unfehlbar wäre es im Schloßhofe, wo ein Bataillon zurückgehalten war, zu erneutem Kampfe gekommen, dessen Ausgang zweifelhaft erscheinen mußte, da das übrige Militär die Stadt auf königlichen Befehl verlassen hatte. Da kam ein Retter in der Noth in der Person des jungen Fürsten Lichnowsky. Von einem in der Mitte des Schloßplatzes aufgestellten Tische aus redete er die Menge mit lauter, vernehmlicher Stimme an. Er sagte, Se. Majestät der König habe in seiner großen Güte und Gnade dem Kampfe ein Ende gemacht, indem er alles Militär zurückgezogen und sich ganz dem Schutze der Bürger anvertraut habe. Alle Forderungen seien bewilligt, und man möge nun ruhig nach Hause gehen! Die Rede machte offenbar Eindruck. Auf die Frage aus dem Volke, ob auch wirklich Alles bewilligt sei, antwortete er „Ja, Alles, meine Herren!“ „Doch det Roochen?“ — erscholl eine andere Stimme,

„Ja, auch das Rauchen“, war die Antwort. „Doch im Dierjarten?“ — wurde weiter gefragt. „Ja, auch im Thiergarten darf geraucht werden, meine Herren.“ Das war durchschlagend. „Na, denn können wir ja zu Hause jehn“, hieß es überall, und in kurzer Zeit räumte die heiter gestimmte Menge den Platz. Die Geistesgegenwart, mit welcher der junge Fürst — wahrscheinlich auf eigene Verantwortung hin — die Concession des freien Rauchens auf den Straßen der Stadt und im Thiergarten ertheilte, hat vielleicht weiteres schweres Unheil verhütet.

Auf mich machte diese Scene auf dem Schloßplatz einen unauslöschlichen Eindruck. Sie zeigte so recht anschaulich den gefährlichen Wankelmuth einer erregten Volksmenge und die Unberechenbarkeit ihrer Handlungen. Andererseits lehrte sie auch, daß es in der Regel nicht die großen, gewichtigen Fragen sind, durch die Volksmassen in Bewegung gesetzt werden, sondern kleine, von jedermann lange als drückend empfundene Beschwerden. Das Rauchverbot für die Straßen der Stadt und namentlich den Thiergarten mit dem steten keinen Kriege gegen Gensdarmen und Wachen, der damit verbunden war, bildete in der That wohl die einzige Beschwerde, die von der großen Masse der Berliner Bevölkerung wirklich verstanden wurde, und für die sie in Wahrheit kämpfte.

Mit dem Siege der Revolution hatte in Berlin zunächst jede ernste Thätigkeit ihr Ende. Die ganze Regierungsmaschine schien erstarrt zu sein. Auch die Telegraphencommission hörte einfach auf weiter zu functioniren, ohne aufgehoben oder auch nur suspendirt zu sein. Ich verdanke es der Energie meines Freundes Halske, daß unsere Werkstatt ihre Thätigkeit während der ganzen nun folgenden schweren Zeit ruhig fortsetzte und Telegraphenapparate fabricirte, obgleich es an Bestellungen gänzlich fehlte. Persönlich war ich in einer schwierigen Lage, da meine amtliche Thätigkeit aufgehört hatte, ohne daß mir eine andere angewiesen war, und es andererseits nicht anging, meinen Abschied zu fordern, während allgemein angenommen wurde, daß ein auswärtiger Krieg in naher Aussicht stände.

Da trat wieder, wie so oft in meinem Leben, ein Ereigniß

ein, welches mir eine neue und schließlich für mich günstige Richtung gab.

In Schleswig-Holstein war der Aufstand gegen die dänische Herrschaft mit Erfolg durchgeführt. Die nationale Frage wurde dadurch mächtig angeregt, und Freischaaren bildeten sich in ganz Deutschland, um den gegen fremde Unterdrücker kämpfenden Brüdern im äußersten Norden Hülfe zu bringen. Auf der anderen Seite rüsteten sich die Dänen zur Wiedereroberung des Landes, und die Kopenhagener Zeitungen forderten die Regierung einstimmig auf, den Centralpunkt der revolutionären Bewegung, die Stadt Kiel, durch ein Bombardement zu strafen.

Mein Schwager Himly war im vorhergegangenen Jahre als Professor der Chemie nach Kiel berufen und wohnte dicht am Hafen. Schwester Mathilde schrieb mir in großer Angst und sah im Geiste ihr Haus schon in Trümmern liegen, da es den Bomben der dänischen Kriegsschiffe ganz besonders exponirt war. Die Seebatterie Friedrichsort, wie die kleine Festung am Eingange des Kieler Hafens damals benannt wurde, war noch in dänischen Händen, der Eingang in den Hafen stand der dänischen Flotte daher vollständig offen.

Dies brachte mich auf den in jener Zeit noch ganz neuen Gedanken, den Hafen durch unterseeische Minen mit elektrischer Zündung zu vertheidigen. Meine mit umpreßter Guttapercha isolirten Leitungen boten ein sicheres Mittel dar, solche Minen im richtigen Zeitmomente auf elektrischem Wege vom Ufer aus zu entzünden. Ich theilte diesen Plan meinem Schwager mit, der ihn lebhaft ergriff und sofort der provisorischen Regierung für die Vertheidigung des Landes unterbreitete. Diese billigte ihn und schickte einen besonderen Abgesandten an die preußische Regierung mit der Bitte, mir die Erlaubniß zur Ausführung des Planes zu ertheilen. Meiner Sendung oder auch nur Beurlaubung zu diesem kriegerischen Zwecke stand jedoch entgegen, daß noch Friede zwischen Preußen und Dänemark herrschte. Mir wurde aber in Aussicht gestellt, daß ich den gewünschten Urlaub erhalten solle, wenn die Verhältnisse sich änderten, wie man erwartete.

Ich benutzte diese Zeit des Abwartens zur Vorbereitung. Es wurden große Säcke aus besonders starker, durch Kautschuk wasserdicht gemachter Leinewand angefertigt, von denen jeder etwa fünf Centner Pulver fassen konnte. Ferner wurden in aller Eile isolirte Leitungen und Zündvorrichtungen hergestellt und die nöthigen galvanischen Batterien zur elektrischen Zündung beschafft. Als der Departementschef im Kriegsministerium, General von Reyher, in dessen Vorzimmer ich täglich auf Entscheidung wartete, mir endlich die Mittheilung machte, daß er soeben zum Kriegsminister ernannt und der Krieg gegen Dänemark beschlossen sei, und daß er mir den erbetenen Urlaub als erste feindliche Handlung gegen Dänemark bewillige, waren meine Vorbereitungen schon beinahe vollendet, und noch denselben Abend trat ich die Reise nach Kiel an.

In Altona, wo große Aufregung herrschte, erwartete mich bereits mein Schwager Himly; eine Extralokomotive führte uns weiter nach Kiel. Die Nachricht der preußischen Kriegserklärung war schon bekannt geworden, wurde aber noch vielfach bezweifelt. Mein Erscheinen in preußischer Uniform wurde mit Recht als Beweis des ersehnten Factums aufgefaßt und erregte auf dem ganzen Wege nach Kiel und in diesem selbst unermeßlichen Jubel.

In Kiel hatte mein Schwager unterdessen schon alle Anstalten getroffen, um mit der Legung der Minen schnell vorgehen zu können, da man täglich das Erscheinen der dänischen Flotte erwartete. Es war eine Schiffsladung Pulver von Rendsburg bereits eingetroffen, und eine Anzahl großer Stückfässer stand gut gedichtet und verpicht bereit, um einstweilen statt der noch nicht vollendeten Kautschuksäcke benutzt zu werden. Diese Fässer wurden schleunigst mit Pulver gefüllt, mit Zündern versehen und in der für große Schiffe ziemlich engen Fahrstraße vor der Badeanstalt derart verankert, daß sie etwa zwanzig Fuß unter dem Wasserspiegel schwebten. Die Zündleitungen wurden nach zwei gedeckten Punkten am Ufer geführt und der Stromlauf so geschaltet, daß eine Mine explodiren mußte, wenn an beiden Punkten gleichzeitig die Contacte für ihre Leitung geschlossen waren. Für jede Mine wurden an den beiden Beobachtungsstellen Richtstäbe aufgestellt und die Instruction ertheilt, daß der Contact geschlossen werden müsse, wenn ein feindliches Schiff sich in der Richtlinie der betreffenden Stäbe befinde, und so lange geschlossen bleiben müsse, bis sich das Schiff wieder vollständig aus der Richtlinie entfernt habe. Waren die Contacte beider Richtlinien in irgend einem Momente gleichzeitig geschlossen, so mußte das Schiff sich gerade über der Mine befinden. Durch Versuche mit kleinen Minen und Booten wurde constatirt, daß diese Zündeinrichtung vollkommen sicher functionirte.

Inzwischen war die Schlacht bei Bau geschlagen, in der die schleswig-holsteinischen Turner und die deutschen Freischärler von den Dänen besiegt und zum Theil gefangen genommen wurden. Es war merkwürdig, wie schnell und mächtig der nationale Haß und die kriegerische Leidenschaft der sonst so ruhigen schleswig-holsteinschen Bevölkerung jetzt aufloderten. Am schärfsten äußerte sich dies in der Stimmung der Frauen. Ich erlebte dafür ein charakteristisches Beispiel.

In einer Gesellschaft ließ sich ein schönes und liebenswürdiges junges Mädchen die Construction der zum Schutze der Stadt Kiel verlegten Minen und die Methode der Zündung von mir erklären. Als sie vernahm, daß im günstigen Falle das ganze Schiff in die Luft fliegen und die ganze Bemannung zu Grunde gehen könnte, fragte sie erregt, ob ich denn glaubte, daß es Menschen gäbe, die eine so entsetzliche That verüben und mit einem Fingerdrucke Hunderte von Menschenleben vernichten könnten. Als ich dies bejahte und mit der kriegerischen Nothwendigkeit zu entschuldigen versuchte, wandte sie sich zornig von mir ab und mied mich von da ab sichtlich. Als ich sie nach kurzer Zeit wieder in einer Gesellschaft traf, war inzwischen die Schlacht bei Bau geschlagen; Wrangel war im Begriff, mit den preußischen Truppen in Schleswig-Holstein einzurücken, und die Kriegsfurie hatte die Geister mächtig ergriffen. Zu meiner Ueberraschung kam meine schöne Feindin gleich auf mich zu, als sie meiner ansichtig wurde, und fragte, ob meine Minen auch noch in Ordnung wären. Ich bejahte dies und sagte, ich hegte die Hoffnung, daß sie ihre Wirksamkeit bald an einem feindlichen Schiffe würden zeigen können, da es hieße, daß eine dänische Flotte zum Bombardement Kiels unterwegs sei. Ich beabsichtigte damit wieder ihren Zorn zu erregen, der ihr so gut gestanden hatte. Zu meiner großen Ueberraschung sagte sie aber mit haßerfüllter Miene: „Ach, es würde mich grenzenlos freuen, ein paar Hundert dieser Unmenschen in der Luft zappeln zu sehn!“ Ihr Bräutigam war bei Bau verwundet und gefangen worden und wurde angeblich mit den übrigen Gefangenen auf dem Kriegsschiff „Droning Maria“ von den Dänen schlecht behandelt. Daher dieser plötzliche Umschwung ihrer menschenfreundlichen Stimmung!

Es hieß damals in der That, daß in Kopenhagen beschlossen sei, Kiel zu bombardiren, noch bevor es von den deutschen Truppen besetzt würde. Mir wurde dabei doch etwas bange um die Stadt, denn das Fahrwasser erwies sich bei genauer Untersuchung für Schiffe mittlerer Größe breiter, als ursprünglich angenommen war. Die dänische Flotte konnte sich auch ruhig bei Friedrichsort vor Anker legen und das Bombardement in aller Muße durch Kanonenboote ausführen. Ich hielt es deshalb für äußerst wichtig, daß die Festung Friedrichsort nicht in dänischem Besitz bliebe. Dieselbe sollte nur von einer sehr kleinen Anzahl dänischer Invaliden besetzt sein, ihre Eroberung schien daher nicht schwierig.

Ich trug meine Ansicht dem neu ernannten Commandanten von Kiel, einem hannöverschen Major, vor. Er stimmte mir vollständig bei, hatte auch die Nachricht erhalten, daß in der That eine dänische Escadre unterwegs sei, um Friedrichsort zu besetzen, bedauerte aber ohne Mannschaft zu sein, also nichts thun zu können. Als ich an die Kieler Bürgerwehr erinnerte, die gewiß dazu bereit sein würde, bezweifelte er dies zwar, erbot sich aber, Generalmarsch schlagen zu lassen und der Bürgerwehr meinen Vorschlag zu unterbreiten. Diese kam auch schnell in ansehnlicher Zahl zusammen, und ich versuchte ihr den Nachweis zu führen, daß es zum Schutze des Lebens und Eigenthums der Kieler Bürger unbedingt nöthig sei, Friedrichsort zu besetzen, was heute noch leicht ausführbar wäre, aber morgen vielleicht nicht mehr.

Meine Rede hatte gezündet. Nach kurzer Berathung erklärte sich die Bürgerwehr bereit, noch in der kommenden Nacht die Festung zu besetzen, wenn ich das Commando übernehmen wollte, wozu ich mich natürlich gern verstand. So wurde denn eilig mit Hülfe des Stadtcommandanten, der zwar keine Mannschaft, aber ziemlich gefüllte Magazine zu seiner Verfügung hatte, aus der Bürgerwehr ein Expeditionscorps von 150 Mann gebildet, dem sich noch eine Reserve von 50 Mann anschloß.

Gegen Mitternacht waren wir auf dem Wege nach Holtenau, von wo aus der Sturm auf die Festung erfolgen sollte. Meine Truppe marschirte lautlos und tapfer auf die Zugbrücke los, die glücklicherweise niedergelassen war, und mit lautem Hurrah nahmen wir von der Festung Besitz. Ein Widerstand irgend welcher Art machte sich leider nicht bemerklich. Ich schlug mein Hauptquartier im Commandanturgebäude auf, und es wurde mir dort bald die aus sechs alten Feuerwerkern und Sergeanten bestehende und, wie es schien, von den Dänen ganz vergessene Besatzung gefangen vorgeführt. Die Leute wurden einstweilen unter Arrest gestellt und am folgenden Tage als erste Kriegsgefangene nach Kiel transportirt; es waren geborene Schleswig-Holsteiner, die offenbar froh waren, auf diese Weise ihre Entlassung aus dem dänischen Heeresverbande zu erhalten.

Bei Tagesgrauen erhielt ich die Meldung, daß auf der Rhede ein dänisches Kriegsschiff läge, und bald darauf wurde ein Spion eingebracht, der ihm vom Walle aus Signale gegeben hatte. Es war ein zitternder alter Mann, der von kräftigen Armen gefesselt mir vorgeführt wurde. Bei dem angestellten Verhör ergab sich, daß es der Garnisonpastor war, dem es zu unruhig in der sonst so stillen Festungsruine geworden, und der deshalb den Fischern des auf der anderen Seite des Hafeneinganges gelegenen Dorfes Laboe das verabredete Signal zur Hersendung eines Bootes gegeben hatte.

Das kleine Kriegsschiff blieb ruhig auf seinem Ankerplatze liegen, sendete ein Boot nach Laboe und ging nach dessen Rückkehr wieder in See. Ich hatte in der Festung eine mächtige schwarrothgoldene Fahne aufhissen und die Wälle besetzen lassen, so daß das Schiff die Meldung nach Kopenhagen überbringen konnte, die Seebatterie Friedrichsort sei von einer deutschen Truppe besetzt, wie auch bald in dänischen Zeitungen zu lesen war.

Es begann nun ein recht munteres Leben in der Festung. Meine Bürgerwehrtruppe that gewissenhaft ihre Schuldigkeit. Bei der Organisation des Dienstes fand ich zu meiner Ueberraschung unter der Mannschaft Angehörige bekannter schleswig-holsteinscher Adelsfamilien und angesehene Bürger der Stadt Kiel. Sie unterwarfen sich aber alle ganz unbedingt dem selbstgewählten Commando eines jungen preußischen Artillerieofficiers. Ich ließ die Wälle aufräumen, die Scharten ausbessern und die vorgefundenen alten Kanonen auf die noch vorhandenen Bettungen schaffen. Das Pulvermagazin wurde in Ordnung gebracht und durch Kieler Handwerker ein Ofen zum Glühendmachen der Kugeln erbaut. Wesentlich unterstützte mich bei diesen Arbeiten mein mir ohne Ordre aus Berlin nachgefolgter Officiersbursche, Namens Hemp, ein intelligenter, tüchtiger Mann, der mich später bei allen Telegraphenbauten begleitete und schließlich Oberingenieur der Indo-Europäischen Telegraphenlinie wurde, welche Stellung er bis zum vorigen Jahre bekleidet hat. Mit seiner Hülfe wurde die Bedienungsmannschaft für eine Kanone nothdürftig ausgebildet, so daß wir schon am dritten Tage nach der Besetzung einen Probeschuß abgeben konnten, der weithin die militärische Besetzung von Friedrichsort verkündete.

In den nächsten Tagen erhielten wir viel Besuch aus Kiel. Nicht nur der Commandant der Stadt und sogar ein Mitglied der provisorischen Regierung besuchten uns, sondern auch die Frauen und Verwandten der Bürgerwehr kamen in großer Zahl, um sich von dem Wohlergehn ihrer Angehörigen persönlich zu überzeugen. Nach Verlauf einer Woche fing indessen meine Mannschaft an beträchtlich zusammenzuschmelzen, da die Frauen ihren Männern bei den Besuchen überzeugend nachwiesen, daß sie zu Hause unentbehrlich seien. Ich konnte mich der Einsicht nicht verschließen, daß es unmöglich wäre, die Bürgerwehrmänner, die sich ihren häuslichen Geschäften nur schwer entziehen konnten, für längere Zeit in Friedrichsort zurückzuhalten. Andererseits war noch ganz Holstein von Militär entblößt, und die schwachen Reste der schleswig-holsteinischen Truppen standen den wieder in Nordschleswig einrückenden Dänen gegenüber.

Ich war daher vor die Wahl gestellt, entweder meine Eroberung wieder aufzugeben oder mir einen Ersatz für die Bürgerwehr zu verschaffen. Die Bauernjugend der Probstei — des der Festung Friedrichsort gegenüberliegenden, das südliche Ufer des Kieler Hafens bildenden Landstrichs — schien mir besonders geeignet, diesen Ersatz zu bilden. Ich zog deshalb, von einer kleinen Truppe der Bürgerwehr begleitet, mit Fahne und Trommel zunächst nach Schönberg, dem Hauptorte der Probstei, rief die Dorfältesten zusammen und stellte ihnen vor, daß es ihrer eigenen Sicherheit wegen durchaus nöthig wäre, daß sie ihre erwachsenen Söhne zur Besetzung der Festung hergäben. Es entspann sich eine lange, schwierige Verhandlung mit den Vollbauern und ihren Frauen, die sich hinter ihren Gebietern aufstellten und auch direct an den Verhandlungen betheiligten. Die Leute meinten, wenn „die Herren“, nämlich die Regierung, es für nöthig erachteten, daß ihre Söhne marschirten, so könnten sie es ja so anordnen; dann wisse man, was man zu thun habe. Wenn die Dänen in ihr Land, die Probstei, wirklich einfielen, dann wollten sie sich wohl auch ohne Commando wehren, aber „in det Butenland up de annere Sid det Waters“ wollten sie nicht freiwillig gehen.

Als die Bauernschaft unter lauter Zustimmung des weiblichen Chorus dabei unabänderlich stehen blieb, wurde ich zornig. Ich erklärte sie in plattdeutscher Sprache, die ich aus meiner Jugendzeit noch kannte, für dumme Esel und feige Memmen und sagte ihnen, in Deutschland hätten die Weiber mehr Courage wie hier die Männer. Zum Beweise las ich ihnen aus einem Zeitungsblatte die Nachricht vor, daß sich in Bayern bereits eine Weibertruppe gebildet hätte, um das Land gegen die Dänen zu schützen, da es den Männern daselbst an Muth fehlte. Die würde ich abwarten, um die Festung mit ihnen zu vertheidigen!

Das wirkte. Als ich im Begriff stand, mit meiner kleinen Truppe wieder abzuziehen, kam eine Deputation der Altbauern und bat mich noch zu warten, sie wollten sich die Sache noch einmal überlegen, da es ihnen doch nicht paßte, daß die Weiber ihr Land vertheidigen sollten. Ich erklärte mich dazu bereit, verlangte aber, daß die Dorfschaft wenigstens 50 Mann stellte, sonst lohnte die Sache nicht. Wir wurden darauf gut verpflegt, und eine Stunde später standen in der That 50 junge Männer bereit, um mitzugehen, gefolgt von hoch mit Lebensmitteln aller Art beladenen Fahrzeugen, „damit ihre Jungens in der Festung doch nicht zu hungern brauchten", wie mir die Schulzenfrau erklärte. So zogen wir von Dorf zu Dorf mit ähnlichem Erfolge, und am späten Abend marschirte ich mit 150 kräftigen Bauernjungen und einer ganzen Lebensmittelkarawane wieder in die Festung ein.

Ich entließ darauf die Bürgerwehr bis auf eine Anzahl Freiwillige, die mich bei der Leitung und Ausbildung meines Bauernfreicorps unterstützen wollten, und hatte die Freude zu sehen, daß sich in kurzer Zeit eine ganz brauchbare Truppe aus ihm herausbildete. Waffen, Munition und militärische Abzeichen erhielt ich von dem stets hülfreichen Commandanten der Stadt Kiel, dessen Name mir leider entfallen ist. Mein Freicorps war als solches von der provisorischen Regierung anerkannt und erhielt auch die übliche Besoldung. Bei der militärischen Ausbildung der Leute leistete mir wieder mein schon genannter Bursche Hemp, den ich zum Artilleriechef ernannte, ausgezeichnete Dienste. Die Kanonen waren zwar alt und schlecht, aber ein kurzer 24-Pfünder und eine Haubitze waren immerhin brauchbar; das dänische Blockadeschiff, welches die Rhede des Hafens nicht mehr verließ, schien die glühenden Kugeln, die wir ihm stets zusandten, wenn es sich bis auf Schußweite näherte, doch einigermaaßen zu respectiren.

Eines Morgens wurden wir durch die Meldung alarmirt, daß drei große dänische Kriegsschiffe auf der Rhede lägen. Es schien in der That, als ob ein Angriff auf die Festung beabsichtigt würde — der ja auch in Anbetracht ihrer schlechten Verfassung und Ausrüstung große Chancen gehabt hätte. Der schwächste Punkt der Festung war das auf den inneren Hafen mündende Eingangsthor. Die Zugbrücke war verfallen, der Graben wasserfrei und das die Einfahrt deckende Ravelin nur noch in den Umrissen vorhanden. Da inzwischen mein Schwager Himly die vorläufig für die Minen benutzten Stückfässer zum Theil schon durch die aus Berlin eingetroffenen Gummisäcke ersetzt hatte, so ließ ich eins von diesen jetzt entbehrlich gewordenen Fässern nach Friedrichsort schleppen, um es dort als Flattermine zur Vertheidigung des Festungsthores zu verwenden. Ich hatte am Tage vor der Alarmirung in der Mitte des alten Ravelins eine tiefe Grube ausheben und das Faß darin versenken lassen. Da es bei dieser Arbeit Nacht geworden war, so blieb die Grube offen und wurde durch einen Posten bewacht. Als am andern Morgen die Alarmirung stattfand, beauftragte ich meinen Bruder Friedrich — der mir ebenso wie später auch meine Brüder Wilhelm und Karl nach Kiel und Friedrichsort nachgefolgt war — die Zündleitung fertig zu machen, um die Mine im Falle eines Sturmes vom Walle aus entzünden zu können.

Die Schiffe hatten sich jetzt der Festung wirklich auf Schußweite genähert. Meine drei brauchbaren Kanonen waren besetzt und der Ofen zum Glühendmachen der Kugeln in voller Thätigkeit. Ich verbot aber zu schießen, bevor die Schiffe die Einfahrt forcirten. Die übrige Mannschaft hatte ich auf dem Festungshofe versammelt, um sie einzutheilen und zur Tapferkeit zu ermahnen. Da stieg plötzlich vor dem Festungsthore eine gewaltige Feuergarbe hoch empor. Ich fühlte eine starke Zusammendrückung und unmittelbar darauf eine gewaltsame Ausdehnung des Brustkastens; die erste Empfindung war vom klirrenden Einbruch aller Fensterscheiben der Festung begleitet, während bei der zweiten sämmtliche Ziegelsteine der Dächer sich fußhoch erhoben und darauf mit großem Getöse niederfielen.

Natürlich konnte es nur die Mine sein, deren Explosion das Unheil angerichtet hatte. Da traf mich gleich schwer der Gedanke an meinen armen Bruder Fritz. Ich lief zum Thore hin, um nach ihm zu sehen, doch begegnete er mir unversehrt schon innerhalb desselben. Er hatte die Mine fertig gemacht, die Batterie auf dem Wallgange aufgestellt, den einen Zünddraht mit dem einen Batteriepol verbunden und den andern an einem Baumzweige befestigt, um ihn zur Zündung gleich zur Hand zu haben, und wollte mir dies eben melden, als die Explosion eintrat und der Luftdruck ihn vom Walle hinab in das Innere der Festung schleuderte. Der ziemlich heftig wehende Wind hatte den zweiten Zünddraht vom Baume losgerüttelt, wobei er gerade auf den anderen Batteriepol fiel und dadurch die Zündung bewirkte.

Schlimmer war es dem Posten ergangen, der auf der Brustwehr der Ravelinspitze gestanden hatte, als die Explosion eintrat. Ich fand ihn auf der andern Seite des Explosionstrichters scheinbar todt auf dem Boden liegen, neben ihm sein Gewehr mit dem Bajonett voran bis zur Hälfte des Laufs in die Erde eingegraben. Der gewaltige Luftzug, den die in der offnen Grube explodirende Mine verursachen mußte, hatte den Mann offenbar mit sich in die Höhe gerissen und über den Minenkrater hinweggeschleudert. Glücklicherweise hatte er aber sein Gewehr krampfhaft festgehalten, und dadurch war der Stoß beim Niederfallen gemildert worden. Der Mann kam nach Verlauf einer Stunde wieder zur Besinnung; er blutete zwar aus Mund, Nase und Ohren und wurde später am ganzen Körper blau, war aber sonst unverletzt und nach etlichen Tagen wieder dienstfähig. Ernster beschädigt war der Kieler Militärarzt, der nach Friedrichsort geeilt war, als das Erscheinen des dänischen Geschwaders gemeldet wurde, und in dem Augenblick die Zugbrücke passirte, als unmittelbar neben ihm die Explosion stattfand. Er war mit seinem Fuhrwerk in den Wallgraben gestürzt und hatte sich dabei einige Quetschungen zugezogen. Auch hatte sich der Koch stark verbrüht, der gerade eine gefüllte Suppenschale die Treppe des Erdgeschosses hinauftrug und durch die Explosion hinabgestürzt wurde.

Aeußerst merkwürdig waren die mechanischen Wirkungen, welche die Explosion, die als ein Schuß aus einem offnen, durch Erde gebildeten Rohre mit einer Ladung von fünf Centnern Pulver zu betrachten war, in weitem Umkreise hervorbrachte. In der ganzen Festung war kein Raum von einiger Größe geschlossen geblieben. Entweder hatte der Luftdruck die Thüren oder Wände eingedrückt, oder es hatte, wenn sie dem widerstanden, die darauf folgende Leere sie auseinandergesprengt. Die Fensterscheiben waren selbst im Dorfe Laboe und in Holtenau gesprungen. Die Druckdifferenz muß im Innern der Festung noch mindestens eine Atmosphäre betragen haben, sonst hätte sie nicht in so weiter Entfernung noch solche Wirkungen hervorbringen können.

Als ich auf den Platz zurückkehrte, wo ich meine Truppe verlassen hatte, fand ich ihn leer und fürchtete schon, daß die Leute sich im ersten Schrecken zerstreut und verkrochen hätten. Ich sah aber zu meiner Freude bald, daß sich alle auf den ihnen angewiesenen Plätzen befanden. Sie hatten geglaubt, eine dänische Bombe sei eingeschlagen und der Angriff habe begonnen.

Die dänischen Schiffe hatten indessen ihr Vorgehen aufgegeben, kehrten auf die Außenrhede zurück und verließen auch diese bald bis auf das Blockadeschiff. In den Kopenhagener Zeitungen war kurz darauf zu lesen, eine der unterseeischen Minen, mit denen der Hafen von Kiel gepflastert sei, wäre zufällig bei Friedrichsort in die Luft geflogen und hätte die Festung zerstört. In der That muß der Anblick von den Schiffen aus ganz überraschend gewesen sein. Die rothen Ziegeldächer aller Gebäude der Festung überragten die niedrigen Wälle und gaben ihr ein lebhaft farbiges Ansehen. Unmittelbar nach der Explosion waren aber sämmtliche Ziegel niedergefallen und man sah gar keine Häuser mehr.

Daß die Dänen gewaltigen Respect vor den Minen bekommen hatten, beweist die Thatsache, daß trotz der notorischen Schwäche der artilleristischen Vertheidigung des Kieler Hafens während beider schleswig-holsteinschen Feldzüge kein dänisches Schiff in denselben eingelaufen ist. Obgleich diese ersten unterseeischen Minen nicht in Thätigkeit gekommen sind, haben sie also doch eine ganz entschiedene militärische Wirkung ausgeübt. Ich darf mich daher wohl darüber beschweren, daß die militärischen Schriftsteller späterer

Jahre diese erste, vor den Augen der ganzen Welt erfolgte und damals viel besprochene Hafenvertheidigung durch unterseeische Minen vollständig ignorirt haben. Sogar deutsche Militärschriftsteller haben später dem Professor Jacobi in Petersburg die Erfindung der Unterseeminen zugeschrieben, obgleich dessen Versuche bei Kronstadt viele Jahre später ausgeführt wurden und er selbst gar nicht daran dachte, mir die Erfindung und die erste Ausführung im Kriege streitig zu machen. Als die Minen nach dem Friedensschlusse wieder aufgefischt und gehoben wurden, erwies sich das Pulver in den Kautschuksäcken trotz zweijährigen Liegens im Seewasser noch vollständig staubtrocken. Es ist also nicht zu bezweifeln, daß die Minen bei eintretender Gelegenheit ihre Schuldigkeit gethan haben würden.

Bald nach der beschriebenen Explosion in Friedrichsort rückte das Gros der preußischen Armee unter Wrangels Commando in Schleswig-Holstein ein. Ich erhielt kurze Zeit darauf ein directes Schreiben aus dem Hauptquartier, in welchem ich wegen meiner Hafenvertheidigung durch Unterseeminen und wegen der Besitznahme der Seebatterie Friedrichsort belobt wurde. Es wurde mir darin ferner mitgetheilt, daß eine Compagnie eines der neugebildeten schleswig-holsteinschen Bataillone unter Lieutenant Krohn die dauernde Besetzung der Festung übernehmen würde, und mir aufgetragen, zu einer genau bestimmten Zeit mit meinem Bauernfreicorps zur Mündung der Schlei zu marschiren, sie an einer passenden Stelle zu überschreiten und die Landbevölkerung der Provinz Angeln anzutreiben, dänische Flüchtlinge, die sich nach beabsichtigter Schlacht bei Schleswig dort zeigen würden, aufzugreifen. Nach erfolgter Ablösung durch die schleswig-holsteinsche Compagnie marschirte ich daher zur vorgeschriebenen Zeit nach Missunde, ging dort bei Tagesanbruch über die Schlei und führte meine ganz tapfer marschirende Schaar auf Flensburg zu. Schon am frühen Morgen hörten wir den Donner der Kanonen bei Schleswig. Die Bevölkerung verhielt sich sehr ruhig und schien auch gar nicht geneigt, sich in dieser Ruhe stören zu lassen. Dänen waren nicht zu sehen; wir hörten aber am Abend von Landleuten, daß die dänische Armee geschlagen sei und von den Preußen verfolgt sich über Flensburg zurückzöge. In der Nähe Flensburgs bestätigte sich dies Gerücht; die preußische Avantgarde hatte die Stadt bereits besetzt.

Da ich keine weiteren Aufträge für mein Freicorps hatte und mich auch nicht berechtigt fühlte, die Leute noch länger zurückzuhalten, nachdem die Festung, für deren Vertheidigung sie geworben waren, militärisch besetzt war, so entließ ich sie in die Heimath, der sie schleunigst wieder zueilten, und ging selbst nach Flensburg, um meine Meldung abzustatten. Das erwies sich aber als sehr schwierig, da in Flensburg noch eine grenzenlose Verwirrung herrschte. Die Straßen waren mit Kriegsfahrzeugen aller Art vollständig verbarrikadirt, und keine Militär- oder Civilbehörde war aufzufinden. Endlich traf ich im Gedränge auf den mir von Berlin her bekannten preußischen Hauptmann von Zastrow, dem ich meine Noth klagte. Dieser theilte mir mit, daß er das Commando über ein neuformirtes schleswig-holsteinsches Truppencorps mit einer Batterie erhalten und Ordre habe, am folgenden Tage mit demselben nach Tondern zu marschiren. Es fehle ihm aber sehr an Officieren, und er schlüge mir vor, mich ihm anzuschließen und das Commando über die Batterie zu übernehmen. Er würde das formell bei dem Höchstkommandirenden regeln und auch meine Meldung an denselben übermitteln. Mir gefiel dieser Vorschlag sehr, da es mir nicht angenehm sein konnte, vom Kriegsschauplatze gerade jetzt wieder ins Friedensquartier nach Berlin zu gehen. Ich schrieb daher meine Meldung über die Ausführung des mir ertheilten Befehls und zeigte an, daß ich das Bauernfreicorps entlassen habe und in Ermangelung einer anderweitigen Bestimmung einstweilen das mir angetragene Commando einer schleswig-holsteinschen Batterie übernehmen würde.

So ritt ich denn am folgenden Tage an der Spitze der mir zugewiesenen Batterie über den sterilen Rücken des „meerumschlungenen“ Landes gen Tondern. Die Freude sollte aber nicht lange dauern. Im Marschquartiere angekommen, erhielt ich vom Commandanten eine durch Stafette überbrachte Ordre aus dem Hauptquartier, nach der ich mich sofort bei dem Höchstcommandirenden zu melden hatte. In Folge dessen requirirte ich mir ein Fuhrwerk, langte gegen Mitternacht wieder in Flensburg an und meldete mich sofort im Hauptquartier. Ich wurde in ein großes Zimmer des ersten Hotels von Flensburg geführt und fand dort an langer Tafel eine Menge Officiere jedes Ranges und aller Waffengattungen versammelt. Auf dem Sopha vor der schmalen Seite der Tafel saßen zwei jüngere Prinzen, während General Wrangel den ersten Platz neben dem Sopha an der einen Langseite der Tafel einnahm. Als ich meine Meldung abgestattet hatte, erhob sich der General und mit ihm die ganze Versammlung, da es gegen die Etikette war zu sitzen, wenn der Höchstcommandirende stand.

Der General sprach seine Verwunderung darüber aus, daß ich schon da sei, da er doch erst vor etlichen Stunden die Ordre für mich ausgefertigt habe. Als ich erklärte, ich sei gleich nach Beendigung des Marsches umgekehrt, meinte er, ich müsse sehr müde sein und solle eine Tasse Thee trinken. Auf seinen directen Befehl mußte ich mich auf seinen Platz setzen und eine Tasse Thee trinken, während die ganze hohe Gesellschaft zu meiner großen Verlegenheit stehen blieb. Es machte auf mich den Eindruck, als wollte der Höchstcommandirende die Gelegenheit benutzen, um zu zeigen, daß er Verdienste ohne Unterschied des Ranges ehre, und dabei gleichzeitig ein kleines Etikettenexercitium vornehmen. In der darauf folgenden Unterhaltung drückte mir der General seine Anerkennung für den Schutz des Kieler Hafens durch Seeminen, sowie für die Besitznahme der Festung Friedrichsort aus. Weiterhin sagte er, es wäre jetzt nöthig, den Schutz des Kieler Hafens möglichst stark zu machen und auch den Hafen von Eckernförde durch Seeminen zu sichern, da er die Absicht hätte, mit der ganzen Armee in Jütland einzurücken. Als ich dagegen einwandte, daß der Eckernförder Hafen zu offen und sein Fahrwasser zu breit wäre, um seine Vertheidigung auf Minen stützen zu können, und daß einige gut angelegte Batterien dies mit größerer Sicherheit bewirken würden, entspann sich in der Gesellschaft eine längere Discussion über das vermeintliche Uebergewicht der Schiffsartillerie über Landbatterien, in der ich mir die Bemerkung erlaubte, daß eine gut gelegene und durch Erdwall gedeckte Batterie von acht 24=Pfündern, die mit glühenden Kugeln schösse, den Kampf mit dem größten Kriegsschiffe aufnehmen könne. Die Behauptung, daß eine Landbatterie durch einige Breitsalven von einem Kriegsschiffe rasirt werden könne, sei kriegsgeschichtlich nicht bewiesen, und einer Beschießung mit glühenden Kugeln würde kein Holzschiff lange widerstehen können.

Das Endresultat dieser Audienz war, daß mir formell die Vertheidigung der Häfen von Kiel und Eckernförde übertragen wurde. Ich ward zum Commandanten von Friedrichsort ernannt und erhielt eine offene Ordre an den Commandanten der Festung Rendsburg, in der dieser angewiesen wurde, meinen Requisitionen an Geschützen, Munition und Mannschaft für Friedrichsort und die am Hafen von Eckernförde anzulegenden Batterien nachzukommen. Dieser Ordre wurde in Rendsburg auch Folge geleistet — allerdings mit einigem Widerstreben, da die Festung selbst nur sehr mangelhaft zur Vertheidigung ausgerüstet war. Friedrichsort wurde jetzt mit brauchbaren Kanonen versehen und möglichst in Vertheidigungszustand gesetzt. In Eckernförde erbaute ich eine große Batterie für schwere 12= und kurze 24=Pfünder am flachen Ufer etwas östlich von der Stadt und eine Haubitzenbatterie auf dem Hügellande am nördlichen Ufer des Hafens.

Weder Friedrichsort noch Eckernförde kamen in diesem Feldzuge zu irgend einer ernstlichen Thätigkeit, aber im nächsten Jahre wurden die von mir angelegten Batterien bei Eckernförde rühmlichst bekannt durch ihren siegreichen Kampf mit einem dänischen Geschwader, in welchem das Linienschiff Christian VIII. in Brand geschossen und die Fregatte Gefion gefechtsunfähig gemacht und erobert wurde.

Nach Vollendung der Befestigung von Friedrichsort und der Batterien bei Eckernförde fing meine Thätigkeit an etwas eintönig zu werden. Sie beschränkte sich im wesentlichen auf die Bewachung des vor Friedrichsort liegenden feindlichen Blockadeschiffs und die Controle des die Hafeneinfahrt passirenden Schiffsverkehrs. Das Kieler Militär=Commando hatte das Auslaufen von Handelsschiffen ohne specielle Erlaubniß untersagt und der Seebatterie Friedrichsort den Befehl ertheilt, es nöthigenfalls gewaltsam zu verhindern. Dies führte zu einer keinen militärischen Action, die etwas Abwechslung in unser einförmiges Leben brachte.

Eines Abends kreuzte ich mit dem Boote der Kommandantur die Hafeneinfahrt, um die auf dem gegenüberliegenden Ufer von mir angelegte Batterie Laboe zu besuchen, als eine holländische Barke mit vollen Segeln auf mich zufuhr, in der offenbaren Absicht, den Hafen zu verlassen, ohne die vorschriftsmäßige Meldung abzustatten. Ich rief dem Kapitän zu, er solle beilegen und sich melden, da er andernfalls von der Festung aus beschossen werden würde. Der Holländer und seine Frau, welche die ganze Schiffsbesatzung zu bilden schienen, nahmen meine Warnung aber nicht für Ernst, erklärten vielmehr, sie würden sich um das Verbot nicht kümmern. Während diese Verhandlung noch stattfand, blitzte es aber schon vom Festungswalle auf, und ein Warnungsschuß schlug dicht vor dem Schiffe ins Wasser, wie das Reglement es vorschrieb. Trotzdem setzte das Schiff seinen Kurs mit vollen Segeln fort. Jetzt folgte von der Festung sowohl wie von der Batterie Laboe Schuß auf Schuß, und bald gesellte sich noch lebhaftes Gewehrfeuer eines am Ufer aufgestellten Militärpostens hinzu. Der tapfere Holländer ließ sich aber nicht irre machen und verschwand nach glücklicher Passirung der Einfahrt im Dunkel der inzwischen eingebrochenen Nacht.

Ausgesandte Fischer fanden das Schiff am nächsten Morgen außerhalb des Hafeneinganges verankert und die Besatzung eifrig beschäftigt, den erlittenen Schaden, der namentlich durch die Gewehrkugeln bewirkt war, wieder auszubessern. Die Tapferkeit des Holländers erklärte sich sehr einfach dadurch, daß er das Steuer festgebunden, als er wirklich Kugeln pfeifen hörte, und sich mit seiner Frau vorsichtig unter die Wasserlinie zurückgezogen hatte, wo beide völlig geschützt waren. Ich selbst war mit meiner Bootsbemannung den Kugeln schutzlos preisgegeben und konnte mich später wenigstens rühmen, einmal ohne Wanken im Artilleriefeuer gestanden zu haben! Uebrigens muß ich bekennen, daß das zischende

Geräusch der vorbeisausenden Kanonenkugeln gerade keine angenehmen Empfindungen in mir hervorgerufen hat.

Auch das dänische Blockadeschiff brachte uns im Spätsommer schließlich noch eine interessante Unterbrechung des monotonen Festungslebens.

Ich erhielt aus dem Hauptquartier die Mittheilung, daß die Freischaaren unter dem Commando des bayrischen Majors von der Tann einen nächtlichen Angriff auf das Blockadeschiff ausführen würden, und den Befehl, dieses Unternehmen mit allen Mitteln der Festung bestens zu unterstützen. Bald darauf stellte sich von der Tann mit seinem Adjutanten, einem Grafen Bernstorff, bei mir ein und nahm Quartier in Friedrichsort. Das Freicorps sammelte sich bei Holtenau, wo auch die Boots-Escadre organisirt wurde, die den nächtlichen Angriff ausführen sollte. Am Tage vorher fand auf dem Festungshofe eine Paradeaufstellung des Freicorps statt, die mir nicht viel Vertrauen auf das Gelingen des gewagten Unternehmens einflößte. Es fehlte den Leuten vielleicht nicht an kühnem Muthe, wohl aber an Disciplin und ruhiger Entschlossenheit. Von der Tann und sein Adjutant bemühten sich vergebens, das wilde Durcheinander in militärische Ordnung umzuwandeln.

Der Plan zu dem Handstreich ging von einem Manne aus, der in der dänischen Marine früher irgend einen untergeordneten Posten bekleidet hatte. Es war ein Herkules, der seine gewaltigen Glieder in eine goldstrotzende Admiralsuniform eigener Phantasie steckte und die Leute mit lauttönender Stimme zu muthigen Thaten anspornte. So fragte er die in Reihe und Glied stehenden Leute, was sie machen würden, wenn sie an Bord gelangt wären und ihnen Dänen entgegenkämen. Der eine erklärte, er würde den nächsten niederstechen, ein anderer fand es angemessener, ihn niederzuschlagen, und so fort. Der „Admiral" hörte das ruhig mit an, richtete sich dann aber hoch auf und fragte mit blitzenden Augen und den zugehörigen Gesten: „Wißt Ihr, was ich machen werde? — Ich nehme die beiden nächsten Dänen und reibe sie an einander zu Pulver!" Vertrauen auf künftige Heldenthaten konnte das nicht einflößen.

Die Boots-Escadre sollte Nachts um $11^1/_2$ Uhr in größter Stille und ohne jedes Licht die Festung passiren und dann gegen das Blockadeschiff zum Angriff vorgehen, wenn ein von der Festung gegebenes Signal bezeugte, daß das feindliche Schiff in gewohnter Ruhe verharre. Das Signal wurde rechtzeitig gegeben, es wurde aber etwa 1 Uhr, ehe die ersten Boote bei der Festung anlangten. Darauf vergingen nahezu zwei Stunden, ohne daß irgend etwas geschah, und endlich kam die ganze Bootsmenge ohne jede Ordnung und unter lautem Getöse zurück. Der „Admiral" hatte erst das Blockadeschiff nicht finden können, und dann wollte er beobachtet haben, daß das Schiff alarmirt und mit Enternetzen versehen wäre, so daß ihm offenbar der geplante Angriff verrathen worden sei. Unter Verrathgeschrei kehrte die Expedition nach Holtenau zurück und löste sich bald darauf ganz auf. Am nächsten Morgen lag das Schiff an seiner gewohnten Stelle, und es war mit den schärfsten Fernrohren keine besondere Armirung gegen einen drohenden Angriff zu erkennen.

Wie von der Tann mir vertraute, war das Unternehmen aus Mangel an Disciplin und an der zu großen Menge anregenden Getränkes gescheitert, und ihm selbst war die Lust vergangen, einen weiteren Versuch zu machen. Mir thaten die tüchtigen und liebenswürdigen bayrischen Officiere sehr leid wegen dieses Mißerfolges. Von der Tann blieb noch mehrere Tage mein Gast in der Festung, und ich habe mich in späteren Lebensjahren oft mit Vergnügen jener angenehmen Zeit erinnert, wenn der Ruhm der Thaten des „Generals von der Tann" zu mir drang.

Mit meiner officiellen Ernennung zum Commandanten von Friedrichsort und dem Auftrage, durch Anlage von Batterien für die Vertheidigung des Hafens von Eckernförde zu sorgen, hatte meine Stellung den etwas abenteuerlichen Charakter verloren, der ihr bis dahin anhaftete. Sie hatte damit aber auch einen großen Theil des Reizes eingebüßt, den sie bisher auf mich ausübte. Namentlich als ich meine Aufgaben erfüllt hatte und der Beginn der Friedensunterhandlungen weitere kriegerische Thätigkeit sehr unwahrscheinlich machte, ergriff mich immer lebhafter die Sehn-

sucht nach der Wiederaufnahme meiner wissenschaftlich-technischen Thätigkeit in Berlin.

Dort waren inzwischen große Veränderungen eingetreten. Die militärische Commission für die Einführung der elektrischen Telegraphen war auch formell aufgelöst und die Telegraphie dem neugeschaffenen Handelsministerium unterstellt. Zum Leiter dieser Abtheilung war ein Regierungsassessor Nottebohm ernannt, der bereits in der Telegraphencommission einen Verwaltungsposten bekleidet hatte. Es war der Entschluß gefaßt, auf dem von der Commission betretenen Wege fortzuschreiten und zunächst in aller Eile eine unterirdische Leitung von Berlin nach Frankfurt a. M., wo die deutsche Nationalversammlung tagte, erbauen zu lassen. In Folge dessen gelangte an mich die Anfrage, ob ich geneigt sei, den Bau dieser Linie nach den von mir der Commission gemachten Vorschlägen zu leiten. Falls ich darauf einginge, sollte beim Kriegsminister mein Commando zur Dienstleistung beim Handelsministerium beantragt werden. Obgleich mir die Unterstellung unter den Regierungsassessor Nottebohm nicht sehr zusagte, nahm ich die Berufung doch an, da sie mich von dem jetzt so eintönig gewordenen militärischen Leben in der kleinen Festung erlöste und mir Gelegenheit bot, meine Vorschläge in großem Maaßstabe zur praktischen Ausführung zu bringen.

In Berlin fand ich Halske bereits eifrig mit Arbeiten für die zu erbauende Linie beschäftigt. Man hatte beschlossen, die Linie ganz unterirdisch anzulegen, da man befürchtete, daß oberirdische Leitungen in jener politisch so hoch erregten Zeit zerstört werden würden. Die mit umpreßter Guttapercha isolirten Leitungen sollten ohne äußeren Schutz in einen anderthalb Fuß tiefen Graben auf dem Eisenbahndamm verlegt werden. Der von mir vorgeschlagene Schutz der Leitungen durch Umhüllung mit Eisendrähten, Eisenröhren oder Thonrinnen wurde der großen Kostspieligkeit wegen nicht genehmigt. Mit der Berliner Gummiwaaren-Fabrik von Fonrobert & Pruckner war bereits ein Vertrag für die weitere Herstellung unterirdischer Leitungen abgeschlossen. Es war dies dieselbe Fabrik, der ich mein Modell zur Umpressung von

Kupferdrähten mit Guttapercha überlassen, und die auch die Versuchsleitung von Berlin nach Großbeeren mit einer nach jenem Modell erbauten Umpressungsmaschine hergestellt hatte. Ich mußte mich darauf beschränken, für möglichst gute Isolirung der Leitungen Sorge zu tragen. Dem stellten sich aber insofern erhebliche Schwierigkeiten entgegen, als durch den plötzlich eintretenden großen Bedarf an Guttapercha die gut isolirende Qualität derselben dem Markte bald entzogen wurde.

Um dieses Hinderniß des verlangten schnellen Fortschritts der Arbeit nach Möglichkeit zu beseitigen, beschloß man, die kurz vorher in England erfundene Vulcanisirung der Guttapercha, d. h. ihre innige Mischung mit Schwefel in Anwendung zu bringen, wodurch auch bei schlechterer Qualität der Guttapercha die Isolirung sowohl wie die Widerstandsfähigkeit der Leitungen gegen äußere Beschädigungen erhöht wurde. Leider erwies sich die Vulcanisirung später als ein Fehlgriff, da der Schwefel sich mit dem Kupfer des Leiters verband und dadurch allmählich auch die nächstliegenden Schichten der Guttapercha kupferhaltig und leitend wurden. Diesem Uebelstande war es namentlich zuzuschreiben, daß die zur Zeit der Legung so vollkommen isolirten Leitungen nach wenigen Monaten schon einen Theil ihrer Isolation verloren hatten.

Auf die Prüfung der Leitungen in der Fabrik wurde besonders große Sorgfalt verwendet. Halske fertigte für diesen Zweck Galvanometer an, die an Empfindlichkeit alle bis dahin bekannten weit übertrafen. Bei den Prüfungen mit diesen empfindlichen Galvanometern beobachtete ich im Jahre 1847 zum ersten Mal die auffallende Erscheinung, daß auch ein vollkommen isolirtes, in Wasser liegendes Leitungsstück beim Einschalten einer Batterie einen kurzen Strom gab, dem bei Ausschluß der Batterie ein gleich starker, entgegengesetzt gerichteter Strom folgte. Es war dies die erste Beobachtung der elektrostatischen Ladung durch galvanische Ketten. Ich war anfangs geneigt, hierin eine Polarisationserscheinung zu erblicken, da man das Galvanometer damals noch nicht für fähig hielt, den Durchgang statischer Elektricität anzuzeigen. Die Erscheinungen auf längeren, gut isolirten Linien sollten es mir aber bald ganz unzweifelhaft machen, daß man es mit elektrostatischer Flaschenladung und nicht mit Polarisationserscheinungen zu thun hatte.

Die anfängliche Schwierigkeit, fehlerhaft isolirende Stellen in einem längeren Leitungsstücke zu finden, vermochte ich auf folgende Weise zu überwinden. Der mit Guttapercha umpreßte, trockne Draht wurde durch ein gegen Erde isolirtes, mit Wasser gefülltes Gefäß gezogen, während die zweite Spirale dünnen, übersponnenen Drahtes, die den Elektromagneten eines Neefschen Hammers umgab, zwischen den isolirten Kupferdraht und Erde eingeschaltet wurde. Wenn nun ein mit der Erde in leitender Verbindung stehender Arbeiter einen Finger in das Wasser des isolirten Gefäßes tauchte, so empfand er in dem Augenblicke elektrische Erschütterungen, in welchem eine fehlerhafte Stelle des mit Guttapercha umpreßten Drahtes in das Wasser eintauchte. So gelang es, alle keinen, auf keine andere Art zu entdeckenden Isolationsfehler aufzufinden und nach ihrer Beseitigung Leitungen von außerordentlich hoher Isolirung zu erhalten.

Ueber die eben beschriebene Modification des Neefschen Hammers möge hier noch folgende Bemerkung ihre Stelle finden. Ich hatte diese Modification bereits im Jahre 1844 hergestellt und ihr den Namen Voltainductor gegeben. Es bot sich mir schon damals Gelegenheit, die medicinische Wirkung der in der zweiten Umwindung eines solchen Voltainductors inducirten Wechselströme zu beobachten. Mein Bruder Friedrich litt in jener Zeit sehr an rheumatischem Zahnweh, welches alle seine, sonst ganz gesunden Zähne ergriffen hatte und keinem ärztlich verordneten Mittel weichen wollte. Die Experimente mit meinem neuen Voltainductor brachten uns auf die Idee, zu versuchen, ob die durch ihn erzeugten Wechselströme den unerträglichen Schmerz nicht beseitigen oder doch vermindern würden, wenn man sie durch die Zahnwurzeln leitete. In der That war dies bei einem besonders schmerzhaften Vorderzahn der Fall. Der Schmerz war im ersten Momente gewaltig, hörte aber dann sofort ganz auf. Mit der großen Willenskraft, die meinem Bruder Friedrich von jeher eigen war, behandelte er jetzt sogleich seine sämmtlichen Zähne mit Durchleitung von Wechselströmen durch die Zahnwurzeln und hatte darauf den seit Wochen nicht gehabten Genuß vollständiger Schmerzlosigkeit. Leider stellten sich aber schon am zweiten Tage langsam wieder Schmerzen ein. Durch wiederholte Elektrisirung ließen sie sich zwar von neuem beseitigen, doch wurde die darauf folgende schmerzlose Zeit immer kürzer, und schließlich blieb die Wirkung ganz aus. Dieser meines Wissens erste Versuch der medicinischen Verwendung elektrischer Ströme hat mir damals ein gewisses Mißtrauen gegen diese Anwendung derselben eingeflößt. Es schien mir, als ob ihre Wirkung nur vorübergehend, nicht dauernd heilkräftig wäre.

Der nun folgende Herbst des Jahres 1848 war für mich ein außerordentlich interessanter und bewegter. Die Linie nach Frankfurt a. M., wo das deutsche Parlament tagte und der Reichsverweser residirte, sollte aus politischen Gründen so schnell wie irgend möglich vollendet werden. Dies wurde aber einerseits durch die unruhigen politischen Verhältnisse, andrerseits durch ganz unerwartete Erscheinungen erschwert, die bei den unterirdischen Leitungen auftraten. Diese Erscheinungen begegneten zuerst meinem Freunde Halske, dem die Besetzung der fertigen Theile der Linie mit Sprechapparaten oblag, während ich mit Herstellung der Leitung zwischen Eisenach und Frankfurt beschäftigt war, die man sich doch entschlossen hatte oberirdisch zu führen, da die Eisenbahn noch im Bau begriffen und zum Theil sogar das für sie erforderliche Terrain noch gar nicht erworben war.

Halske fand zunächst bei kürzeren Linien, daß unsre selbstunterbrechenden Zeigertelegraphen wesentlich schneller gingen, als es dem Widerstande der Linie entsprach. Als die Leitung von Berlin bis Cöthen fertiggestellt war, mithin eine Länge von etwa 20 deutschen Meilen hatte, lief der gebende Apparat mit doppelter Geschwindigkeit, während der Empfangsapparat stehen blieb. Diese damals unerklärliche Erscheinung trat um so früher ein, je besser die Linie isolirt war, was Halske zu dem Hülfsmittel führte, die Isolirung der Linie durch Anbringung künstlicher, wässriger Nebenschlüsse absichtlich zu verschlechtern.

Auch die oberirdische Leitung brachte unerwartete Schwierigkeiten. Da, wo das künftige Eisenbahn-Terrain noch nicht angekauft war, wollten die Grundbesitzer die Aufstellung der Pfosten nicht gestatten. Dieser Widerstand trat namentlich in den nicht preußischen Ländern Hessen-Kassel und Hessen-Darmstadt hervor, als der Gegensatz zwischen der Regierung Preußens und der Reichsverwaltung nach Wiederherstellung der Ordnung in Berlin durch das Einrücken der aus Schleswig-Holstein zurückkehrenden Armee sich bedeutend verschärft hatte. Es gelang mir damals nur durch die Erwirkung einer offnen Ordre des Reichsverwesers Erzherzog Johann, meine Aufgabe durchzuführen. Doch auch technische Schwierigkeiten stellten sich ein. Die Linie wurde mit Kupferdrahtleitung ausgeführt, da passende Eisendrähte in Deutschland damals nicht zu beschaffen waren und man diesen Leitungen auch noch mit einem gewissen Mißtrauen gegenüberstand. Die üblen Erfahrungen, die wir im vorhergehenden Jahre mit der Linie Berlin-Potsdam gemacht hatten, die trotz aller verwendeten Isolirmittel bei Regenwetter so schlecht isolirt war, daß der gute Dienst der Apparate gestört wurde, hatten mich zur Anwendung von glockenförmigen Isolatoren aus Porzellan geführt. Diese besaßen den großen Vorzug, daß die innere Fläche der Glocke auch bei Regenwetter immer trocken bleiben mußte, wodurch die Isolation unter allen Umständen gesichert war. In der That gelang es auf diese Weise, eine fast vollkommene Isolirung herbeizuführen. Leider hielt ich es damals nicht für nöthig, die Enden der verwendeten Kupferdrähte mit einander zu verlöthen, ein festes Zusammendrehen schien mir ausreichend. Später stellte sich heraus, daß dies ein Irrthum war. Bei ruhigem Wetter functionirten die Apparate sehr gut, bei starkem Winde aber war der Widerstand der Leitung so merkwürdig veränderlich, daß die Apparate den Dienst versagten. Erst die nachträglich ausgeführte Verlöthung aller Verbindungsstellen bereitete diesem Uebelstande ein Ende.

Sehr störend machte sich auch die atmosphärische Elektricität geltend. Bei dem Uebergange vom Flachlande zum Gebirge durchliefen oft Ströme wechselnder Richtung die Leitung und erschwerten das Arbeiten der Apparate. Ein verspätetes Herbstgewitter richtete starke Zerstörungen an, die mich veranlaßten, Blitzableiter zum Schutze der Leitungen und Apparate zu construiren. Um die wirksamste Form von Blitzableitern zu ermitteln, stellte ich zwischen zwei parallelen Leitungen Spitzen, Kugeln und Platten in gleichen Abständen von einander auf und beobachtete die Entladungsfunken einer großen Batterie von Leydener Flaschen, die zwischen diesen drei nebeneinander eingeschalteten Blitzableitern übergingen. Es stellte sich dabei heraus, daß sehr schwache Entladungen ihren Weg allein durch die Spitzen nahmen, während stärkere hauptsächlich durch die Kugeln und sehr starke in einer großen Zahl von Funken fast ganz durch die Platten ihre Ableitung fanden. Wirklichen Blitzen gegenüber erwiesen sich daher einander nahe gegenüberstehende, gerauhete Metallplatten als besonders wirksam. Auch der Einfluß der Nordlichter machte sich öfter, und zu Zeiten sehr störend, bemerklich, namentlich auf der unterirdischen, im wesentlichen von Osten nach Westen verlaufenden Linie. So konnte während der großen Nordlichter im Herbst des Jahres 1848 wegen heftiger, schnell wechselnder Ströme in der Leitung Tagelang zwischen Berlin und Cöthen nicht gesprochen werden. Es war dies die erste Beobachtung des Zusammenhanges zwischen Erdströmen, magnetischen Störungen und Nordlichtern.

Als die unterirdische Leitung bis Erfurt vorgerückt war, wollten Halskes flüssige Nebenschließungen nicht mehr ausreichen. Mittlerweile hatte ich aber die Ueberzeugung gewonnen, daß das eigenthümliche Verhalten der unterirdischen Leitungen nur der schon bei den Prüfungen in der Fabrik beobachteten elektrostatischen Ladung, wobei der Draht die innere, der feuchte Erdboden die äußere Belegung einer Leydener Flasche bildet, zugeschrieben werden könne. Entscheidend hierfür war der Umstand, daß die in einer vollständig isolirten Leitung gebundene und durch den Ausschlag einer freischwingenden Magnetnadel gemessene Elektricitätsmenge sowohl der elektromotorischen Kraft der eingeschalteten galvanischen Batterie wie der Länge der Leitung proportional war; daß ferner die elektrische Spannung der Ladung in einer geschlossenen Leitung der an jedem Punkte des Leitungskreises nach dem Ohmschen Gesetze auftretenden elektrischen Spannung entsprach. Nachdem ich dies erkannt hatte, ließen sich die Hindernisse, die dem Sprechen auf längeren unterirdischen Leitungen entgegenstanden, durch passende Einrichtungen, wenn auch nicht ganz beseitigen, so doch für den praktischen Gebrauch unschädlich machen. Es waren das die Anwendung von Nebenschlüssen zur Leitung in Form metallischer Widerstände ohne Selbstinduction und die selbstthätige Translation, durch welche mehrere geschlossene Linienstücke zu einer einzigen großen Linie verbunden wurden.

Meine Theorie der elektrostatischen Ladung geschlossener wie offener Leitungen fand übrigens selbst in naturwissenschaftlichen Kreisen anfänglich keinen rechten Glauben, da sie gegen die in jener Zeit herrschenden Vorstellungen verstieß. Ueberhaupt ist es heute, wo man kaum noch begreift, wie ein civilisirter Mensch ohne Eisenbahnen und Telegraphen leben kann, nicht leicht, sich auf den damaligen Standpunkt zu versetzen, um zu verstehen, welche Schwierigkeiten sich uns damals in Dingen entgegenstellten, die jetzt als ganz selbstverständlich betrachtet werden. Vorstellungen und Hülfsmittel, die heute jedem Schuljungen geläufig sind, mußten in jener Zeit oft erst mit Mühe und Arbeit errungen werden.

Ich hatte die Genugthuung, daß diese erste größere Telegraphenlinie — nicht nur Deutschlands, sondern ganz Europas — schon im Winter des Jahres 1849 in Betrieb genommen werden konnte, so daß die in Frankfurt erfolgte Kaiserwahl mit ihrer Hülfe noch in derselben Stunde in Berlin bekannt wurde. Die günstigen Resultate dieser Linie veranlaßten die preußische Regierung zu dem Beschlusse, sogleich auch eine Linie von Berlin nach Cöln und zur preußischen Grenze bis Verviers zu erbauen und darauf weitere Linien nach Hamburg und Breslau folgen zu lassen. Alle diese Linien sollten ihrer Sicherheit wegen unterirdisch, nach dem System der Linie Berlin=Eisenach, erbaut werden, obwohl sich bei dieser bereits entschiedene Mängel herausgestellt hatten. Da diese Mängel namentlich darin bestanden, daß die nur anderthalb bis zwei Fuß tief in dem meist losen Sande der Eisenbahndämme liegenden Leitungen leicht durch Arbeiter und stellenweise auch durch Ratten, Mäuse und Maulwürfe beschädigt wurden, so beschloß man, die Leitungen 2½ bis 3 Fuß tief einzugraben; von einem äußeren Schutze wurde aber auch hier der Kosten wegen abgesehen.

Ich hatte mich bereit erklärt, auch die Leitung des Baues der Linie nach Cöln und Verviers zu übernehmen, falls ich weiteren militärischen Urlaub erhielte, und falls mein Freund William Meyer, der mich stets in seiner freien Zeit getreulich bei meinen Arbeiten unterstützt hatte und daher vollständig informirt war, zu meiner Hülfeleistung commandirt würde. Beides wurde mir zugestanden, und so begannen wir denn schon im Frühjahr 1849 den Bau der Linie gleichzeitig an mehreren Punkten. Meyer hatte viel organisatorischen Sinn und eignete sich besonders gut zur Leitung von Arbeiten, bei denen viele Kräfte harmonisch zusammenwirken müssen. Schwierigkeiten entstanden durch die Ströme Elbe und Rhein, bei denen eine lebhafte Schiffahrt Beschädigungen der Leitung durch Schleppanker befürchten ließ. Diese Gefahr war namentlich beim Rheinübergange groß, da die Leitungen hier fast auf der ganzen Flußbreite durch Schleppanker und Geräthschaften der Fischer bedroht waren. Eine Umspinnung mit Eisendraht, die bei der Elbe und den Uebergängen über kleinere Flüsse angewendet wurde, erschien für den Rhein nicht ausreichend, da die mit scharfen Spitzen versehenen Geräthschaften der Schiffer und Fischer die isolirte Leitung zwischen den Drähten hindurch erreichen und beschädigen konnten, und da eine Umkabelung nicht stark genug zu machen war, um schleppenden Ankern großer Schiffe zu widerstehen. Ich ließ daher für den Rhein eine besondere, aus schmiedeeisernen Röhren hergestellte Gliederkette anfertigen, in deren Höhlung die isolirten Leitungen Aufnahme fanden, während eine starke, durch eine Reihe von schweren Schiffsankern unterstützte Ankerkette dazu bestimmt war, die Röhrenkette vor den Schleppankern thalwärts fahrender Schiffe zu beschützen. Diese erste größere, mit äußerem Schutze versehene Unterwasserleitung hat sich sehr gut bewährt. Als sie viele Jahre später, nach Erbauung der festen

Eisenbahnbrücke, wieder aufgenommen wurde, hingen an der Schutzkette eine Menge Schiffsanker, welche die Schiffer hatten kappen müssen, um wieder frei zu werden. Die Kette hatte also ihre Schuldigkeit gethan.

Ein recht schwieriger und lehrreicher Bau war der der Linie von Cöln über Aachen nach Verviers in Belgien, wo der Anschluß an die inzwischen in Angriff genommene oberirdische Linie von Brüssel nach Verviers stattfinden sollte. Es waren hier sehr viele Tunnel zu passiren, in denen die Leitungen durch eiserne, an den Tunnelwänden befestigte Röhren geschützt werden mußten. Auf großen Strecken des Bahndammes mußte der Graben für die Einbettung der Leitung durch Pulversprengung hergestellt werden.

Während des Baues dieser Linie lernte ich den Unternehmer der Taubenpost zwischen Cöln und Brüssel kennen, einen Herrn Reuter, dessen nützliches und einträgliches Geschäft durch die Anlage des elektrischen Telegraphen schonungslos zerstört wurde. Als Frau Reuter, die ihren Gatten auf der Reise begleitete, sich bei mir über diese Zerstörung ihres Geschäftes beklagte, gab ich dem Ehepaare den Rath, nach London zu gehen und dort ein eben solches Depeschen-Vermittlungsbureau anzulegen, wie es gerade in Berlin unter Mitwirkung meines Vetters, des schon genannten Justizraths Siemens, durch einen Herrn Wolff begründet war. Reuters befolgten meinen Rath mit ausgezeichnetem Erfolge. Das Reutersche Telegraphenbureau in London und sein Begründer, der reiche Baron Reuter, sind heute weltbekannt.

Als der Anschluß der inzwischen vollendeten belgischen Telegraphenlinie an die preußische in Verviers erfolgt war, erhielt ich eine Einladung nach Brüssel, um dem Könige Leopold einen Vortrag über elektrische Telegraphie zu halten. Ich fand die ganze königliche Familie im Brüsseler Schlosse versammelt und hielt vor ihr einen langen, von Experimenten begleiteten Vortrag, dem sie mit gespannter Aufmerksamkeit und schnellem Verständniß folgte, wie die an den Vortrag sich knüpfende, eingehende Discussion bewies.

Es trat jetzt an mich die endgültige Entscheidung der Frage heran, welche Richtung ich meinem künftigen Leben geben sollte. Die Militärbehörde hatte nur widerstrebend die Verlängerung meines Commandos zur Dienstleistung beim Handelsministerium bewilligt und bestimmt erklärt, daß eine weitere Verlängerung nicht erfolgen würde. Mir blieb nun die Wahl, entweder in den activen Militärdienst zurückzutreten, oder zur Staatstelegraphie überzugehen, bei der mir die Stellung als leitender Techniker zugesichert war, oder endlich jedem Dienstverhältniß zu entsagen und mich ganz der wissenschaftlichen und technischen Privatthätigkeit zu widmen.

Ich entschied mich für das letztere. Wieder in den militärischen Garnisondienst zurückzukehren, wäre mir nach dem bewegten und erfolgreich thätigen Leben, das ich hinter mir hatte, ganz unmöglich gewesen. Der Civildienst sagte mir durchaus nicht zu. Es fehlte in ihm der kameradschaftliche Geist, der die drückenden Rang- und Machtunterschiede mildert und erträglicher macht, es fehlte in ihm auch die ungeschminkte Offenheit, welche selbst mit der Grobheit versöhnt, die beim Militär einmal herkömmlich ist. Meine kurzen Erfahrungen im Civilstaatsdienst gaben mir hinreichende Gründe für die Bildung dieser Anschauung. Solange meine Vorgesetzten nichts vom Telegraphenwesen verstanden, ließen sie mich ganz ungehindert arbeiten und beschränkten ihre Eingriffe und Vorschriften auf Fragen von financieller Bedeutung. Das änderte sich bald in dem Maaße, in welchem mein nächster Vorgesetzter in der Verwaltung, der Regierungsassessor, spätere Regierungs- und Baurath Nottebohm, sich während der Arbeiten Sachkenntniß erwarb. Es wurden mir Leute zugewiesen, die ich nicht brauchen konnte, technische Anordnungen getroffen, die ich als schädlich erkannte, kurz, es kamen Reibungen und Differenzen vor, die mir die Freude an meiner Arbeit verdarben.

Dazu kam, daß die Schwächen der unbeschützt im losen Erdreich der Eisenbahndämme liegenden isolirten Leitungen sich bereits immer bedenklicher zu zeigen anfingen. Es entstanden Isolationsfehler, die nur schwer zu finden und zu beseitigen waren; Drahtbrüche ohne Isolationsverminderung traten auf, die oft nur einige Stunden dauerten und deren Lage daher schwer zu bestimmen war. Mit der Aufsuchung und Reparatur der Fehler wurden meist unerfahrene Leute beauftragt, welche die Linie an unzähligen Stellen durchschnitten, um den Fehler einzugrenzen, und durch ungeschickt ausgeführte Aufgrabungen und Verbindungen den Grund zu neuen Fehlern legten, die dann wieder mir und dem System zur Last gelegt wurden. Trotzdem ging man mit einem fast blind zu nennenden Vertrauen zu immer neuen Anlagen dieser Art über. Es mochten wohl die damaligen politischen Verhältnisse sein, welche die schnelle Herstellung eines den ganzen Staat umfassenden Telegraphennetzes selbst auf die Gefahr hin geboten, daß dasselbe nicht von langer Dauer wäre. Der von mir vorgeschlagene äußere Schutz der Leitungen durch Eisenröhren, wie beim Rheinübergange, oder durch Umkabelung mit Eisendrähten, auf deren Herstellung sich eine Cölner Firma auf meine Veranlassung bereits eingerichtet hatte, wurde als zu theuer und zu langsam ausführbar erklärt; es blieb bei dem provisorischen Charakter der ersten Versuchsanlagen.

Andrerseits hatte die Werkstatt für Telegraphenapparate, die ich mit meinem Freunde Halske begründet und in die ich mir den persönlichen Eintritt vorbehalten hatte, sich unter dessen tüchtiger Leitung durch hervorragende Leistungen bereits große Anerkennung verschafft. Die hohe Bedeutung der elektrischen Telegraphie für das praktische Leben war erkannt, und namentlich die Eisenbahnverwaltungen begannen, die Leistungsfähigkeit ihrer Bahnen und die Sicherheit ihres Betriebes durch Anlage von Telegraphenlinien für den Nachrichten- und Signaldienst zu erhöhen. Es tauchte dabei eine Fülle interessanter wissenschaftlicher und technischer Aufgaben auf, zu deren Lösung ich mich berufen fühlte. Meine Wahl konnte daher nicht zweifelhaft sein. Ich bat im Juni des Jahres 1849 um meinen Abschied vom Militär und legte bald darauf auch mein Amt als Leiter der Technik der preußischen Staatstelegraphen nieder. Letztere Stellung erhielt auf meinen Vorschlag mein Freund William Meyer, der gleichzeitig mit mir seinen Abschied als Officier nahm.

Ich hatte es in den vierzehn Jahren meines Militärdienstes bei den damaligen schlechten Avancementsverhältnissen eben über die Hälfte der Secondelieutenants gebracht, erhielt daher, wie gebräuchlich, meinen Abschied als Premierlieutenant „mit der Erlaubniß, die Uniform als Armeeofficier mit den vorschriftsmäßigen Abzeichen für Verabschiedete zu tragen". Auf die mir für mehr als zwölfjährigen Officiersdienst zustehende Pension verzichtete ich, da ich mich gesund fühlte und kein vorschriftsmäßiges Invaliditätsattest einreichen mochte. Die Genehmigung meines Abschiedsgesuches war übrigens mit einer tadelnden Bemerkung über einen Formfehler meines Gesuches versehen. Die politische Rückströmung war damals schon so stark geworden, daß mir die im dänischen Kriege bewiesene deutsche Gesinnung in den herrschenden Kreisen zum Vorwurf gereichte.

Trotz dieses geringen Endresultates meines Militärdienstes sehe ich doch mit einer gewissen Befriedigung auf meine Militärzeit zurück. Es knüpfen sich an sie meine angenehmsten Jugenderinnerungen, sie bahnte mir den Weg durchs Leben und gab mir durch errungene Erfolge das Selbstvertrauen zur Anstrebung höherer Lebensziele.

Wenn auch mein Wirken und Streben durch den Austritt aus jedem Dienstverhältniß nicht wesentlich geändert wurde, so erhielt doch mein Leben dadurch eine festere, ganz auf eigene Leistungen hinweisende Richtung. Es galt jetzt für mich, das Geschäft, welches schon meinen Namen trug, durch tüchtige Leistungen möglichst emporzuheben und mir als Mann der Wissenschaft wie als Techniker persönliches Ansehen in der Welt zu erringen. Obgleich meine Neigungen ganz auf Seiten der naturwissenschaftlichen Forschung standen, sah ich doch ein, daß ich zunächst meine ganze Kraft technischen Arbeiten zuwenden müßte, da deren Resultate mir die Mittel und Gelegenheit zu wissenschaftlichen Arbeiten erst verschaffen sollten — und auch wirklich verschafften.

Wissenschaftliche und erfinderische Thätigkeit wurde mir in dieser arbeitsvollen Zeit fast ausnahmslos durch das technische Bedürfniß vorgeschrieben. So verlangten die damals sehr überraschend und störend auftretenden Ladungserscheinungen an den unterirdischen Leitungen ein eingehendes Studium. Ferner war es nothwendig, ein System für die Bestimmung der Lage von Leitungs- und Isolationsfehlern in unterirdischen Leitungen durch Strommessungen an den Leitungsenden festzustellen. Die Unsicherheit der Strommessungen führte zu der Nothwendigkeit, sie durch Widerstandsmessungen zu ersetzen, und dadurch zur Aufstellung fester, reproducirbarer Widerstandsmaaße und Widerstandsskalen. Es mußten zu diesem Zwecke auch die Methoden und Instrumente für Strom- und Widerstandsmessungen verbessert und für den technischen Gebrauch geeignet gemacht werden — kurz, es hatte sich eine ganze Reihe wissenschaftlicher Aufgaben gebildet, deren Lösung das technische Interesse gebot.

Ich widmete mich diesen Aufgaben, soweit es meine Inanspruchnahme durch die technischen Unternehmungen des Geschäftes erlaubte, mit besonderer Vorliebe und wurde dabei durch die bildende Kunst und das mechanische Talent meines Socius Halske sehr wirksam unterstützt. Dies gilt namentlich von den zahlreichen Verbesserungen der telegraphischen Einrichtungen und Hülfsmittel, die jener Zeit entstammen und dank der soliden und exacten Ausführung, die sie in unsrer Werkstatt unter Halskes Leitung fanden, sich schnell allgemeinen Eingang in die Telegraphentechnik verschafften. Der große Einfluß, den die Firma Siemens & Halske auf die Entwicklung des Telegraphenwesens ausgeübt hat, ist wesentlich dem Umstande zuzuschreiben, daß bei ihren Arbeiten der Präcisionsmechaniker und nicht mehr wie früher der Uhrmacher die ausführende Hand darbot.

Zu Publikationen in wissenschaftlichen und technischen Zeitschriften fand sich damals keine Zeit; auch Patente wurden nur in wenigen Fällen genommen. Ein deutsches Patentrecht gab es noch nicht, und in Preußen wurden Patente ziemlich willkürlich auf drei bis fünf Jahre ertheilt, waren also ohne praktischen

Werth. Es fehlt daher in der Mehrzahl der Fälle den in jener Zeit von uns ausgegangenen Erfindungen und Verbesserungen der Ursprungsstempel durch Publikation oder Patentirung.

Recht auffällig ist dies einmal vor etlichen Jahren hervorgetreten. Es hatte sich in den Vereinigten Staaten Jemand gefunden, der behauptete, Erfinder der unterirdischen Leitungen, namentlich der mittelst umpreßter Guttapercha isolirten, zu sein, und noch nach Verlauf von mehr als einem Vierteljahrhundert Patentrechte darauf geltend machte, die der großen amerikanischen Telegraphengesellschaft bedeutende Verluste zu bringen drohten. Die Gesellschaft sandte eine besondere Commission unter Leitung ihres Direktors, des „Generals" Eckert, nach Berlin, um Zeugnisse durch gedruckte Publikationen darüber aufzusuchen, daß ich bereits im Jahre 1846 mit Guttapercha umpreßte Leitungen hergestellt hätte. Ich mußte den Herren auf ihre schriftliche Anfrage erwiedern, daß nichts Gedrucktes darüber aufzufinden wäre, daß aber die Acten der Commission des Generalstabes und der späteren Telegraphendirektion den vollen Beweis enthielten. Dies genügte jedoch nicht für den Proceß. Die Amerikaner wählten nun einen anderen, sehr praktischen Weg, um sich gedruckte Mittheilungen über die Sache zu verschaffen. Sie zeigten in vielen deutschen Blättern an, daß sie für die Mittheilung einer noch im Jahre 1847 gedruckten Beschreibung der auf dem Planum der Anhaltischen Eisenbahn gelegten unterirdischen Telegraphenleitungen eine namhafte Summe zahlen würden. Das half. Schon nach wenigen Tagen kamen aus verschiedenen Gegenden Deutschlands Zeitungsausschnitte mit der gewünschten Beschreibung. Die Commission beglückwünschte mich als jetzt unzweifelhaft anerkannten Erfinder der Guttaperchaleitungen und reiste zurück. Die in Aussicht gestellte Publikation der Expertise in Amerika unterblieb aber, wie es hieß, weil inzwischen ein Compromiß mit dem betreffenden Erfinder der Gesellschaft größere Vortheile gebracht hatte.

In Deutschland war seit dem Bau der Linien nach Frankfurt a. M. und Cöln das System der unterirdischen Leitungen Mode geworden. Nicht nur Staatstelegraphenlinien von Berlin nach

Hamburg, Breslau, Königsberg und Dresden wurden unterirdisch mit zwei Fuß tief eingegrabenen, unbeschützten Leitungen hergestellt, sondern auch die Eisenbahnen zogen es vor, solche unterirdischen Leitungen anzulegen, obgleich sich die Anzeichen des bald zu erwartenden Unterganges dieser Anlagen täglich mehrten. Namentlich fanden sich immer häufiger — besonders an den ersten Linien, die auf den sandigen Bahndämmen anderthalb bis zwei Fuß tief verlegt waren — Zerstörungen durch Ratten und Mäuse. Die über zwei Fuß tief gelegten Leitungen waren zwar in der ersten Zeit keinen solchen Zerstörungen ausgesetzt, aber auch bei ihnen traten sie später ein.

Ich glaubte damals, ein Ueberzug von Blei würde diesem Uebelstande vollständig abhelfen. Um die Leitungen mit Blei zu überziehen, verfuhr ich anfangs folgendermaaßen. Es wurden Bleiröhren gerade ausgestreckt, dann eine Hanfschnur mittelst eines Gebläses durch sie hindurchgeblasen und mit ihrer Hülfe der mit Guttapercha isolirte Leitungsdraht in das Rohr hineingezogen. Darauf ließ man das Rohr durch ein Zieheisen gehen, um es zum festen Anschluß an die Isolirschicht des Leiters zu bringen. Später gelang es, das Bleirohr direct um den isolirten Draht zu pressen, wenn das Blei genau eine bestimmte Temperatur angenommen hatte und sie dauernd beibehielt. Die Schwierigkeit der fortlaufenden Controle dieser Temperatur überwand ich durch eine thermoelektrische Einrichtung.

Solche mit äußerem Bleimantel umgebene Leitungen wurden von Halske und mir im Anfange der fünfziger Jahre vielfach verlegt. So unter anderem bei dem Telegraphensystem, das wir für die Polizeiverwaltung und den Feuerwehrdienst der Stadt Berlin einrichteten. Diese Bleileitungen haben eine lange Reihe von Jahren durchaus befriedigend functionirt. Sie wurden dann nach und nach durch Kabelleitungen ersetzt, doch haben sich bis heute, nach Verlauf von 40 Jahren, noch vollkommen gute Bleileitungen erhalten. Nur wo das Blei von verwesender organischer Substanz im Erdboden berührt und dadurch zur Bildung von essigsaurem und kohlensaurem Blei prädisponirt wird, ist es schnellem Verderben ausgesetzt.

Der eben erwähnte Polizei- und Feuerwehrtelegraph sollte fünfzig in der Stadt Berlin vertheilte Stationen derart mit dem Centralbureau im Polizeipräsidium und dem Centralbureau der Feuerwehr verbinden, daß die Feuermeldungen gleichzeitig allen Stationen mitgetheilt würden, während die polizeilichen Meldungen nur im Centralpolizeibureau zu empfangen und verstehen sein sollten. Unsere Einrichtung löste diese interessante Aufgabe sehr befriedigend und hat über zwanzig Jahre lang gut und sicher gearbeitet, fiel dann aber auch dem einfacheren Morseschen Schreibsystem zum Opfer.

Der Morsesche Schreibtelegraph wurde in Deutschland zuerst durch einen Mr. Robinson bekannt, der im Jahre 1850 mit einem solchen in Hamburg Vorstellungen gab. Die Einfachheit des Morseschen Apparates, die verhältnißmäßige Leichtigkeit der Erlernung des Alphabets und der Stolz, welcher Jeden, der es zu handhaben gelernt hat, erfüllt und zum Apostel des Systems werden läßt, haben in kurzer Zeit alle Zeiger- und älteren Letterndruckapparate verdrängt. Halske und ich erkannten dieses Uebergewicht des auf Handgeschicklichkeit beruhenden Morsetelegraphen sogleich und machten es uns daher zur Aufgabe, das System mechanisch nach Möglichkeit zu verbessern und zu vervollständigen. Wir gaben den Apparaten gute Laufwerke mit Selbstregulirung der Geschwindigkeit, zuverlässig wirkende Magnetsysteme, sichere Contacte und Umschalter, verbesserten die Relais und führten ein vollständiges Translationssystem ein. Dieses bestand in einer Einrichtung, durch die sich alle in einem Telegraphenstromkreise cirkulirenden Ströme selbstthätig auf einen angrenzenden, mit eigener Batterie versehenen Kreis übertragen, so daß die ganze Linie zwar in mehrere abgesonderte Stromkreise eingetheilt ist, aber doch ohne Beihülfe der Telegraphisten der Zwischenstationen direct zwischen den Endstationen gesprochen wird.

Ein solches Translationssystem hatte ich schon im Jahre 1847 für meine Zeiger- und Drucktelegraphen ausgearbeitet und einen zu diesem Zweck von mir construirten Apparat, den sogenannten Zwischenträger, der Commission des Generalstabes vorgeführt.

Ihre volle Bedeutung erhielt die Translation aber erst durch die Anwendung auf den Morseapparat; zur Ausführung gelangte sie zum ersten Male auf der Linie Berlin-Wien, die in Breslau und Oderberg mit Translationsstationen versehen wurde. Es sei hier erwähnt, daß die Einrichtung später von Professor Dr. Steinheil, dem damaligen Direktor der österreichischen Telegraphen, durch Anbringung eines selbstthätigen Contactes am Laufwerke des Schreibapparates noch sehr wesentlich verbessert wurde.

Am längsten blieben die Eisenbahnverwaltungen den Zeigertelegraphen mit Selbstunterbrechung treu. Bei diesem System hatten wir uns aber selbst einen Concurrenten großgezogen, der uns später recht hinderlich wurde. Dr. Kramer, Schullehrer in Nordhausen, hatte der Telegraphencommission seinerzeit einen kleinen Wheatstoneschen Zeigertelegraphen vorgelegt, den er von einem Uhrmacher hatte herstellen lassen. Der Kramersche Apparat leistete auch nicht entfernt dasselbe wie meine selbstunterbrechenden Zeigertelegraphen und wurde deshalb von der Commission zurückgewiesen. Dem gutherzigen General von Etzel und mir selbst that der arme Mann aber leid, weil er seine ganzen Ersparnisse auf den Bau des Apparates verwendet hatte, und da der Commission für solche Gefühle keine Mittel zur Verfügung standen, ließ ich mich bereit finden, dem Dr. Kramer seinen Apparat für fünfhundert Thaler abzukaufen. Bereits ein halbes Jahr später trat Kramer aber mit einem neuen Apparate auf, bei dem er mein System der Selbstunterbrechung mit der Modifikation benutzt hatte, daß er noch ein Uhrwerk verwendete, um den Zeiger mechanisch fortzubewegen. Die damalige Patentbehörde sah in der Anwendung der Selbstunterbrechung keinen Grund, ihm nicht ebenfalls ein Patent zu ertheilen. Diese Kramerschen, gleich den unsrigen selbstthätig mit einander laufenden Zeigertelegraphen arbeiteten trotz ihrer leichten Uhrmacherconstruction gut und eben so sicher wie die unsrigen, thaten uns daher großen Schaden. —

Seit meinem Eintritt in das Geschäft war meine Zeit durch constructive Arbeiten für die Fabrik und durch zahlreiche, von meiner Firma übernommene Anlagen von Eisenbahntelegraphen vollständig in Anspruch genommen. Doch fand ich im Winter 1849/50 eine Zeit der Muße, die ich dazu benutzte, meine Erfahrungen über telegraphische Leitungen und Apparate für eine Publikation zusammenzustellen. Im April 1850 legte ich meine Arbeit unter dem Titel „Mémoire sur la télégraphie électrique“ der Pariser Akademie der Wissenschaften vor. Es wurde mir dies durch einen glücklichen Zufall ermöglicht, der mich in Paris mit meinem Freunde du Bois-Reymond zusammentreffen ließ, welcher der Akademie eine eigene Arbeit vorlegen wollte und mir seine freundschaftliche Beihülfe für die französische Umarbeitung meines Aufsatzes widmete. Ich gedenke noch immer mit großem Vergnügen der anregenden und für mich höchst interessanten und lehrreichen Zeit dieses etwa vierwöchentlichen Aufenthaltes in Paris, des Zusammenwohnens mit Freund du Bois und des Verkehrs mit den berühmtesten Pariser Naturforschern. Zu den Mitgliedern der von der Akademie zur Prüfung meiner Arbeit ernannten Commission gehörten Pouillet und Regnault. Den Bericht über meine Vorlage erstattete Regnault in einer Sitzung der Akademie, zu der du Bois und ich formelle Einladungen erhalten hatten. Als Opponent trat Leverrier auf, der den ebenfalls der Akademie vorgelegten Bain'schen elektrochemischen Telegraphen protegirte. Der präsidirende Secrétaire perpétuel Arago machte aber der Opposition Leverriers ein kurzes Ende, indem er den Dank der Akademie für die Vorlage und den Beschluß ihrer Aufnahme in die „Savants étrangers“ aussprach.

Auf mich hat diese öffentliche Prüfung meiner Erstlingsarbeit auf telegraphischem Gebiete durch berühmte Mitglieder der ersten wissenschaftlichen Behörde der Welt einen tiefen und sehr anregenden Eindruck gemacht. Es sprechen ja viele Gründe gegen eine solche officielle Prüfung wissenschaftlicher und technischer Leistungen, die eine Art behördlicher Stempelung bildet und der freien Entfaltung der Wissenschaft leicht schädlich werden kann, sie ist auch nur zulässig unter voller Controle durch die Oeffentlichkeit der Sitzungen, kann dann aber sehr nützlich und anregend wirken.

Durch mein in die „Savants étrangers“ aufgenommenes

Mémoire und einen noch in demselben Jahre in Poggendorffs Annalen veröffentlichten Aufsatz „Ueber elektrische Leitungen und Apparate", der den Inhalt des Mémoire, soweit er sich auf unterirdische Leitungen bezog, vollständig wiedergab, ist meine Priorität in manchen wissenschaftlichen und technischen Errungenschaften unzweifelhaft festgelegt. Trotzdem sind später von anderer Seite auf einzelne derselben unberechtigte Ansprüche erhoben worden. Es führt mich das dazu, über den in neuerer Zeit immer fühlbarer zur Geltung kommenden Mangel einer internationalen litterarischen Gerechtigkeit hier einige Bemerkungen zu machen. Man muß zunächst zugeben, daß es im Laufe der letzten Jahrzehnte immer schwerer, ja beinahe unmöglich geworden ist, das ungeheuer ausgedehnte Material wissenschaftlicher und technischer Publikationen, noch dazu in so vielen verschiedenen Sprachen, vollständig zu übersehen. Es ist auch natürlich, daß diejenigen, die ihr ganzes Interesse eigenen Leistungen zuwenden, besonders aber die, welche thätig an der Fortentwicklung unserer naturwissenschaftlichen Technik mitarbeiten, schwer Muße finden, um die Leistungen Anderer, welche in der gleichen oder in verwandten Richtungen arbeiten, selbst bei Beherrschung der in Frage kommenden Sprachen, eingehend zu studiren, und daß sie im allgemeinen auch wenig Neigung haben, ihre Aufmerksamkeit der Vergangenheit zuzuwenden. Als Beispiel hierfür möchte ich auf den genialsten und erfindungsreichsten Physiker aller Zeiten, auf Faraday hinweisen. Dieser lernte die mit umpreßter Guttapercha isolirten Leitungen erst viele Jahre nach ihrer Erfindung kennen, als man in England anfing, sie zu Unterseekabeln zu verwenden, bei denen der äußere Schutz des isolirten Leiters durch Umkabelung mit Eisendrähten hergestellt wurde. Die überraschenden Ladungserscheinungen, die Faraday an diesen Kabeln beobachtete, bewogen ihn, einen Aufsatz darüber zu publiciren. Als du Bois-Reymond ihm aber ohne weiteren Commentar einen Abdruck meines, der französischen Akademie überreichten Mémoire übersandte, säumte Faraday nicht, seiner Arbeit eine zweite folgen zu lassen, in der er die betreffenden Abschnitte meiner Abhandlung anführte und die Erklärung abgab, daß mir die Priorität sowohl der Beobachtung als auch der Erklärung des Phänomens unzweifelhaft zustände. Andere englische Schriftsteller, wie Wheatstone, Jenkin und viele Andere, haben freilich weder auf diese Erklärung Faradays noch auf meine sonstigen Publikationen irgend welche Rücksicht genommen.

In Deutschland herrschte früher die gute Sitte, der Beschreibung von eigenen wissenschaftlichen oder technischen Entdeckungen und Erfindungen stets eine Beschreibung der Leistungen der Vorgänger auf dem betretenen Wege vorauszuschicken und dadurch den zu beschreibenden Fortschritt gleich historisch einzureihen — eine Sitte, die leider in anderen Ländern niemals in gleich gewissenhafter Weise ausgeübt worden ist. Bisher gereichte es daher gerade den Deutschen zum Ruhme, mehr als andere Nationen fremde Verdienste anzuerkennen und eigene Leistungen immer an die vorangegangenen Anderer anzuknüpfen. Durch die in Deutschland weiter als in anderen Ländern verbreitete Kenntniß fremder Sprachen wurde dies wesentlich erleichtert, aber auch abgesehen davon betrachtete die deutsche Wissenschaft es stets als ihre Ehrenpflicht, litterarische Gerechtigkeit gleichmäßig gegen Inländer und Ausländer zu üben, und man darf wohl hoffen, daß dies auch künftig so sein wird und wir dadurch von dem litterarischen Piratenthum verschont bleiben, das sich leider auch bei uns schon bedenklich breit zu machen droht.

Ich will aber auf die in neuerer Zeit beliebt gewordene Praxis, es Jedermann zu überlassen, seine wirklichen oder vermeintlichen Verdienste selber festzustellen und zu vertheidigen, da dies für Andere zu beschwerlich ist, im Verfolg dieser Blätter insoweit eingehen, als ich am Schlusse der Darstellung meiner verschiedenen Lebensperioden selbst diejenigen Punkte kurz zusammenstellen werde, die nach meinem Dafürhalten für die Fortentwicklung der naturwissenschaftlichen Technik von Bedeutung gewesen sind, und auf die mir nachweislich die Priorität der Entdeckung, Erfindung oder ersten Anwendung zusteht. Daß ich dabei hier und da wiederhole, was schon in anderem Zusammenhange vorgebracht war, wird freilich unvermeidlich sein. Sollte ich mich hin und wieder irren und ältere

Ansprüche Anderer nicht genügend berücksichtigen, so bitte ich auch mir gegenüber Nachsicht walten zu lassen.

Ueber die mit der Publikation meines „Mémoire sur la télégraphie électrique“ und des entsprechenden Aufsatzes in Poggendorffs Annalen abschließende Periode, deren Uebersicht ich jetzt folgen lassen will, werde ich mich sehr kurz fassen können, da das wichtigste derselben, als direct in meinen Lebensweg eingreifend, schon ausführliche Berücksichtigung erfahren hat.

Als ich im Jahre 1842 mein erstes preußisches Patent nachsuchte, war in Deutschland noch kein Verfahren einer galvanischen Vergoldung oder Versilberung bekannt. Ich hatte mit allen mir bekannten Gold- und Silbersalzen experimentirt und außer den unterschwefligsauren auch die Cyan-Verbindungen geeignet gefunden. Das Patent wurde mir aber nur auf die ersteren ertheilt, da inzwischen Elkingtons englisches Patent auf die Benutzung der Cyansalze bekannt geworden war. Trotz der schönen Gold- und Silberniederschläge, die man aus unterschwefligsauren Salzen erhält, haben in der Folge doch die Cyansalze das Feld behauptet, da ihre Lösungen beständiger sind.

Die meinem Bruder Wilhelm gestellte Aufgabe, einen Regulator zu construiren, der eine mit einem Wasserrade verbundene Dampfmaschine genau derart regulirte, daß das Wasserrad stets seine volle Arbeit leistete, die Dampfmaschine aber den jederzeit erforderlichen Ueberschuß an Arbeitskraft hergäbe, führte mich auf die Idee der sogenannten Differenz-Regulirung. Dieselbe bestand darin, ein freischwingendes Kreispendel zur Hervorbringung einer ganz gleichmäßigen Rotation zu benutzen und durch dasselbe eine Schraube drehen zu lassen, während die zu regulirende Maschine eine auf dieser Schraube sitzende, verschiebbare Mutter in gleichem Sinne drehte. Die Mutter muß sich dann so lange auf der Schraube nach rechts oder links verschieben, als sie sich schneller oder langsamer dreht als die Schraube, und kann so den Gang der Maschine vollkommen reguliren, indem sie sogleich aufhört, sich weiter zu bewegen, wenn die Geschwindigkeit der Maschine genau gleich der des Kreispendels ist. Der nach diesem Princip ausgeführte Differenz-Regulator oder „chronometrical governor“, wie Bruder Wilhelm, der ihn praktisch ausbildete und wesentlich vervollkommnete, denselben später in England nannte, hat sich in der Maschinenpraxis zwar keinen allgemeinen Eingang verschafft, weil er nicht so einfach und billig ist wie der in späterer Zeit erheblich verbesserte Wattsche Regulator, er hat ihr aber in der Differentialbewegung, die wir in den verschiedensten Formen durchführten, ein fruchtbares Constructionselement zugeführt.

Meine Beschäftigung mit der Aufgabe, Geschoßgeschwindigkeiten exact zu messen, die durch Leonhardts geniale Uhr nicht vollkommen gelöst wurde, ließ mich erkennen, daß nur eine Methode, bei der keine Massen in Bewegung gesetzt und zur Ruhe gebracht zu werden brauchten, zum Ziele führen würde. So kam ich dazu, den elektrischen Funken zur Lösung der Aufgabe zu benutzen. Mein Vorschlag bestand darin, auf einen schnell und gleichmäßig rotirenden polirten Stahlcylinder elektrische Funken von einer feiner Peripherie möglichst genäherten feinen Spitze überspringen zu lassen und aus dem gegenseitigen Abstande der von diesen Funken erzeugten Marken und der bekannten Umdrehungszahl des Cylinders die Geschwindigkeit der Kugel, die an bestimmten Stellen ihres Laufes die Funken veranlaßte, zu berechnen. Diese Methode der Geschwindigkeitsmessung mit Hülfe von Marken, die ein überspringender elektrischer Funke in polirten Stahl einbrennt oder auf berußter Stahlfläche aussprengt, hat sich seitdem vollständig bewährt und wird noch heute namentlich zur Messung der Geschwindigkeit von Geschossen in Gewehr- und Geschützrohren verwendet.

An der Schilderung der Stirlingschen Heißluftmaschine, die ich im Jahre 1845 von Bruder Wilhelm erhielt, erregte der Gedanke, die bei einer Operation nicht verbrauchte Wärme zur Wiederbenutzung bei der nächstfolgenden Operation aufzuspeichern, mein ganz besonderes Interesse. Derselbe erschien mir als ein neu eröffnetes Eingangsthor in ein noch unbekanntes, großes Gebiet der naturwissenschaftlichen Technik. Es geschah das zu einer

Zeit, in welcher der die heutige Naturwissenschaft durchdringende und leitende Gedanke des ursächlichen Zusammenhanges aller Naturkräfte die Geister unbewußt beherrschte, bis er bald darauf durch Mayer und Helmholtz zum wissenschaftlichen Gemeingut erhoben wurde. Der Grundsatz des Kreislaufs der Wärme bei Arbeitsmaschinen und des Wärmeäquivalentes der Arbeit fand in dem Aufsatz „Ueber die Anwendung der erhitzten Luft als Triebkraft", zu dessen Veröffentlichung Stirlings Maschine mich veranlaßte, schon klaren Ausdruck. Als hauptsächlichen Erfolg dieses Aufsatzes betrachte ich aber, daß er meinen Brüdern Wilhelm und Friedrich als Ansporn zu ihren späteren, bahnbrechenden Arbeiten auf dem Gebiete der Wärmeökonomie gedient hat.

In meinem ersten Zeigertelegraphen vom Jahre 1846 führte ich das Princip der Selbstunterbrechung des elektrischen Stromes sowohl für die Apparate selbst als auch für die Wecker consequent durch. Das Princip bestand wesentlich darin, den Ankerhub des bekannten Neefschen Hammers durch Einfügung eines beweglichen Contactstückes, des sogenannten Schiebers, nach Bedarf zu vergrößern. Meine auf diesem Princip beruhenden Zeiger- und Typendruck-Telegraphen unterschieden sich von den damals bekannten Wheatstoneschen dadurch, daß es selbstgehende Maschinen waren, die isochron mit einander liefen, bis einer der Apparate durch Niederdrücken einer Buchstabentaste auf dem betreffenden Buchstaben mechanisch angehalten wurde, worauf alle übrigen gleichfalls auf demselben Buchstaben stehen blieben und beim Typendrucker dieser Buchstabe abgedruckt wurde. Die Beschreibung dieser Apparate sowie der meisten meiner weiteren Erfindungen und Verbesserungen telegraphischer Leitungen und Apparate bis zum Jahre 1850 ist in meinem, der Pariser Akademie mitgetheilten „Mémoire sur la télégraphie électrique" enthalten. Ich begnüge mich hier damit, die wichtigsten wissenschaftlichen und technischen Fortschritte, deren Priorität mir durch diese Publikation gewahrt ist, übersichtlich zusammenzustellen:

Einführung der Selbstunterbrechung des elektrischen Stromes am Ende eines jeden Ankerhubes von vorgeschriebener Höhe. Man kann statt dessen auch sagen: Vergrößerung der Hubhöhe des Neef-schen Hammers durch einen dem Schieber der Dampfmaschine entsprechenden Mechanismus. Es beruhen hierauf alle selbstthätigen elektrischen Wecker ohne Uhrwerk und viele andere Constructionen.

Herbeiführung des synchronen Ganges zweier oder mehrerer elektrischen Maschinen dadurch, daß ein neuer Hub erst erfolgen kann, wenn alle Selbstunterbrechungen wieder geschlossen sind, also die Ankerbewegung aller eingeschalteten Apparate vollendet ist.

Herstellung isolirter Leitungen für unterirdische oder unterseeische Telegraphen durch Umpressung mit Guttapercha.

Construction von Maschinen, welche die Guttapercha ohne Verbindungsnaht um die zu isolirenden Drähte pressen.

Entdeckung der Ladungserscheinungen an isolirten unterirdischen oder unterseeischen Leitern und Aufstellung des Ladungsgesetzes für offene und geschlossene Leitungen.

Aufstellung der Methoden, Messungen und Formeln zur Bestimmung der Lage von Leitungs- und Isolationsfehlern an unterirdischen Leitungen.

Die unterirdischen Leitungen, die ohne äußeren Schutz sowohl wie die mit Bleiarmatur, hatten inzwischen auch über Deutschlands Grenzen hinaus immer weitere Anwendung gefunden; unter anderen Staaten hatte Rußland das System derselben adoptirt und Petersburg mit Moskau durch eine unterirdische Leitung verbunden. In Preußen machte aber die an den ersten Linien schon bald nach ihrer Erbauung eingetretene Verschlechterung unaufhaltsame Fortschritte. Die Gründe, die dazu beitrugen und schließlich zu völligem Verderben der Leitungen führten, sind bereits erwähnt. Das durch die politischen Verhältnisse bedingte, beinahe krankhafte Bestreben, so schnell wie nur möglich und mit geringsten Kosten ein den ganzen Staat umfassendes, unterirdisches Leitungssystem herzustellen, hatte verhindert, die Leitungen mit einer Armatur zu versehen und tief genug einzubetten, um sie vor Beschädigungen durch Arbeiter und vor Angriffen der Nagethiere zu sichern. Der

Versuch, die unbrauchbar gewordenen Leitungen durch solche mit einem Bleimantel zu ersetzen, erwies sich als nutzlos, weil die Nagethiere sogar die schützende Bleidecke zerfraßen. Es fehlte ferner gänzlich an einem gehörig geschulten Personal, um das ausgedehnte Leitungsnetz in Ordnung zu halten und die auftretenden Fehler ohne Schädigung der ganzen Anlage zu beseitigen. Durch ungeschickt ausgeführte Aufsuchung und Ausbesserung aufgetretener Fehler entstanden zahllose neue Löthstellen, die in sehr primitiver Weise durch Umklebung mit erwärmter Guttapercha isolirt wurden und so zu immer neuen Fehlern führten. Es stand daher zu befürchten, daß die unterirdischen Leitungen in kurzer Zeit ganz unbrauchbar werden würden.

Diese traurige Sachlage bewog mich zur Abfassung einer Brochüre unter dem Titel „Kurze Darstellung der an den preußischen Telegraphenlinien mit unterirdischen Leitungen gemachten Erfahrungen“, in der ich auf die vorliegenden Gefahren hinwies und Vorschläge für Verbesserungen in der Behandlung der Linien machte, zugleich aber auch die mir damals von allen Seiten aufgebürdete Schuld am Zusammenbruche des von mir vorgeschlagenen Leitungssystems energisch zurückwies. Es war natürlich, daß die Veröffentlichung dieser Brochüre mich in Differenzen mit der Verwaltung der preußischen Staatstelegraphen brachte. In der That hörte für mehrere Jahre jede Verbindung derselben mit meiner Person sowohl wie mit meiner Firma vollständig auf. Es wurden uns alle Bestellungen entzogen und unsere Specialconstructionen anderen Fabrikanten als Modelle übergeben. Dies bildete eine schwere Krisis für unser junges Etablissement, das sich schnell zu einer Fabrik mit einigen Hundert Arbeitern hinaufgeschwungen hatte. Glücklicherweise bot die Eisenbahntelegraphie, die damals ebensowenig wie die Eisenbahnen selbst verstaatlicht war, einen unabhängigen Markt für unsere Fabrikate. Der Bruch mit der Staatstelegraphie trug aber auch viel dazu bei, uns mehr dem Auslande zuzuwenden und dort Absatz für unsere Erzeugnisse, sowie Gelegenheit zu größeren Unternehmungen zu suchen.

Da in den auswärtigen Unternehmungen meiner Firma, von denen ich nun zu berichten haben werde, meine jüngeren Brüder eine sehr wesentliche Rolle spielen, so wird es angemessen sein, vorher einen Rückblick auf meine Familie und namentlich meine Brüder während des zuletzt geschilderten Abschnittes meines Lebens zu thun.

Das Leben meines Bruders Wilhelm ist von einem wohlbekannten englischen Schriftsteller, Mr. William Pole, in großer Ausführlichkeit und mit gewissenhafter Benutzung aller ihm zugänglichen Quellen beschrieben worden. Ich brauche daher im Folgenden nur solche Ereignisse seines Lebens zu berühren, die auf mein eigenes Leben rückwirkend waren. Zunächst will ich schon hier bemerken, daß ich mit Wilhelm während seines ganzen Lebens in lebhafter Correspondenz und regem persönlichen Verkehr gestanden habe, was uns beiden zu großem Nutzen gereicht hat. Wir theilten uns alle wichtigeren Ereignisse unseres Lebens mit, ebenso neue Pläne und Bestrebungen, discutirten unsere abweichenden Ansichten und kamen fast immer, wenn nicht schriftlich, so bei der nächsten Zusammenkunft, die in der Regel zwei Mal im Jahre stattfand, zu einem freundschaftlichen Einverständniß. Der Umstand, daß ich mich in höherem Grade naturwissenschaftlich, Wilhelm sich mehr als Techniker und praktischer Ingenieur ausgebildet hatte, brachte es mit sich, daß wir uns dementsprechend gegenseitig eine gewisse Autorität zuschrieben, wodurch unser Zusammenarbeiten sehr erleichtert wurde. Daß wir nicht eifersüchtig auf einander waren, uns vielmehr freuten, wenn der Eine zur Anerkennung des Anderen in seiner derzeitigen Heimath beitragen konnte, bestärkte und sicherte unser gutes Einvernehmen.

Nachdem wir im Jahre 1846 unsere geschäftliche Verbindung zur Durchführung unserer Erfindungen gelöst hatten, war Wilhelm als Ingenieur in renommirte englische Maschinenbauanstalten eingetreten, um sich zunächst seinen Lebensunterhalt zu sichern. Doch „die Katze läßt das Mausen nicht“, sagt ein deutsches Sprüchwort; es dauerte nicht lange, so steckte er ebenso wie ich selbst wieder tief in eigenen Erfindungen. Es bestand aber jetzt der Unterschied zwischen uns, daß ich mich auf die Lösung der zahlreichen Aufgaben beschränkte, welche die Telegraphie und überhaupt die Anwendung der Elektricitätslehre auf das praktische Leben mir entgegentrugen, Wilhelm dagegen mit Vorliebe schwere Probleme der Thermodynamik zu lösen suchte. Namentlich hatte er es sich zur Aufgabe gemacht, die Schwierigkeiten, die sich Stirling in Dundee bei der Ausbildung seiner Heißluftmaschine entgegenstellten, durch Einführung des Wärmeregenerators bei der Dampfmaschine zu umgehen. Die Versuche mit diesen Regenerativ-Dampfmaschinen, Regenerativ-Verdampfern und -Condensatoren nahmen Jahre lang seine Zeit und Mittel in Anspruch, ohne seinen Constructionen allgemeinen Eingang in die Technik zu verschaffen. Dagegen glückte es ihm, eine Aufgabe, an der auch ich in Berlin längere Zeit mit unvollständigem Erfolge gearbeitet hatte, in praktischer Weise zu lösen, nämlich die Wassermesserfrage. Die patentirten Siemens-Adamsonschen Reactions-Wassermesser haben lange Jahre den Markt beherrscht und Wilhelm gute Einnahmen gebracht. Erst in späterer Zeit wurden sie durch die Berliner Construction der Stoß- oder Strudelmesser ersetzt, die auch von Wilhelm dann adoptirt wurde.

Der gute Fortgang, den die Fabrikation von telegraphischen und anderen elektrischen Apparaten in unserer Berliner Fabrik nahm, und die große Anerkennung, deren sich unsere Constructionen allseitig erfreuten, legten es nahe, eine geschäftliche Verbindung Wilhelms mit der Firma Siemens & Halske einzuleiten. Er trat zunächst in ein Agenturverhältniß zu derselben, um ihr Bestellungen in England zuzuführen, und verstand es mit großem Geschick, die Aufmerksamkeit der englischen Techniker auf die Leistungen der Berliner Firma zu lenken. Besonders wurde dies durch die erste große Weltausstellung gefördert, die im Sommer 1851 in London stattfand. Siemens & Halske beschickten dieselbe sehr reichhaltig; ihre Ausstellungsobjecte fanden allgemeine Anerkennung und trugen der Firma die höchste Auszeichnung — Council medal — ein.

Meine Brüder Hans und Ferdinand waren ihrem landwirthschaftlichen Berufe treu geblieben. Nach Aufgabe der Pachtung der Domäne Menzendorf waren sie nach Berlin gekommen, wo nach und nach sämmtliche Brüder mit Ausnahme Wilhelms sich zusammengefunden hatten, und es war beiden von dort aus bald gelungen, passende Stellungen auf ostpreußischen Gütern zu erhalten.

Friedrich war von Lübeck aus schon in sehr jugendlichem Alter zur See gegangen und hatte einige Jahre lang auf Lübeckschen Segelschiffen eine Reihe größerer Seefahrten mitgemacht. Dies hatte seinen anfangs unüberwindlichen Hang zum Seeleben doch etwas abgekühlt, und er schrieb mir eines Tages, daß er große Lust hätte, etwas zu lernen. Ich ließ ihn darauf nach Berlin kommen, um ihn durch Privatunterricht zum Besuche einer Seemannsschule vorzubereiten. Er gab sich den Studien mit großem Eifer und bestem Erfolge hin und gewann auch bald großes Interesse an meinen eigenen Bestrebungen und Experimenten. Das neue geistige Leben interessirte ihn schließlich in solchem Maaße, daß die Neigung zum Seeleben, dessen Schattenseiten er vollauf kennen gelernt hatte, den neuen Eindrücken gegenüber nicht Stand hielt. Dazu kam, daß die gänzliche Veränderung in Kleidung, Lebensweise und Klima ihn an rheumatischen Leiden erkranken ließ, die er nur schwer überwinden konnte. Er unterstützte mich fortan bei meinen technischen Arbeiten und war eifrig bestrebt, die großen Lücken auszufüllen, welche die Seemannslaufbahn in seinem Wissen verursacht hatte.

Der in der Reihe der Geschwister folgende Bruder Karl hatte ebenso wie Friedrich die ersten Jahre nach dem Tode der Eltern beim Onkel Deichmann in Lübeck zugebracht und hatte dann in Berlin seine Schulbildung vollendet. Dort nahm er schon frühzeitig an meinen Arbeiten Theil und wurde mein getreuer, immer zuverlässiger Assistent bei meinen ersten technischen Unternehmungen, insbesondere unterstützte er mich bei der Anlage der ersten unterirdischen Leitungen.

Daß mir im Frühjahr 1848 meine Brüder Wilhelm, Friedrich

und Karl nach Kiel und Friedrichsort nachfolgten, habe ich schon erzählt. Der überall mächtig erstandene deutsch-nationale Sinn hatte ihnen daheim keine Ruhe gelassen. Wilhelm übertrug ich den Bau und das Commando der Batterie, die ich der Festung Friedrichsort gegenüber in Laboe erbauen ließ, während Friedrich und Karl als Freiwillige in den Dienst der neugebildeten schleswig-holsteinschen Armee eintraten und bis zum Abschluß des Waffenstillstandes in dieser Stellung blieben. Bei dieser Gelegenheit verabredeten wir, daß Fritz seine weitere technische Ausbildung unter Wilhelms Leitung in England finden sollte. Karl trat in eine chemische Fabrik bei Berlin ein, die er aber bald wieder verließ, um mir bei den Telegraphenanlagen und Leitungsreparaturen behülflich zu sein. Im Jahre 1851 war er mit Friedrich Vertreter der Berliner Fabrik auf der Londoner Weltausstellung und führte mit Geschick die sich an sie knüpfenden geschäftlichen Verhandlungen. Eine Filiale in Paris, die wir darauf unter seiner Leitung begründeten, wollte zwar nicht die erhofften Früchte bringen, trug aber viel zu seiner socialen und geschäftlichen Ausbildung bei.

Von den beiden jüngsten Brüdern war Walter zugleich mit Karl von Lübeck nach Berlin gekommen und besuchte hier die Schule. Otto brachte ich auf das Pädagogium in Halle, da es mir an Zeit gebrach, mich persönlich so eingehend wie nöthig mit seiner Erziehung zu beschäftigen.

Von unseren beiden Schwestern war die ältere, mit Professor Himly in Kiel verheirathete Mathilde bereits glückliche Mutter einer schmucken Kinderschaar. Sie hat stets redlich mit mir die Sorge um die jüngeren Geschwister getheilt und denselben nach Möglichkeit die ihnen so früh entzogene mütterliche Liebe zu ersetzen gesucht. Meine jüngste Schwester Sophie war, wie schon erwähnt, nach dem Tode der Eltern vom Onkel Deichmann in Lübeck an Kindesstatt angenommen worden. Anfang der fünfziger Jahre faßte Deichmann den Entschluß, mit seiner Familie nach Nordamerika auszuwandern. Es waren hauptsächlich politische Gründe, die diesen Entschluß hervorgerufen hatten. Nach der Niederwerfung der Revolution in Deutschland und Oesterreich, nach der Preisgabe Schleswig-

Holsteins und der tiefen Demüthigung Preußens machte die Hoffnungslosigkeit große Fortschritte in Deutschland. Rußlands Macht erschien damals so riesengroß, daß man den Ausspruch Napoleons auf St. Helena, in fünfzig Jahren würde Europa entweder republikanisch oder kosakisch sein, schon in letzterem Sinne erfüllt glaubte. Obwohl ich selbst durch die traurige Wendung unsrer politischen Zustände ebenfalls tief niedergedrückt war, konnte ich mich doch einer so pessimistischen Auffassung nicht anschließen. Ich wies daher nicht nur die dringende Aufforderung des Onkels, selbst nach Amerika mitzugehen, zurück, sondern suchte auch zu verhindern, daß eines meiner Geschwister an der Auswanderung theilnähme. Insbesondere verweigerte ich die Zustimmung zur Mitnahme meiner Schwester Sophie, wobei mich ihr officieller Vormund, Herr Ekengreen, lebhaft unterstützte. Leider hatten wir aber kein Recht, Sophie zurückzuhalten, da sie formell vom Onkel adoptirt war.

In dieser Nothlage kam uns Gott Amor zu Hülfe. Ein junger Rechtsgelehrter in Lübeck, Dr. jur. Crome, hatte das in seiner Nachbarschaft heranwachsende Mädchen mit Wohlgefallen beobachtet und wollte nur seine Blüthezeit abwarten, um sich als Freier zu melden. Da brachte die Schreckenskunde der beabsichtigten Auswanderung seinen Entschluß vorzeitig zur Reife. Er bat um die Hand der erst Sechszehnjährigen, und kurz vor der Abreise der Adoptiveltern wurde bereits die Hochzeit gefeiert. Wir älteren Geschwister haben es nicht bereut, dies begünstigt zu haben. Der junge Ehemann soll zwar in den ersten Tagen seiner Ehe von Eifersucht schwer geplagt worden sein, weil die junge Frau gewisse Fächer ihres Schrankes ihm geflissentlich vorenthielt, auch bei seinem unerwarteten Eintritt Sachen, mit denen sie beschäftigt war, eifrig vor ihm zu verbergen suchte. Doch bekannte sie ihm dann auf sein ungestümes Verlangen unter Thränen — es wäre das neue Kleid ihrer Lieblingspuppe, zu dessen Vollendung die schleunige Hochzeit ihr nicht Zeit gelassen hätte.

Es verdient bemerkt zu werden, daß meinen Brüdern die angeborenen Charaktereigenschaften, wie sie sich in ihrer frühesten

Jugend offenbarten, bis in das höhere Alter treu geblieben sind und ihrem Lebensgange eine ganz bestimmte Richtung gegeben haben. Dies gilt besonders von den drei Brüdern, mit denen mich gemeinschaftliches Leben und Streben am meisten verband, von Wilhelm, Friedrich und Karl.

Wilhelm hatte schon als Kind ein in sich gekehrtes, vielleicht etwas verschlossenes Wesen. Er hing mit großer Liebe an seinen Angehörigen, wollte dies aber nie merken lassen. Von frühester Jugend an war er ehrgeizig und ein wenig zur Eifersucht geneigt. Als ihm durch seinen Altersnachfolger Fritz die Bevorzugung in der Zärtlichkeit von Mutter, Großmutter und Geschwistern streitig gemacht wurde, entwickelte sich in ihm ein tiefer Groll gegen den kleinen Nebenbuhler — eine Empfindung, die, wie ich glaube, nie wieder gänzlich in ihm erloschen ist, trotz aller geschwisterlichen Liebe und Hülfsbereitschaft, die er demselben später so vielfach bewiesen hat. Er besaß einen sehr karen Verstand und eine schnelle Auffassungsgabe, wußte stets mit großer Leichtigkeit dem Gedankengange Anderer zu folgen, sowie den Geist des Erlernten in sich aufzunehmen und lebendig zu machen. Aus dem guten Schüler entwickelte sich ganz consequent ein logisch denkender, systematisch ordnender Kopf, ein tüchtiger Ingenieur und Geschäftsmann. Seine großen Erfolge in England verdankt er hauptsächlich der ihm eigenthümlichen Begabung, sich aus dem ihm offen stehenden Schatze deutscher Wissenschaft leicht und schnell das anzueignen, was für den Augenblick von praktischem Werthe war, sowie der weiteren Gabe, diese wissenschaftliche Kenntniß stets gegenwärtig zu haben und in den ihm entgegentretenden technischen Fragen immer sogleich den Stützpunkt zu entdecken, wo der wissenschaftliche Hebel zu ihrer Förderung oder Lösung anzusetzen sei. Wesentlich unterstützt wurde er dabei allerdings noch durch den Umstand, daß er zu einer Zeit nach England kam, wo naturwissenschaftliche Bildung daselbst nur sehr vereinzelt, wenngleich dann in hervorragendem Grade, vertreten war, und wo ein lebendiges Zusammenwirken zwischen Wissenschaft und Praxis dort noch ebenso fehlte wie in Deutschland. So gelang es ihm, nicht nur selbst Tüchtiges zu leisten, sondern sich auch durch lebendiges und thatkräftiges Eingreifen in das in England so hoch entwickelte wissenschaftlich-technische Gesellschaftsleben um dieses selbst und damit um die gesammte englische Industrie wesentliche Verdienste zu erwerben.

Fast diametral entgegengesetzt waren die geistigen Anlagen seines Nachfolgers in der Reihe der am Leben gebliebenen Geschwister. Friedrich war kein guter Schüler. Es ist ihm immer schwer geworden, dem Gedankengange eines Anderen bis an das Ende zu folgen; dagegen war er von Kindheit an ein ausgezeichneter Beobachter und hatte die Gabe, seine Beobachtungen stets mit einander zu verknüpfen und sich selbst verständlich zu machen. Um die Gedanken Anderer wirklich zu verstehen und sich anzueignen, mußte er sie selbstthätig nacherfinden oder doch nachdenken. Diese Eigenschaft des steten, selbstthätigen, unbeeinflußten Denkens und Fortbildens gab seinem Wesen einen grübelnden Anstrich und seinen Leistungen eine ausgesprochene Originalität. Fritz ist der geborene Erfinder, dem zuerst der Erfindungsgedanke, wenn auch zunächst in ganz unklarer, nebelhafter Form in den grübelnden Sinn kommt, und der darauf mit rastloser Energie und unermüdlichem Fleiße die Grundlage des Gedankens prüft, sich dabei die ihm etwa fehlenden Kenntnisse aneignet und schließlich seinen Gedanken entweder als falsch oder unausführbar verwirft, oder ihn zu einer brauchbaren und dann fast immer originellen Erfindung ausarbeitet. Dabei war Friedrich niemals ein Diplomat und ebensowenig ein die Worte und Handlungen sorgfältig abwägender Geschäftsmann. Er ging und geht noch jetzt überall seinen geraden, nur durch ihm angeborene freundliche und wohlwollende Gesinnung beeinflußten Weg, der ihn auch in der Regel zum gewünschten Ziele führt, da er ihn stets wohl überlegt und mit größter Energie bis zu Ende verfolgt.

Den auf Fritz folgenden Bruder Karl möchte ich für den von uns Allen am normalsten beanlagten erklären. Er war stets zuverlässig, treu und gewissenhaft, ein guter Schüler, ein liebevoller, anhänglicher Bruder. Sein klarer Blick und allseitig gut ausgebildeter Verstand machten ihn zu einem tüchtigen Geschäftsmann und, bei seinem großen technischen Verständniß und richtigen Taktgefühl, zu einem ausgezeichneten Leiter geschäftlicher Unternehmungen. Karl war das richtige Bindeglied zwischen uns vier Brüdern, die wir eigentlich alle wesentlich verschieden von einander waren, aber durch die alles überwindende brüderliche Liebe während unseres ganzen Lebens zu gemeinschaftlichem Wirken zusammengehalten wurden.

Um auch mich selbst an die vorstehende Charakteristik meiner Brüder anzuschließen, will ich nur bemerken, daß ich von allen guten und schlechten Eigenschaften der eben geschilderten drei Brüder ein gutes Theil besaß, daß diese Eigenschaften aber durch meinen besonderen Lebensweg in ihrer äußeren Erscheinung sehr zurückgedrängt wurden. Meine Pflicht zu thun und Tüchtiges zu leisten, ist jederzeit mein eifriges Bestreben gewesen. Anerkennung zu finden, war mir zwar wohlthuend, doch war es mir immer zuwider, mich irgendwie vorzudrängen oder zum Gegenstande einer Ovation machen zu lassen. Vielleicht war mein stetes Bestreben „mehr zu sein, als zu scheinen“ und meine Verdienste erst von Anderen entdecken zu lassen, aber nur eine besondere Form der Eitelkeit. Ich will mich ihrer in diesen Blättern auch möglichst enthalten.

Das Jahr 1852 bildete einen entscheidenden Wendepunkt in meinem persönlichen sowohl wie in meinem geschäftlichen Leben.

Mit Beginn dieses Jahres trat ich die erste Reise nach Rußland an. Die geschäftliche Verbindung meiner Firma mit der russischen Regierung war schon im Jahre 1849 durch den Kapitän von Lüders eingeleitet worden, der damals im Auftrage seiner Regierung eine Rundreise durch Europa machte, um das beste System elektrischer Telegraphen zu ermitteln, und dann unser System für die von Petersburg nach Moskau zu erbauende Linie in Vorschlag brachte. Bei Siemens & Halske wurden nur die Apparate — Zeigertelegraphen und Meßinstrumente — bestellt, da die russische Regierung den Bau der unterirdischen Leitung selbst unternahm. Verhandlungen über weitere Bestellungen erheischten jetzt meine Anwesenheit in Petersburg.

Meine Reise führte über Königsberg, wohin mich schon lange ein sehnsüchtiges Verlangen zog, ohne daß ich mich zur Hinreise zu entschließen vermocht hätte. Es wohnte dort der bekannte Geschichtsforscher Drumann, der eine Tochter meines Onkels Mehlis in Clausthal geheirathet hatte und dadurch mit mir verschwägert war. Im Jahre 1844 hatte mich die Cousine Drumann auf einer Reise nach Clausthal in Berlin aufgesucht und sich mit ihrer jüngsten Tochter Mathilde einige Tage daselbst aufgehalten. Ich machte mich den Damen während dieser Zeit als Cicerone nützlich und verlebte mit ihnen sehr angenehme, anregende Tage. Die Rückreise sollte wieder über Berlin gehen, und ich freute mich auf das Wiedersehen der liebenswürdigen Cousine und ihrer hübschen und klugen Tochter. Die Freude wurde leider durch ein sehr trauriges Ereigniß gestört.

Die Professorin Drumann traf krank in Berlin ein und starb schon nach einigen Tagen an einer Lungenentzündung im Gasthause. Ich war der einzige Verwandte, sogar der einzige Bekannte der Familie in Berlin und hatte daher alle Pflichten des Familienhauptes zu erfüllen. Mein Mitgefühl wurde durch den grenzenlosen Schmerz des armen, vereinsamten Mädchens auf eine harte Probe gestellt. Die baldige Ankunft des Bruders der Verstorbenen, des Regierungsrathes Mehlis aus Hannover, und seiner Frau erleichterte mir zwar die schwere und ganz ungewohnte Aufgabe, die mir hier beschieden war, doch wollte mir das Bild des so schmerzerfüllt und hülflos sich mir anschließenden jungen Mädchens nicht wieder aus dem Sinn kommen. Seitdem waren nun acht Jahre dahingegangen, in denen die anfänglich lebhafte Correspondenz allmählich eingeschlafen war. Mein Bruder Ferdinand hatte sich inzwischen mit der älteren Schwester Mathildes verlobt und mit Beihülfe des Professors Drumann das Rittergut Piontken in Ostpreußen gekauft. Als er seine Braut aber dorthin heimholen wollte, erkrankte diese an einem chronischen Lungenleiden, dem sie trotz der treuen Pflege ihrer einzigen Schwester

nach mehrjährigen, schweren Leiden erlag. Für mich war jetzt die Zeit gekommen, einen lange gehegten Wunsch zu erfüllen, ohne meinem alten Vorsatze untreu zu werden, erst zu heirathen, wenn meine eignen Mittel dies erlauben würden. Halske hatte gut gewirthschaftet. Wir hatten in Berlin ein ansehnliches Grundstück, Markgrafenstraße 94, gekauft, auf dessen Hinterterrain eine hübsche, geräumige Werkstatt errichtet wurde, während das neu ausgebaute Vorderhaus gute Wohnungen für uns gab. Es fehlte also zum Heirathen nur die Braut, und so konnte ich denn bald nach meiner Ankunft in Königsberg, am Geburtstage meiner Mutter — am 11. Januar des Jahres 1852 — die so lange verhaltene Frage an Mathilde Drumann richten, deren Bejahung mich dann zum glücklichen Bräutigam machte.

Ein langes Verweilen in Königsberg gestatteten meine geschäftlichen Dispositionen nicht, da ich bereits am 20. Januar in Riga erwartet wurde, wo wir eine Telegraphenleitung nach dem Hafenplatze Boldera anzulegen hatten, welche mittelst eines Stahldrahtseiles die breite Düna überspannen sollte.

Es gab damals noch keine andere Reiseform in Rußland als die Extrapost. Diese war auf den Hauptstraßen recht gut organisirt, natürlich den Verhältnissen entsprechend. Durchschnittlich alle zwanzig bis dreißig Werst — eine Werst ist etwas mehr als ein Kilometer — waren auf den Poststraßen feste Häuser mit Stallungen gebaut, in denen man Unterkunft und Pferde fand, wenn solche disponibel waren und man einen Regierungsbefehl an die Posthalter hatte, durch den sie angewiesen wurden, dem Reisenden gegen Zahlung der Taxe Postpferde für eine bestimmte Reise zu geben. War man im Besitze einer solchen Ordre — Podoroschna genannt — so erhielt man, falls man keine eigne Equipage hatte, einen kleinen vierrädrigen Bauernwagen ohne Federn, Ueberdeck oder sonstigen Luxus, bespannt mit drei, gewöhnlich nicht schlechten Pferden, von denen das mittlere in eine Gabeldeichsel eingeschirrt und die beiden äußeren mit einer Wendung nach außen angespannt waren. Bei einer richtigen „Troika“ muß das stärkere mittlere Pferd Trab laufen, während die Seitenpferde es in Rechts- und Links-Galopp begleiten. Als Sitz hat der Reisende in der Regel seinen Reisekoffer oder ein Bund Stroh — und damit Gott befohlen fort im Galopp, der erst bei der nächsten Station wieder aufhört, wenn die miteilende Fama die Trinkgelder des Reisenden zu rühmen weiß.

Eine solche Postreise will erst gelernt sein. Man muß ganz frei und stark vorgebeugt auf seinem Koffer sitzen, damit das eigene Rückgrat die Feder bilde, die das Gehirn vor den heftigen Stößen der Räder auf den meist nicht allzuguten Straßen schützt. Versäumt man diese Vorsicht, so bekommt man unfehlbar bald heftige Kopfschmerzen. Man gewöhnt sich jedoch ziemlich schnell an diese Reiseform, die auch ihre Reize hat, lernt es sogar bald, ganz fest in der wiegenden Stellung zu schlafen, und begegnet dabei instinctiv allen Unbilden der Straße durch zweckmäßige Gegenbewegungen. Wenn zwei Reisende eine solche „Telega“ benutzen, pflegen sie sich durch einen Gurt zusammen zu schnüren, damit ihre Schwankungen so regulirt werden, daß sie nicht mit den Köpfen aneinander stoßen. Ich habe übrigens gefunden, daß das Telegenreisen ganz gut bekommt, wenn man es nicht übertreibt. Freilich Courieren, die wochenlang ohne Unterbrechung Tag und Nacht auf der Telega sitzen müssen, sollen diese Reisen oft den Tod gebracht haben.

Bis Riga war die Telegenreise recht angenehm und interessant. Dort herrschte aber volles Winterwetter, und man konnte nur noch mit Schlitten weiterreisen. Die russischen „Kibitken“ sind niedrige, ziemlich kurze Schlitten, die für längere Reisen mit Matten vollständig abgeschlossen werden. Vom Kutschersitze ist der innere Raum durch eine Mattenwand getrennt, in der zwei Fensterchen angebracht sind, die dem Innern spärliches Licht geben. Eine Mattenklappe an jeder Seite des Schlittens ermöglicht das ziemlich beschwerliche Aus- und Einsteigen.

Da ich zum ersten Male in das eigentliche Rußland reiste und gar kein Russisch verstand, so mußte ich mich in Riga nach einem Reisegefährten umsehen. In einer Zeitungsannonce meldete sich ein solcher, der eine eigene Kibitka besaß und fertig deutsch und russisch sprach. Wie sich erst im Laufe der Reise herausstellte, war es — eine ältere Rigaer Kaufmannsfrau, die sich ihre jährliche Einkaufsreise nach Petersburg auf diese Weise billiger stellen wollte. Sie hatte den Schlitten mit Stroh und Betten so voll gepackt, daß man nur darin liegen konnte und dann die Mattendecke nahe über dem Gesicht hatte. Es war grimmig kalt geworden, und je näher wir unserm Ziele kamen, desto stärker wurde der trockene, scharfe Nordostwind, der bei 18° Réaumur unter Null jeder wärmenden Hülle spottete. Da lernte ich auf russische Art heißen Thee in großen Mengen trinken, sobald eine Station erreicht war, denn dadurch allein konnte man sich erwärmen.

Als wir am dritten Morgen die Station Narva erreicht hatten, wurden wir das Opfer einer feinen Kriegslist, wie sie von den Posthaltern vielfach und in den verschiedensten Formen angewendet wurde. Der Posthalter erklärte mit größter Bestimmtheit, daß es uns nichts nütze weiter zu reisen, da auf den Stationen vor Petersburg alle Pferde für eine große kaiserliche Bärenjagd in Beschlag genommen wären. Scheinbar gerührt von den lauten Klagen meiner Russin, erbot er sich schließlich, uns ein Paar besonders kräftige Pferde zu geben, die uns noch denselben Abend nach Petersburg bringen würden. Das Geschäft wurde abgeschlossen, und der schlaue Russe glaubte schon, sich durch Erdichtung der Bärenjagd das Fahrgeld bis Petersburg gesichert zu haben. Unsere weiteren Abenteuer sollten ihm aber einen Strich durch die Rechnung machen.

Unser Kutscher war ein junger Bursche ohne Pelz und wärmendes Fußzeug. Daß er oft anhielt, schien uns erklärlich, da er offenbar eines wärmenden Getränkes bedurfte, um nicht zu erfrieren. Schließlich kam er aber gar nicht zurück; ich mußte aus der Kibitka hinausklettern, was bei doppelten Pelzen und trotzdem ziemlich großer Erstarrung seine Schwierigkeiten hatte. Da fand ich denn unsern „Iswoschtschik“ in einer nahen Bude mit dem Branntweinglase in der Hand, das der ziemlich verdächtig aussehende, jüdische Inhaber der Bude ihm mit eifrigem Zuspruch wieder füllte. Als ich den

Pflichtvergessenen mit den erforderlichen fühlbaren Ermahnungen zum Schlitten zurücktrieb, bemerkte ich auffallende Zeichen weitergehenden Einverständnisses zwischen ihm und dem uns begleitenden Schenkwirth. Es kam mir daher gar nicht unerwartet, als meine Reisegefährtin bald nach Fortsetzung der Fahrt plötzlich ein gewaltiges Geschrei erhob und mir zurief, soeben sei ihr Reisekoffer vom Schlitten hinabgefallen. Sie hatte den Verlust sogleich bemerken können, da der Koffer neben dem Kutscher auf dem Bocke so befestigt war, daß er das eine kleine Fenster verdeckte. Es war sehr schwer, den Kutscher in unserer beengten Lage zum Anhalten zu nöthigen. Schließlich erreichte ich dies dadurch, daß ich das zweite keine Fenster zerbrach, ihn packte und von seinem Sitze hinabwarf. Der Koffer wurde noch glücklich wieder aufgefunden; der Strick, welcher zu seiner Befestigung gedient hatte, war unzweifelhaft durchschnitten worden.

Es stellte sich jetzt aber bald heraus, daß der Kutscher total betrunken war und uns wiederholt in den Chausseegraben fuhr. Mir blieb schließlich nichts anderes übrig, als mit auf den Bock zu steigen und dem Kutscher die Zügel abzunehmen. Dieser schlief fast unmittelbar darauf fest ein, und kein Schimpfen und Stoßen machte ihn wieder munter. Ich selbst fühlte bald, daß meine Füße erstarrten, und als ich die Zügel wechseln wollte, fand ich, daß meine beiden Hände hart gefroren und ganz unbeweglich waren. Es war mir noch möglich, den Schlitten wieder in den Chausseegraben zu fahren und mit den Zähnen meine Handschuhe auszuziehen. Der Kutscher war beim Anhalten vom Bock gefallen und lag wie todt zu meinen Füßen. Ich konnte daher recht bequem zwei nützliche Handlungen zugleich ausführen, indem ich ihm den Kopf mit Schnee wusch und dadurch auch meine Hände wieder aufthaute. Es dauerte ziemlich lange, ehe ich fühlte, daß Leben in sie zurückkehrte. Bald darauf gab auch der Kutscher wieder Lebenszeichen von sich, indem er Grimassen schnitt und nach einiger Zeit zu klagen und zu bitten anfing So konnten wir in dunkler Nacht unsern Weg weiter fortsetzen, indem wir neben dem Schlitten hergingen, und erreichten schließlich den Ort Krasnoje-Selo, wo wir beim Postmeister Quartier nahmen. Unsere Klage über den Posthalter in Narva und den uns mitgegebenen Iswoschtschik entschied der Postmeister am andern Morgen sehr kurzer Hand. Er ließ sich von uns das bedungene Fahrgeld bis Petersburg auszahlen, gab dann eigenhändig dem Iswoschtschik eine Tracht Prügel, so lange seine Kräfte aushielten, und schickte ihn damit statt jeder Zahlung an seinen Herrn zurück, während er uns mit seinen eigenen Pferden selbst bis nach Petersburg fuhr.

In Petersburg wurde ich vom Kaufmann Heyse, einem Onkel des Dichters Paul Heyse, sehr freundlich empfangen. Ich kannte die Familie Heyse von Magdeburg her, wo ich während meiner Rekrutenzeit im Hause der Wittwe des als Pädagog und Verfasser einer deutschen Grammatik angesehenen Gymnasialdirektors Heyse viele mütterliche Theilnahme und Freundlichkeit gefunden hatte. Der Petersburger Heyse, ein Sohn des Gymnasialdirektors, war schon in jungen Jahren nach Rußland gegangen und hatte sich dort zum Mitbesitzer eines der angesehensten Handelshäuser aufgeschwungen. Der Verkehr mit der liebenswürdigen, durchaus deutsch gebliebenen Familie wurde mir dadurch erleichtert, daß Heyse mir in einem seiner Wohnung nahegelegenen Wirthshause in der Cadettenlinie der Insel Wasili-Ostrow ein Unterkommen verschaffte.

Petersburg machte auf mich durch seine großartige Anlage, seine breiten Straßen und großen Plätze und namentlich durch den mächtigen Newastrom, der es in mehreren Armen durchfließt, einen bedeutenden Eindruck. Dieser wurde noch verstärkt durch das Fremdartige des Volkslebens und die eigenthümliche Mischung von groß angelegten Palästen mit kleinen, meist ganz aus Holz erbauten Häusern in den breiten, endlosen Straßen. Auch der rege Schlittenverkehr, der im Winter die Straßen erfüllt und den Wagenverkehr fast ganz ausschließt, übt eine eigenartige Wirkung auf den Fremden aus, der Petersburg zum ersten Mal sieht. Daß man die Sprache nicht versteht und nicht einmal die Inschriften an Straßenecken und Läden zu entziffern vermag, giebt einem dabei ein Gefühl der Verlassenheit und Unselbstständigkeit, dem man sich kaum entziehen kann. Um so erwärmender wirkt dagegen der landsmännische Zusammenhang, das hochentwickelte gastfreundliche Familienleben in der großen Fremdenkolonie Petersburgs, namentlich der deutschen, der es sehr zu statten kommt, daß die Ostseeprovinzen Rußlands ihre deutsche Nationalität in den gebildeten Ständen vollständig bewahrt haben. Die höheren Verwaltungsstellen waren damals großentheils von Deutschen aus den Ostseeprovinzen besetzt. Dies erleichterte dem nach Petersburg kommenden Deutschen das Fortkommen in geselliger wie geschäftlicher Hinsicht außerordentlich. Mir war es besonders sehr nützlich, daß sich durch Berliner Empfehlungen die naturwissenschaftlichen Gelehrtenkreise mir öffneten. Ich fand freundliche Aufnahme bei den berühmtesten Trägern der deutsch-russischen Naturwissenschaft, von denen ich die Akademiker Kupffer, Lenz, Jacobi und v. Baer hervorheben will.

Leider erfuhr dieser angenehme und für meine geschäftlichen Unternehmungen vortheilhafte Verkehr eine störende Unterbrechung. Eines Tages fühlte ich mich sehr unwohl. Vergebens suchte ich mich durch russische Bäder und ähnliche, selbst verordnete Kuren und schließlich durch ein Brechmittel, das ich mir zu verschaffen wußte, wieder herzustellen. Nach der darauf folgenden unsäglich qualvollen Nacht besuchte mich zum Glück Freund Heyse, der den Ernst meiner Krankheit erkannte und mir seinen Arzt zuschickte. Ich war von den Masern befallen, die damals in Petersburg grassirten; ihnen folgte eine schwere Nierenentzündung, die mich einige Monate an das Krankenlager fesselte, und an deren Folgen ich noch lange zu leiden hatte.

Abgesehen von diesem persönlichen Mißgeschick waren die Folgen meiner Reise für die Entwicklung unsrer geschäftlichen Beziehungen sehr günstig. Wir erhielten den Auftrag, eine unterirdische Linie von Petersburg nach Oranienbaum mit einer an sie anschließenden Kabelverbindung nach Kronstadt anzulegen.

Der Bau der Kronstädter Linie und die Nothwendigkeit, eine andere Vertretung unserer Firma in Rußland zu organisiren, führte mich schon im Sommer 1852 abermals nach Petersburg. Ich fand dort in dem deutschen Kaufmann erster Gilde, Herrn

Kapherr, einen sehr geeigneten Vertreter, der durch seine Thätigkeit und Gewandtheit viel zu den günstigen Erfolgen unserer russischen Unternehmungen beigetragen hat, und gewann auch werthvolle weitere Anknüpfung mit dem Ministerium der Wege und Communicationen, zu dessen Ressort Bau und Betrieb von Telegraphenlinien gehörte.

Meine Hochzeit mit Mathilde Drumann feierte ich am 1. October des Jahres 1852 in Königsberg. Nach kurzem Aufenthalt in Berlin reisten wir an den Rhein und dann nach Paris, wo auch meine Brüder Wilhelm und Karl sich gerade aufhielten. Nach den verflossenen, in Sorgen und schwerer Arbeit verbrachten Jahren genoß ich dort in vollen Zügen mein junges eheliches Glück, noch gehoben durch den traulichen Verkehr mit den Brüdern. Meine Frau hatten die kummervollen Jahre am Krankenlager ihrer geliebten Schwester sehr angegriffen. Um so erfreulicher war es für mich, zu beobachten, wie das neue Glück ihre frühere Jugendfrische von Tag zu Tag wieder mehr hervorrief. Das machte auch mich wieder jung und verwischte die Spuren übermäßiger Arbeit und überstandener Krankheit.

Leider dauerte dieser Sonnenschein in meinem Leben nicht lange. Schon nach ihrem zweiten Wochenbette fing Mathilde an zu kränkeln. Es entwickelten sich in ihr die Keime der schrecklichen Krankheit, an der ihre Schwester gestorben war, und die sie wahrscheinlich während der langen, aufopfernden Krankenpflege in sich aufgenommen hatte. Ein Aufenthalt von anderthalb Jahren in Reichenhall, Meran und anderen Bädern schien sie zwar wiederhergestellt zu haben, doch war das nicht von Dauer. Nach dreizehnjähriger Ehe, in der sie mir zwei Söhne und zwei Töchter geschenkt hat, starb sie nach langen und schweren Leiden. —

Als uns im Frühjahr 1853 der Bau eines Eisenbahntelegraphen von Warschau nach der preußischen Grenze übertragen wurde, machten wir meinem Bruder Karl, der zu Anfang jenes Jahres nach dem Scheitern der Pariser Pläne wieder nach London zurückgekehrt war, den Vorschlag, die Leitung sowohl dieses Baues als auch der weiteren, in Aussicht stehenden Arbeiten in Rußland zu übernehmen. Karl erklärte sich dazu bereit und löste später diese zum Theil sehr schwierigen Aufgaben so befriedigend, daß wir unsere Entschließung, ihn trotz seiner Jugend mit so wichtigen Arbeiten zu betrauen, als eine sehr glückliche bezeichnen mußten. Seiner Thatkraft und Tüchtigkeit haben wir es wesentlich zu danken, daß das russische Geschäft sich nun so schnell und großartig entwickelte.

In Rußland herrschte zu jener Zeit Kaiser Nikolaus, und unter ihm war der mächtigste Mann im Reiche Graf Kleinmichel, der Chef des Ministeriums der Wege und Communicationen. Ich war mit diesem in ganz Rußland gefürchteten Manne bis dahin in keine persönliche Berührung gekommen, da die Verhandlungen durch den schon erwähnten, mir persönlich befreundeten Oberst von Lüders geführt wurden. Als dieser aber erkrankte und in deutschen Bädern Heilung suchen mußte, wurde ich im Frühjahr 1853, als ich eben Bruder Karl erwartete, um ihn nach Warschau zu begleiten, vom Grafen Kleinmichel aufgefordert, zu Besprechungen über Telegraphenanlagen nach Petersburg zu kommen. Ich suchte daher, wie gewöhnlich, bei der russischen Gesandtschaft in Berlin um das Visiren eines Reisepasses nach. Zu meiner Verwunderung bekam ich aber das Visum trotz wiederholter Erinnerungen nicht. Als ich mich beim Gesandten selbst darüber beschwerte, sagte er mir, das Visum dürfe auf Anordnung der Petersburger geheimen Polizei nicht ertheilt werden. Da mir kein Grund für diese Verweigerung angegeben wurde, so blieb mir nur übrig, dem Grafen Kleinmichel zu schreiben, ich könne seiner Aufforderung nicht Folge leisten, da mir die Visirung meines Reisepasses verweigert würde. Es dauerte dann nicht länger als den Courierwechsel zwischen Berlin und Petersburg, daß mir ein Beamter der Gesandtschaft mit vielen Entschuldigungen und der Erkärung, es habe ein Mißverständniß obgewaltet, den visirten Paß überbrachte.

Als ich aber einige Tage später auf der Reise nach Warschau die russische Grenzstation erreicht hatte, fand ich bald, daß ich trotz des angeblichen Mißverständnisses noch zu den Verdächtigen gehörte. Meine Effecten wurden nach Abfertigung aller übrigen Reisenden mit einer Sorgfalt durchsucht, die alle meine Vorstellungen weit übertraf. Es wurde dabei jedes beschriebene und unbeschriebene Papierstückchen zurückbehalten und mir schließlich erklärt, daß man von einer ebenso gründlichen körperlichen Visitation in Anbetracht des guten Ausfalls der bisherigen Revision Abstand nehmen wollte, wenn ich meine Briefschaften sämmtlich übergäbe und auf mein Wort versicherte, daß ich nichts Gedrucktes oder Geschriebenes weiter bei mir führte. Auf meine Erklärung, ich wolle zurückreisen, da mir eine solche Behandlung nicht zusage, wurde mir bedeutet, daß ich jetzt mit meinen Effecten nach Warschau reisen müsse und dort weitere Entscheidungen abzuwarten habe. Ich war also russischer Staatsgefangener!

In Warschau angekommen, beschwerte ich mich bitter über die mir widerfahrene Behandlung bei dem General Aureggio, der als Direktor der Warschau-Wiener Eisenbahn den Contract über den Bau des Eisenbahntelegraphen mit meiner Firma abgeschlossen hatte. Der General versprach mir seine Vermittlung bei dem damaligen Statthalter von Polen, dem Fürsten Paskewitsch. Auf seine Frage, ob ich denn irgend etwas gethan, geschrieben oder gesagt hätte, was mich politisch verdächtig gemacht haben könnte, wußte ich nur anzuführen, daß ich einem russischen Staatsrath auf sein wiederholtes Anerbieten, er wolle mir für meine Verdienste um Rußland einen Orden verschaffen, geantwortet habe, daran würde mir weniger liegen als an dem Auftrage, weitere Telegraphenlinien für Rußland zu bauen. Der Statthalter hatte sehr gelacht, als der General ihm das Bekenntniß meiner Sünde mittheilte, und mir sagen lassen, er würde an meiner Stelle ganz ebenso denken. Ich erhielt sofort meine sämmtlichen Effecten zurück und einen Paß nach Petersburg. Nach kurzem Zusammensein mit Bruder Karl, der mir inzwischen nach Warschau gefolgt war, setzte ich daher meine Reise fort.

Nach sechstägiger Fahrt in einem höchst unbequemen Postwagen in Petersburg angelangt, begab ich mich sogleich zum Grafen Kleinmichel, der, wie ich schon in Warschau gehört, selbst den Befehl ertheilt hatte, mir auf seine Verantwortung hin den

Reisepaß zu geben. Der Graf hörte meine Meldung ganz freundlich an und nahm Einsicht in die Zeugnisse über bisher von uns ausgeführte Arbeiten, die ich ihm vorlegte. Ueber die mir zu Theil gewordene Behandlung war er augenscheinlich sehr entrüstet. Als er in einem sehr günstigen Zeugniß des Berliner Polizeipräsidenten Hinkeldey über den von uns angelegten Polizeitelegraphen die Schlußbemerkung fand, daß ich politisch durchaus unverdächtig wäre, trug er mir auf, mit diesem Zeugniß zum Chef der Geheimpolizei, dem General Dubbelt, zu gehen. „Sagen Sie dem General" waren seine Worte, „ich lasse ihm befehlen, das Zeugniß zu lesen, und dann bringen Sie es mir sofort wieder her, ich will es dem Kaiser zeigen!"

Dieser Auftrag setzte mich in nicht geringe Verlegenheit. Zum Glück hatte mir ein Warschauer Geschäftsfreund eine Empfehlung an einen der höheren Beamten der gefürchteten Behörde der Petersburger geheimen Polizei mitgegeben. Ich ging daher zunächst zu diesem und bat ihn um Rath, was ich thun solle, um den Befehl des Grafen auszuführen, ohne dabei anzustoßen. Ich erfuhr von ihm, daß es eine Meldung aus Kopenhagen gewesen wäre, die mich als einen gefährlichen Menschen geschildert habe, der mit den demokratischen Kieler Professoren intim verkehre. Daraufhin sei die Paßverweigerung angeordnet. Offenbar war es der Dank der Dänen für die Minenlegung im Kieler Hafen und den Bau der Eckernförder Batterien, die ihnen allerdings recht unbequem geworden waren. Sowohl der Chef der Geheimpolizei, der in feierlicher Audienz mein Zeugniß entgegennahm und mich darauf seines besonderen Wohlwollens und seiner steten Hülfsbereitschaft bei meinen Unternehmungen versicherte, als auch der Graf Kleinmichel selbst war durch diese Erklärung vollkommen befriedigt.

Ich habe diese interessante Episode meines Lebens in Rußland so eingehend beschrieben, weil sie ein gutes Bild der damaligen Zustände und Machtverhältnisse im Zarenreiche giebt und unsern geschäftlichen Unternehmungen zu großem Vortheil gereicht hat. Graf Kleinmichels Macht war damals so groß, daß ihr, so lange

Kaiser Nikolaus lebte, Niemand zu widerstehen wagte. Der Graf hatte Vertrauen zu mir gewonnen und übertrug dasselbe später in vollem Maaße auf meinen Bruder Karl. Nur seinem mächtigen Schutze verdankten wir die Möglichkeit, die großen Werke, deren Ausführung er uns übertrug, glücklich durchzuführen.

Graf Kleinmichel machte mir gegenüber kein Hehl daraus, daß er mich zur Ausführung seiner weiteren Pläne am liebsten ganz in Rußland zurückzuhalten wünschte. Da ich darauf nicht eingehen konnte, kündigte ich ihm, als ich mich Ende Juli verabschiedete, die nahe Ankunft meines Bruders an, der im Linienbau große Erfahrungen hätte und seine Befehle besser ausführen werde, als ich selbst es könnte. Wenige Tage nach meiner Abreise traf Karl in Petersburg ein. Als er sich dem Grafen vorstellte, war dieser überrascht durch seine jugendliche Erscheinung. Er zeigte sich in Folge dessen sehr verdrießlich, gab ihm aber den Auftrag, einen Vorschlag zu machen, wie man die Leitung des im Bau begriffenen Telegraphen nach Oranienbaum und Kronstadt in das Thurmzimmer des kaiserlichen Winterpalais, in dem sich bis dahin die Endstation des optischen Telegraphen nach Warschau befand, einführen könnte, ohne an dem Wohngebäude des Kaisers störende Arbeiten vorzunehmen.

Als Bruder Karl sich das stolze Palais mit dem thurmartig ausgebildeten Erker, worin das Bureau des optischen Telegraphen untergebracht war, aufmerksam ansah, fiel ihm auf, daß in einer Thurmecke keine Wasserrinne niederführte, wie das in den anderen der Fall war. Auf diese Wahrnehmung hin kehrte er sogleich zu dem Grafen zurück, der ihn, ärgerlich über seine vermeintliche Umständlichkeit, ziemlich unwirsch anfuhr, was er denn noch wolle. Karl theilte ihm nun den Plan mit, in der leeren Ecke des Thurmes ein eben solches Rohr anzubringen, wie es in den übrigen vorhanden wäre, und darin die isolirten Telegraphenleitungen hinaufzuführen. Das imponirte dem Grafen. Er schimpfte auf seine Officiere, die nichts Anderes gewußt hätten, als Rinnen in das Mauerwerk zu schlagen, „und nun“, so drückte er sich aus, „muß so ein junger, bartloser Mensch kommen und sieht auf den ersten Blick, wie leicht die Sache zu machen ist". — So war es Karl gleich bei seinem ersten Auftreten gelungen, den Grafen für sich zu gewinnen, der ihm von diesem Augenblicke an eine Autorität einräumte, der er ebenso wie der meinigen unbedingtes Vertrauen schenkte. Er hat sich hierin auch nicht getäuscht.

Im Herbst 1853 vollendete Karl zu Graf Kleinmichels voller Zufriedenheit die Kronstädter Kabellinie. Es war dies die erste submarine Telegraphenlinie der Welt, die dauernd brauchbar geblieben ist. Die für sie verwendeten, mit Eisendrähten armirten Guttaperchaleitungen bewährten sich vorzüglich. Zugleich mit der Anlage der Linie war uns auch ihre Instandhaltung, die sogenannte Remonte, auf sechs Jahre in Entreprise gegeben. Die Leitung wurde in dieser ganzen Zeit nur einmal durch Schiffsanker schwer beschädigt und nach Ablauf der sechs Jahre in tadellosem Zustande an die Regierung übergeben; sie ist bis in die neueste Zeit in Thätigkeit geblieben und liefert daher auch einen Beweis für die Dauerhaftigkeit gut construirter submariner Kabel.

Im Frühjahr 1854 brach der Krimkrieg aus. Wir erhielten in Folge dessen den Auftrag, so schnell als möglich eine oberirdische Telegraphenleitung längs der Chaussee von Warschau nach Petersburg oder vielmehr nach Gatschina zu erbauen, das mit Petersburg bereits durch eine unterirdische Leitung verbunden war. Ich reiste daher im April 1854 nach Warschau und organisirte dort eine Arbeiterkolonne, die unter dem Commando des Hauptmanns Beelitz, eines früheren Kameraden von mir, der in den Dienst unserer Firma getreten war, von Warschau aus mit dem Bau der Linie begann. Dann ging ich nach Petersburg und organisirte dort mit Karl eine zweite Kolonne, die unter seinem Befehl von Gatschina aus der Beelitzschen entgegenarbeitete. So wurde die etwa 1100 Werst lange Linie zur großen Verwunderung der Russen, die an schnelle, gut organisirte Arbeit nicht gewöhnt waren, innerhalb weniger Monate fertiggestellt. Als die beiden Kolonnen auf halbem Wege, in Dünaburg, zusammengetroffen waren, und die Translationsstation daselbst nach Ueberwindung einiger Schwierigkeiten richtig functionirte, konnte Karl dem Grafen Kleinmichel die Vollendung der Linie zur versprochenen Zeit melden. Der Graf war von der Nachricht sehr überrascht und wollte nicht recht an ihre Richtigkeit glauben. Er begab sich sofort in das Stationslocal im Telegraphenthurm des Winterpalais und richtete selbst eine Frage an den Stationschef in Warschau. Erst als er von diesem augenblicklich Antwort erhielt, war sein Zweifel besiegt, und höchlichst verwundert meldete er dem Kaiser das glückliche Ereigniß.

Der gute Erfolg der Warschau-Petersburger Linie bestärkte die russische Regierung in ihrem Entschluß, das ganze Reich mit einem Netze elektrischer Telegraphen zu durchziehen. Es wurde uns der schleunige Bau einer Linie von Moskau, wohin, wie erwähnt, schon eine unterirdische Leitung von Petersburg führte, nach Kiew in Auftrag gegeben. Dann wurden uns in schneller Folge Linien von Kiew nach Odessa, von Petersburg nach Reval, von Kowno zur preußischen Grenze, von Petersburg nach Helsingfors bestellt, die sämmtlich mit Ueberwindung unsäglicher Schwierigkeiten in den Jahren 1854 und 1855 vollendet wurden und dem russischen Staate noch in dem unterdessen tobenden Krimkriege zu großem Nutzen gereichten. Durch die Telegraphen war man in schnellster Verbindung mit Berlin und dem Westen Europas; im Inneren des Reiches ließen sich mit ihrer Hülfe die Truppen- und Materialbewegungen regeln, und die Centralregierung konnte überall bessernd und ordnend eingreifen.

Von den Schwierigkeiten, mit denen die Erbauung dieser Linien für uns verknüpft war, kann man sich einen Begriff machen, wenn man bedenkt, daß sämmtliche Materialien, mit alleiniger Ausnahme der in Rußland beschafften hölzernen Telegraphenpfosten, aus Berlin und dem westlichen Deutschland bezogen werden mußten, daß es in Rußland noch keine anderen Eisenbahnen gab, als die von der preußischen Grenze nach Warschau und von Petersburg nach Moskau, und daß alle Straßen und Transportmittel durch die Kriegstransporte außerordentlich in Anspruch genommen waren. Dazu kam noch, daß der Seetransport der schweren Materialien von deutschen Häfen nach russischen durch die Blockade der letzteren verhindert wurde. Mit großer Noth nur entgingen zwei von Lübeck aus mit Eisendrähten für russische Häfen befrachtete Schiffe der Wegnahme durch englische Kreuzer, indem sie nach Memel flüchteten, von wo ihre Ladung zu Lande weiter befördert wurde.

Die Berliner Firma hatte vollauf mit Beschaffung der Materialien, Anfertigung der Apparate und Organisation der Transporte zu thun, konnte daher meinen Bruder Karl, auf dessen Schultern die ganze Last des Baues der Linien ruhte, direct nur wenig unterstützen. Die hauptsächlichen Gehülfen Karls bei Ausführung dieser Arbeiten waren mein früherer Officiersbursche Hemp, der mir in Schleswig-Holstein so wackere Dienste geleistet hatte, und der eben genannte Hauptmann a. D. Beelitz. Ich selbst war in Berlin unentbehrlich, wo inzwischen der Bau von Eisenbahnlinien seinen ununterbrochenen Fortgang nahm, und mußte mich damit begnügen, wiederholt nach Petersburg zu reisen, um dort organisatorisch einzugreifen und die Verbindung zwischen den Centralpunkten unsrer Thätigkeit aufrecht zu erhalten.

Zu etwas längerem Aufenthalte begab ich mich im Frühjahr 1855 in Begleitung meines Freundes William Meyer — der seine Stellung in der preußischen Staatstelegraphenverwaltung inzwischen aufgegeben hatte und Oberingenieur und Prokurist der Firma Siemens & Halske geworden war — nach Petersburg, um unserm dortigen Baubureau eine den schnell wachsenden Anforderungen entsprechende Organisation zu geben. Wir hatten unsre Aufgabe bereits ziemlich vollendet und dachten ernstlich an die Rückkehr, als ich plötzlich um Mitternacht aufgesucht und fast gewaltsam zum Gehülfen des Grafen Kleinmichel, dem General von Guerhardt geholt wurde. Dieser eröffnete mir, der Kaiser habe den schleunigen Bau einer Telegraphenlinie nach der Krim bis zur Festung Sebastopol befohlen, und der Graf wünsche Kostenangabe und Vollendungstermin bis zum nächsten Morgen um 7 Uhr von mir zu haben. Meine Bedenken hinsichtlich der Schwierigkeit der Beschaffung und des Transportes der Materialien auf dem allein offenen Landwege von Berlin bis Perekop und Sebastopol sowie der Unmöglichkeit eines Linienbaues nach dem Kriegsschauplatze, wo alle Wege und Transportmittel vom Militär in Anspruch genommen wären, wurden durch das in Rußland alles überwindende Wort „der Kaiser will es!" niedergeschlagen. Und in der That bewährte sich dies Zauberwort auch in diesem Falle. Die Linie wurde gebaut.

Als ich nach durcharbeiteter Nacht pünktlich um 7 Uhr zum General kam, erfuhr ich, daß dieser schon vor zwei Stunden zum Grafen befohlen und noch nicht zurück sei. Bald nach 8 Uhr kam er und eröffnete mir, Graf Kleinmichel habe dem Kaiser, der ihn bereits um 6 Uhr zum Bericht befohlen habe, gesagt, ich würde den Bau von Nikolajew bis Perekop binnen sechs Wochen, den von Perekop bis Sebastopol binnen zehn Wochen ausführen, und zwar zu denselben Preisen wie die Linie von Kiew nach Odessa. Ich erklärte beides für unmöglich. Der Transport des Drahtes und der Apparate allein dauere von Berlin nach Nikolajew auf den durch die Militärtransporte zerstörten Wegen mindestens zwei Monate. Die Kosten würden auch selbstverständlich viel höher werden, und auf dem Kriegsschauplatze wäre die Arbeit für Civilisten und namentlich für Fremde fast unmöglich. Das half aber alles nichts und wurde kaum angehört. Der Kaiser hatte ja schon gesprochen! Im Laufe des Tages erhielt ich eine officielle Zuschrift, worin mir mitgetheilt wurde, daß der Kaiser uns seinen Dank für die Rußland bisher in seiner schweren Lage geleisteten Dienste und für das Anerbieten des schleunigen Baues der nothwendigen Linie nach dem Kriegsschauplatze aussprechen ließe, daß er aber von uns erwarte, wir würden die neue Linie in Anbetracht der schweren Kriegszeit billiger als die bisherigen bauen.

Es war das für uns eine äußerst schwierige Lage. Der Sommer war schon halb vorüber, neues Material war auf keine Weise vor Ende desselben an Ort und Stelle zu schaffen, auch war es ohne ein schweres Flußkabel unmöglich, den breiten und sumpfigen Dnjepr zu überschreiten. Und doch mußte dem kaiserlichen Erlasse Folge gegeben werden, soweit es irgend anging. Die einzige Möglichkeit, eine telegraphische Verbindung wenigstens bis zu dem auf der Landzunge, welche die Krim mit dem Festlande verbindet, gelegenen Perekop herzustellen, bestand darin, alle vom Bau der bis dahin vollendeten Linien übrig gebliebenen Materialien zu sammeln, nach Nikolajew zu schicken und die Linie mit einem Umwege von etwa dreißig Werst über Bereslaw zu leiten, wo eine Brücke über den Dnjepr führte, die den Uebergang ohne Flußkabel ermöglichte. Noch im Laufe der Nacht, in der mir die Mittheilung gemacht wurde, hatten wir daher mit allen russischen Stationen telegraphisch correspondirt und den Hauptmann Beelitz, der sich glücklicherweise gerade in Nikolajew befand, zur Station beschieden, um die Möglichkeit, Telegraphenpfosten zu beschaffen, festzustellen. Beelitz antwortete, er müsse erst die jüdischen Holzhändler befragen und habe Boten ausgeschickt, um sie sogleich zur Station zu bescheiden. Dann entspann sich eine eigenartige telegraphische Verhandlung. Beelitz meldet, ein Jude wolle die Stangenlieferung übernehmen, verlange aber fünfzehn Rubel für die gelieferte Stange. Antwort „Wirf ihn hinaus!“ Rückantwort „Ist geschehen!“ Ein Anderer will es für zehn Rubel thun. Antwort „Wirf ihn auch hinaus!“ Rückantwort „Geschehen!“ Eine Gesellschaft Anderer verlangt sechs Rubel; mit ihr wurde weiter verhandelt und schließlich ein annehmbares Angebot erzielt, das die rechtzeitige Stangenlieferung sicherte.

Es stellte sich ferner heraus, daß Reservematerialien für die Linie bis Perekop in nahezu ausreichender Menge vorhanden waren, und daß Aussicht war, dünne Eisendrähte für eine provisorische Leitung in Odessa zu erhalten. Die Möglichkeit, den kaiserlichen Willen wenigstens in den wesentlichsten Punkten zu erfüllen, lag also vor; dem Verlangen, die Preise „in Anbetracht der augenblicklichen Nothlage Rußlands“ noch herabzusetzen, entsprachen wir dadurch, daß wir uns erboten, den nothwendigen Umweg über Bereslaw auf unsere Kosten auszuführen. Kurz, die Allmacht des kaiserlichen Befehls bewährte sich auch diesmal. Die Linie bis Perekop wurde zur verlangten Zeit fertig, und die Linie bis Sebastopol wurde wenigstens so früh beendet, daß der voraussichtliche Fall der Festung telegraphisch von dort nach Petersburg gemeldet werden konnte.

Diese Anlage einer Linie von etwa 200 Kilometer Länge an einer durch Truppenmärsche und Kriegsmaterial-Transporte occupirten und grundlos gemachten Straße bis in eine belagerte Festung hinein war ein schwieriges Werk, das meinem Bruder Karl, der es leitete, und seinen Gehülfen zur größten Ehre gereicht. Financiell verzehrte es freilich einen ansehnlichen Theil des durch den Bau der übrigen russischen Telegraphenlinien erzielten Gewinnes.

Ich selbst wollte im Juli, nachdem ich soweit als möglich alle Vorbereitungen für den Bau der vom Kaiser befohlenen Linie nach dem Kriegsschauplatz getroffen und die Ueberzeugung gewonnen hatte, daß dieselbe ausführbar sei, wieder nach Berlin zurückreisen, wo meine Frau eben ihrer zweiten Entbindung entgegensah. Zu meiner großen Verwunderung erhielt ich aber von der Polizei trotz wiederholter Eingaben meinen Reisepaß nicht zurück. Als ich mich darüber beim Grafen Kleinmichel beschwerte, erklärte mir dieser, ich dürfe nicht reisen, bevor die im Bau befindlichen Linien und namentlich die nach Sebastopol vollendet seien. Alle meine Einwendungen halfen nichts. Der Graf wollte den einmal gegebenen Befehl, mir den Paß nicht zu visiren, nicht wieder zurücknehmen, und ich war also für nicht absehbare Zeit in Petersburg „internirt", wie man es nannte.

Da kam zu meinem Glück der Prinz von Preußen nach Petersburg, wie es hieß, um über die Neutralität Preußens im Krimkriege zu verhandeln. Diesen glücklichen Umstand beschloß ich zu benutzen, um der halben Gefangenschaft, in die ich gerathen war, zu entschlüpfen. Ich meldete mich in Peterhof, wo der Prinz Aufenthalt genommen hatte, bei seinem ersten Adjutanten, dem Grafen Goltz, setzte ihm meine schwierige Lage auseinander und bat, der Prinz möchte mir gelegentlich eine Audienz ertheilen, damit die russischen Beamten sähen, daß ich mich seines Schutzes erfreute. In seiner großen Herzensgüte und Freundlichkeit war der Prinz auf meine Bitte eingegangen, und schon am nächsten

Tage erhielt ich die officielle Aufforderung der preußischen Gesandtschaft, mich zu einer Audienz im Winterpalais einzufinden. Ich wurde vom Gesandten erwartet und durch eine Reihe von Vorzimmern, die mit hohen Generalen und Beamten angefüllt waren, dem Prinzen zugeführt, der sich in Gesellschaft mehrerer Großfürsten und höchster Würdenträger befand. Der Prinz richtete sehr freundliche Worte an mich, wesentlich des Inhalts, daß ihm die Pfosten der von mir erbauten Telegraphenlinie längs des ganzen langen Weges von der preußischen Grenze bis Petersburg die freudige Gewißheit gegeben hätten, daß er mit der Heimath in steter Verbindung bliebe, und daß er mir seinen Dank dafür auszusprechen wünschte. Der Erfolg dieser Audienz war glänzender, als ich gehofft hatte. Noch an demselben Tage kam ein Polizeibeamter zu mir und übergab mir unter Entschuldigungen wegen des gemachten Versehens meinen Reisepaß. —

Die russische Regierung hatte zugleich mit den Contracten über den Bau der Linien auch Remonte-Verträge auf sechs bis zwölf Jahre mit uns abgeschlossen, die einen großen Verwaltungsapparat nöthig machten. Wir verwandelten daher unser Petersburger Baubureau in ein unabhängiges Zweiggeschäft unter der Leitung meines Bruders Karl, den wir zugleich als Socius in das Hauptgeschäft aufnahmen. In der ersten Linie von Wasili-Ostrow erwarben wir ein großes Gebäude, in welchem der mit der Remonteführung verbundene große Verwaltungsapparat untergebracht und gleichzeitig eine Werkstatt zur schnellen Ausführung aller Reparaturen errichtet wurde. Auch Karl schlug seinen Wohnsitz in ihm auf, nachdem er sich gegen Ende des Jahres 1855 mit der klugen und anmuthigen Tochter unseres bisherigen Vertreters in Petersburg, des obengenannten Herrn Kapherr, verheirathet hatte. Gleich seinem Schwiegervater ließ Karl sich jetzt zum finnischen Unterthan machen, um Kaufmann erster Gilde werden zu können und als solcher das Recht zu haben, Geschäfte jeder Art in Rußland zu treiben.

Ich muß noch eines Umstandes Erwähnung thun, der für unser neues Petersburger Geschäft sehr wichtig war und es besonders einträglich machte. Graf Kleinmichel hatte die Bewachung der Telegraphenlinien anfangs gegen eine ansehnliche, pro Werst berechnete Entschädigung den Chausseeverwaltungen übertragen. Das Resultat war aber, daß in Wirklichkeit gar keine oder doch nur eine höchst unvollkommene Bewachung stattfand. Zufällige oder absichtliche Zerstörungen der Linien wurden in der Regel erst nach Verlauf vieler Tage entdeckt, und die Reparatur erfolgte gewöhnlich erst nach längerer Zeit und oft mangelhaft, so daß auf sicheren Dienst der Telegraphen nie zu rechnen war. Da verlangte der Graf, wir sollten auch die Bewachung der Linien übernehmen, er würde uns dafür die hundert Rubel pro Werst zahlen, die er bisher den Chausseeverwaltungen gäbe. In Wirklichkeit war eine erfolgreiche Bewachung durch uns gar nicht auszuführen, eine solche konnte nur durch eingeborene Leute geschehen, und die hätten für uns sicher nicht besser bewacht als für die Regierung. Trotzdem nahmen wir das Anerbieten des Grafen unter der Bedingung an, daß wir die Ueberwachung und die nöthigen Reparaturen ganz nach unserem Belieben ausführen könnten.

Da uns dies zugestanden wurde, sahen wir von einer eigentlichen Bewachung ganz ab, richteten dagegen ein mechanisches Controlsystem ein, das verhältnißmäßig billig war und sich doch sehr gut bewährte. Alle fünfzig Werst errichteten wir eine Wachtbude, in welche die Leitungen eingeführt wurden. In der Bude befand sich ein Wecker und ein Galvanometer, die derartig in den Stromlauf eingeschaltet waren, daß der Wärter am Spiele der Galvanometernadel jederzeit sehen konnte, ob ein elektrischer Strom die Leitung durchlief. Stand die Nadel eine halbe Stunde lang ruhig, so mußte er mit Hülfe eines einfachen Mechanismus durch wiederholten Erdschluß die Nummer seiner Bude telegraphiren. Die Telegraphenstationen, zwischen denen die Verbindung unterbrochen war, hatten Auftrag, ihre Batterie zwischen Leitung und Erde einzuschalten, und erhielten daher die Meldungen der sämmtlichen Wärterbuden diesseits der Unterbrechungsstelle, erfuhren also dadurch die Lage derselben. Auf jeder Telegraphenstation war ein Linienmechaniker stationirt, der die Pflicht hatte, sogleich nach Meldung einer Störung Extrapost zu nehmen und zur Fehlerstelle zu fahren. Da Befehl gegeben war, unseren Mechanikern sofort und vor allen anderen Reisenden Postpferde zu geben, so wurde der Fehler fast immer im Laufe weniger Stunden verbessert.

In Folge dieser Einrichtung functionirten die russischen Telegraphenlinien während unserer Verwaltungsperiode mit großer Sicherheit, und es kamen nur selten über einen Tag dauernde Unterbrechungen des Dienstes vor, trotz der gewaltigen Länge der Linien und trotz der menschenleeren Steppen, durch die sie großentheils führten. Der uns förmlich aufgenöthigte Contract über die Bewachung der Telegraphenlinien erwies sich bald als sehr vortheilhaft für uns und ersetzte reichlich die Verluste, die wir bei manchen Anlagen erlitten hatten.

Durch die uns übertragene Remonteverwaltung und die fortlaufenden weiteren Linienbauten erlangte unser Petersburger Geschäft große Bedeutung und eine ganz einzig dastehende Stellung im russischen Reiche. Wir erhielten den officiellen Titel „Contrahenten für den Bau und die Remonte der Kaiserlich Russischen Telegraphenlinien“ und das Recht für unsere Beamten, Uniformen mit Rangabzeichen zu tragen. Letzteres war zur guten Durchführung unserer Aufgaben unbedingt erforderlich, denn das russische Publikum respectirt nur die Träger von Uniformen. Um dieses Recht zu erwerben, ließ ich in Berlin eine Serie von schönen Uniformen entwerfen. Anstatt der Epauletts, die in Rußland den Officieren vorbehalten waren, wurden auf den Achseln goldene Raupen von verschiedener, mit der Charge wachsender Dicke angebracht. Tüchtige Künstler bildeten dann Gruppen so uniformirter Leute ab. Die in einer schönen Mappe zusammengelegten Bilder machten das Herz jedes Freundes und Kenners von Uniformen lebhafter schlagen. Mit dieser Mappe ausgerüstet, begab sich Bruder Karl zum Grafen Kleinmichel, setzte ihm unsere Noth auseinander und bat um Bewilligung einer Uniform für unsere Beamten. Der Anblick der schönen Bilder besiegte den anfänglichen Widerstand des Grafen; er behielt die Mappe zurück, um sie dem Kaiser vorzulegen, welcher die vorgeschlagenen Uniformen sofort genehmigte.

Ich halte es für meine Pflicht, an dieser Stelle noch der oft geäußerten Ansicht entgegenzutreten, daß wir diese großen und im Allgemeinen für uns günstigen Unternehmungen in Rußland nur mit Hülfe von Bestechungen hätten zum Abschluß bringen können. Ich kann versichern, daß dies durchaus nicht der Fall war. Vielleicht mag das dadurch erklärt werden, daß die Verhandlungen stets direct mit den höchsten Staatsbehörden geführt und abgeschlossen wurden, und daß die politischen Verhältnisse die schleunige Herstellung der nothwendigen telegraphischen Verbindungen dringend erforderten. Es soll damit nicht gesagt sein, daß wir uns nicht unteren Beamten für die bei Ausführung der Linien geleisteten Dienste in landesüblicher Weise erkenntlich gezeigt hätten.

Harzburg, im Juni 1890.

Die erfolgreiche Anwendung der mit Guttapercha umpreßten Kupferdrähte zu unterirdischen Leitungen legte es nahe, dieselben auch zu unterseeischen Telegraphenleitungen zu benutzen. Daß Seewasser keinen nachtheiligen Einfluß auf die Guttapercha ausübte, hatten die bei den Minenanlagen im Kieler Hafen benutzten isolirten Leitungen bewiesen, die nach Verlauf von zwei Jahren noch ganz unverändert waren.

Den ersten Versuch einer Verbindung zweier Meeresküsten durch Guttaperchaleitungen machte schon im Jahre 1850 Mr. Brett, der sich eine Concession für eine submarine Telegraphenverbindung zwischen Dover und Calais hatte ertheilen lassen. Die von ihm gelegte unbeschützte Leitung hielt, wie zu erwarten war, nicht viel länger als die Zeit der Legung, wenn sie überhaupt je wirklich brauchbar war. Sie wurde im folgenden Jahre von den Herren Newall und Gordon durch eine mit Eisendrähten armirte Leitung ersetzt, die längere Zeit gut functionirte. Dies war der Ausgangspunkt der Untersee-Telegraphie, welche sich schnell zu einem der wichtigsten Verkehrsmittel entwickeln sollte.

Mit der den Engländern eigenthümlichen Beharrlichkeit in der Durchführung von Unternehmungen wurde nach diesem ersten glücklichen Erfolge gleich eine ganze Reihe anderer Kabellegungen geplant und in Angriff genommen, bevor noch die wissenschaftliche und technische Grundlage für dieselben feststand. Mißerfolge konnten daher nicht ausbleiben. Die Legung selbst machte im flachen Wasser der Nordsee keine Schwierigkeiten. Die Herstellung der isolirten Leitungen war in England von der Guttapercha-Compagnie in die Hand genommen, die meine Umpressungsmethode ungehindert anwenden durfte, weil ich meine Erfindungen nicht durch Patente geschützt hatte. Da diese Gesellschaft durch den ihr zur Verfügung stehenden englischen Markt immer die besten Guttapercha-Qualitäten verwenden konnte, so wäre sie in der Lage gewesen, ausgezeichnet gut isolirte Leitungen herzustellen, wenn die elektrische Prüfung und Controle der Fabrikation mit gleicher Sorgfalt geschehen wäre, wie sie bei uns obwaltete. Wissenschaftliche Kenntnisse und Methoden hatten aber damals in der englischen Industrie noch ebensowenig Eingang gefunden wie in der unsrigen. Man begnügte sich damit, zu constatiren, daß Strom durch die Leitung ging und die telegraphischen Instrumente befriedigend arbeiteten. Noch in viel späterer Zeit wurden meine Methoden einer systematischen Prüfung der Leitungen von den englischen Praktikern für „scientific humbug“ erklärt! Trotzdem gelang es der Firma Newall & Co. im Jahre 1854 während des Krimkrieges, einen nicht armirten, nur mit umpreßter Guttapercha isolirten Leitungsdraht von Varna nach Balaclava in der Krim zu legen, und sie hatte das Glück, daß derselbe bis zur Eroberung von Sebastopol im September 1855, etwa ein Jahr lang, brauchbar blieb.

Bei dieser ungefähr 600 Kilometer langen Linie stellten sich schon Sprechschwierigkeiten durch die Flaschenladung der Leitung ein, die den Engländern trotz meiner Publikationen im Jahre 1850 noch unbekannt geblieben war. Als die in England gebräuchlichen Nadeltelegraphen auf der Linie den Dienst versagten, bestellten Newall & Co. bei meiner Firma Sprechapparate, mit denen sich der Betrieb auch gut ausführen ließ. Es war dabei ein merkwürdiges Zusammentreffen, daß in den beiden feindlichen Lagern Sebastopol und Balaclava Berliner Apparate mit auf einander folgenden Fabrikationsnummern arbeiteten.

Inzwischen hatte Mr. Brett im September 1855 im Auftrage der Mediterranean Extension Telegraph Company den

Versuch gemacht, zwischen der Insel Sardinien und der Stadt Bona in Algier ein schweres Kabel mit vier Leitern zu legen. Er benutzte dabei dieselben Legungseinrichtungen wie in der Nordsee, hatte aber das Mißgeschick, daß seine Bremseinrichtungen bei Eintritt tiefen Wassers nicht ausreichten und in Folge dessen das ganze Kabel unaufhaltsam in die Tiefe hinabrollte. Da auch ein zweiter Versuch im Jahre 1856 fehlschlug, so trat er von der Unternehmung zurück, die dann von Newall & Co. wieder aufgenommen wurde. Diese schlossen mit meiner Firma einen Vertrag über die Lieferung der elektrischen Einrichtungen und forderten mich auf, die elektrischen Prüfungen bei und nach der Legung zu übernehmen.

Diese erste Tiefseekabellegung war für mich ebenso interessant als lehrreich. Anfang September des Jahres 1857 ging ich mit einem Gehülfen und den nöthigen elektrischen Apparaten in Genua an Bord einer Sardinischen Korvette, welche die Expedition begleiten und uns nach Bona bringen sollte, wo der mit dem Kabel beladene Dampfer uns erwartete. Es war eine interessante Gesellschaft, die sich auf dem Kriegsschiffe zusammenfand. Außer den englischen Unternehmern und Kabelfabrikanten, Mr. Newall und Mr. Liddell, waren mehrere italienische Gelehrte, Telegraphenbeamte und Seeofficiere an Bord, unter ihnen der gelehrte Admiral Lamarmora, ein sehr liebenswürdiger und kenntnißreicher Officier, Bruder des bekannten Generals Lamarmora; ferner mehrere französische Telegraphenbeamte, die im Auftrage ihrer Regierung der Kabellegung beiwohnen sollten, darunter der bekannte Ingenieur Delamarche.

Schon auf der Fahrt nach der Insel Sardinien, die von herrlichem, ruhigem Wetter begünstigt war, wurden in diesem Comité die Methoden erörtert, welche bei der Legung angewendet werden sollten, um dem Mißgeschick der vorhergegangenen Versuche zu entgehen. Die Herren Newall und Liddell setzten auseinander, sie hätten bei der Legung ihrer Leitung nach der Krim gefunden, daß man nur schnell gehen und das Kabel ohne Widerstand auslaufen lassen müsse, dann sinke es langsam ohne Spannung zu Boden.

Sie hätten zwar zur Vorsicht ein kräftiges Bremsrad angebracht, um das Kabel zurückhalten zu können, doch würde das bei schnellem Gange des Schiffes kaum nöthig sein. Diese Theorie des Herrn Liddell begegnete dem entschiedenen Widerstande des Herrn Delamarche, der den unglücklichen Legungsversuchen des Herrn Brett beigewohnt und nun die Theorie adoptirt hatte, das Kabel müsse in tiefem Wasser eine Kettenlinie bilden und unter allen Umständen reißen.

Ich hatte ursprünglich nicht die Absicht, mich in den mechanischen Theil der Legung einzumischen, es schien mir aber so ganz unmöglich, ein schweres Kabel, das ein Gewicht von wenigstens 2 Kilogramm pro Meter im Wasser hatte, durch Tiefen von mehr als 3000 Meter, wie sie auf der Strecke von Sardinien bis Bona vorkamen, in der von den Herren Newall und Liddell beabsichtigten Weise zu legen, daß ich ernstlichen Widerspruch dagegen erhob. Andrerseits konnte ich die Befürchtungen des Herrn Delamarche nicht theilen, und es kam daher zu einer heftigen Debatte zwischen mir und den Herren Liddell und Delamarche, in der ich die Legungstheorie entwickelte, die später allgemein adoptirt wurde. Sie besteht darin, das Kabel an Bord des legenden Schiffes durch Bremsvorrichtungen mit einer Kraft zurückzuhalten, die dem Gewichte eines senkrecht zum Boden hinabreichenden Kabelstückes im Wasser entspricht. Bei gleichmäßig schnellem Fortgange des Schiffes sinkt das Kabel dann in einer graden Linie, deren Neigung von der Schiffsgeschwindigkeit und der Geschwindigkeit des Sinkens eines horizontalen Kabelstücks im Wasser abhängt, zur Tiefe hinab. Ist das sinkende Kabelstück nicht vollständig durch die Bremskraft balancirt, so findet gleichzeitig ein Hinabgleiten des Kabels auf der schiefen Ebene, die es selbst bildet, statt, man kann daher durch die Größe der Bremsung den nöthigen Mehrverbrauch an Kabel zur spannungslosen Ueberwindung von Unebenheiten des Bodens bestimmen.

Diese einfache Theorie fand den einstimmigen Beifall der Schiffsgesellschaft; auch Mr. Newall schloß sich zuletzt meiner Anschauung an und ersuchte mich, ihm bei den Vorbereitungen zu der

Legung nach meiner Theorie behülflich zu sein. Das war aber schwer zu extemporiren. Die Bremse, die wir nach der Ankunft in Bona auf dem schon vor uns dort eingetroffenen Kabelschiffe vorfanden, erwies sich als viel zu schwach, um das Gewicht des Kabels bei größerer Tiefe zu äquilibriren. Ferner war die Dampfkraft des Schiffes zu gering, um die große Kraft, mit der das Kabel auf der schiefen Ebene hinabzugleiten bestrebt war, zu überwinden. Endlich fehlte jede Einrichtung, um diese Kraft zu messen und danach die Größe der nöthigen Bremsung zu bestimmen. Ich ließ zunächst vom Zimmermann ein einfaches Dynamometer herrichten, das ermöglichte, an der Größe der Durchbiegung eines von zwei Rollen begrenzten Kabelstückes durch den Druck einer belasteten mittleren Rolle die Größe der augenblicklichen Spannung des auslaufenden Kabels zu erkennen. Ferner ließ ich das Bremsrad möglichst verstärken und mit einer kräftigen Wasserkühlung ausrüsten. Endlich veranlaßte ich den Kapitän des Kriegsschiffes, dieses vor das Kabelschiff zu spannen, um die nöthige Kraft zur Ueberwindung des vom Kabel ausgeübten Rückzuges zu gewinnen.

So zur Noth ausgerüstet, begannen wir die Legung des Abends von Bona aus. Solange das Wasser flach war, ging alles gut, und man fand meine Vorkehrungen bereits überflüssig. Nach einigen Stunden, als die größeren Tiefen begannen, zeigte sich aber schon, daß die zu erzielende Bremskraft nicht ausreichte. Wir verlegten zu viel Kabel und hatten, als der Morgen graute, bereits mehr als ein Drittel des ganzen Kabels verbraucht, obschon noch nicht ein Fünftel des Weges zurückgelegt war. Es war noch gerade möglich, mit dem Kabelende eine flache Stelle in der Nähe der Insel Sardinien zu erreichen, wenn das Kabel von jetzt ab ganz ohne Mehrausgabe verlegt werden konnte. Auf Bitten des Herrn Newall übernahm ich es, dies zu versuchen, unter der Bedingung, daß mir die Leitung ganz überlassen würde. Ich belastete nun die Bremse mit allen Gewichten, die auf dem Schiffe zu finden waren. Sogar gefüllte Wassergefäße aus der Küche wurden dazu requirirt. Endlich genügte die Last, ohne daß die Bremse brach. Wir legten jetzt nach Angabe der Messungen ohne

„slack“, wie die Engländer sagen, d. h. ohne mehr Kabel zu verbrauchen, als der überschrittenen Bodenlänge entsprach. Das Kabel war dabei dem Brechpunkte immer ziemlich nahe, wie sich dadurch zeigte, daß mehrfach einer der dicken Umspinnungsdrähte brach, wodurch immer eine große Gefahr für das Kabel herbeigeführt wurde. Doch wurde stets durch schnelles Eingreifen ein Bruch des Kabels verhütet, und als die Sonne sank und das Kabelende im Schiffe nahezu erreicht war, zeigte mein Dynamometer glücklicherweise flach Wasser an und wir waren am Ziele!

Die Freude war allgemein und groß, und selbst Mr. Liddell gratulirte mir zu dem errungenen Erfolge.

Es war dies das erste Kabel, das durch tiefes Wasser, d. h. Meerestiefen von mehr als 1000 Faden, glücklich gelegt ist. Man hat später so schwere Kabel mit vielen Leitern für längere Kabellinien in tiefem Wasser nicht wieder verwendet, weil die Schwierigkeit des Legens zu groß ist, und weil lange, dicht neben einander liegende Leitungen sich durch Induction gegenseitig stören. Um so lehrreicher, freilich auch um so aufregender und anstrengender war diese Legung für mich. Das Kabel muß Tag und Nacht ohne jede Ruhepause, die bei tiefem Wasser immer gefährlich ist, aus dem Schiffsbehälter, in welchem es um einen in der Mitte feststehenden Conus sorgfältig gelagert ist, um das Bremsrad herum und unter der Rolle des Dynamometers hindurch in die Tiefe hinabrollen. Jede Stockung auf diesem Wege bringt dasselbe in große Gefahr, da die Fortbewegung des Schiffes nicht schnell genug aufgehoben werden kann. Dabei muß fortwährend das Verhältniß der Bremskraft zur Meerestiefe und zu der Geschwindigkeit, mit der das Schiff über den Meeresgrund fortschreitet, sorgfältig regulirt werden, da sonst entweder großer, unnöthiger Mehrverbrauch von Kabel oder andrerseits die Gefahr einer Spannung des Kabels am Boden eintritt. Ferner muß eine ununterbrochene Messung der elektrischen Eigenschaften der isolirten Leitungen stattfinden, damit man das Auftreten eines Fehlers beim fortlaufenden Eintauchen neuer Kabeltheile ins Meer sogleich entdeckt. Es muß in einem solchen Falle die Legung sofort unterbrochen und das zuletzt gelegte Stück Kabel wieder zurückgenommen werden, um den Fehler zu beseitigen.

Die stete geistige Spannung und das Bewußtsein, daß jeder begangene Fehler den Verlust des ganzen Kabels zur Folge haben kann, macht eine Tiefsee-Kabellegung für das damit beschäftigte Personal, namentlich aber für den verantwortlichen Leiter des Unternehmens zu einer sehr angreifenden und bei längerer Dauer aufreibenden Arbeit. Ich konnte mich gegen Ende dieser Legung, bei der ich mir keinen Augenblick der Ruhe und Erholung gönnen durfte, nur durch häufigen Genuß starken schwarzen Kaffees aufrecht erhalten und brauchte mehrere Tage zur Wiedererlangung meiner Kräfte.

Diese Kabellegung führte mich zum ersten Male in südliche Gegenden. Während der ganzen Zeit hatten wir herrliches Wetter, und ich genoß die Reize des Mittelmeeres mit seinem tiefblauen Wasser, seinen blendend weißen Wellenköpfen und seiner erquickenden Luft, die man gar nicht tief genug einathmen konnte, in vollen Zügen auf der schönen Fahrt von Genua nach Cagliari und von dort nach Bona in Algerien. Einen überraschenden Anblick gewährte das hochgelegene, feste Schloß von Cagliari, das von hochstämmigen, gerade in voller Blüthe stehenden Aloëstauden völlig umgürtet war. Auf Rath des freundlichen Kapitäns der Korvette blieben wir nicht im Hafen, sondern nächtigten des Fiebers wegen auf dem Hofe der Schloßruine. Diese herrliche Nacht unter italienischem Sternenhimmel, hoch über dem am felsigen Ufer im Mondschein brandenden Meere, ist mir nie wieder aus dem Sinn gekommen.

Die während der Legung ausgeführten elektrischen Prüfungen zeigten, daß die Isolation sämmtlicher Leiter des Kabels mangelhaft war, doch genügte sie bei dreien derselben nach Vollendung der Linie im folgenden Jahre den contractlichen Bedingungen, die nur verlangten, daß der Stromverlust einen gewissen Procentgehalt nicht übersteigen sollte. Der vierte Leiter war mit einem größeren Fehler behaftet, und die Abnahme des Kabels wurde daher verweigert. Es gelang aber durch eine passende elektrische Behandlung — andauernden Betrieb mit ausschließlich positivem Strom — den Fehler soweit zu verkleinern, daß das Kabel abgenommen werden mußte.

Die auf dieser Kabellegung von mir entwickelte Theorie des Kabellegens habe ich erst im Jahre 1874 durch einen der Berliner Akademie der Wissenschaften vorgelegten Aufsatz unter dem Titel „Beiträge zur Theorie der Legung und Untersuchung submariner Telegraphenleitungen" publicirt. In meinen Acten hat sich die Copie eines Briefes erhalten, in welchem ich nach der Rückkehr von der Kabellegung dem schon genannten Mr. Gordon, Associé der Firma Newall & Co., meine Theorie auseinandersetzte. Ich will diesen Brief hier folgen lassen, da er die erste ausführliche Mittheilung über meine Kabellegungstheorie bildet.

Berlin, den 26. September 1857.

Lieber Gordon!

Gestern von meiner Reise zurückkehrend, fand ich Ihren Brief vom 17. vor. Zunächst will ich Ihnen über den Bericht, den der heute aus Bona zurückgekehrte Ingenieur Viechelmann abgestattet hat, einiges mittheilen.

Es scheint unzweifelhaft, daß der Draht Nr. 1 beschädigt ist, und zwar liegt die Beschädigung in der Nähe der afrikanischen Küste und besteht darin, daß der Draht in leitender Verbindung mit dem Wasser steht. Es ist nicht unwahrscheinlich, daß der Fehler da liegt, wo das Küstenende mit dem dünneren Kabel verbunden ist. Genau hat die Lage nicht bestimmt werden können, da es unbestimmt

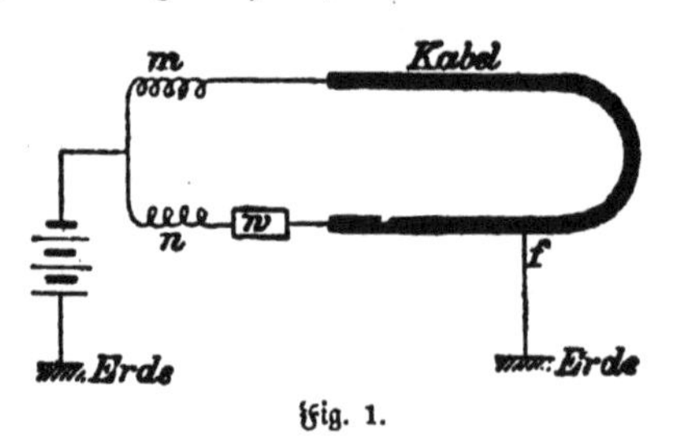

Fig. 1.

ist, wieviel Leitungswiderstand die Verbindung mit dem Wasser hat. Die Stelle kann jedoch nicht weiter als vier deutsche Meilen vom Lande liegen, ist wahrscheinlich aber viel näher.

Durch die Größe der Ladung und durch Widerstandsbestimmungen im metallischen Kreise nach beifolgender Skizze (Figur 1) ließe sich die Lage des Fehlers genauer bestimmen, wenn Sie den Versuch machen wollen, den Draht von Bona aus wieder aufzunehmen. m und n sind die beiden Windungen eines Differenzialgalvanometers, w ein Rheostat. Durch denselben wird so viel Widerstand eingeschaltet, bis der Strom durch die beiden Windungen m und n gleich stark ist und die Nadel auf Null steht. Dann liegt der Fehler f in der Mitte, und man kann die Entfernung von der Küste berechnen.

Bei gut isolirten Drähten geht dies mit vollkommener Genauigkeit, bei schlecht isolirten, wie das Bonakabel es ist, wenigstens mit annähernder Genauigkeit. — Herr Biechelmann hat den Apparat im Zollamt zu Marseille zur Disposition gelassen. Im Telegraphenbureau liegt dort ein Brief von Biechelmann an Newall, in welchem die Auslieferungsordre enthalten ist.

Die Kabeltheorie betreffend, so ist meine Auffassung folgende.

Wenn A B (Figur 2) ein biegsames Kabelstück vorstellt, welches man durch einen gewichtlosen Draht B C am Himmel festgebunden hat, so wird das Kabel bis auf den Grund fallen, ohne im suspendirten Theile aus der geraden Linie zu kommen, da er in jedem Punkte gleich schnell fällt. m n, o p sind gleich lang. Jeder Punkt fällt gleich schnell nieder, und die neue Verbindungslinie n p muß wieder eine gerade sein. Die während des Falles auf den Draht B C zerreißend wirkende Kraft ist $K = Q \cdot \sin \alpha$, wenn Q das Gewicht des suspendirten Kabels im Wasser ist, oder das Gewicht eines senkrecht herabhängenden Kabelstückes BD, da $AB \cdot \sin \alpha = BD$. Ist die Kraft K geringer, wie für das Gleichgewicht

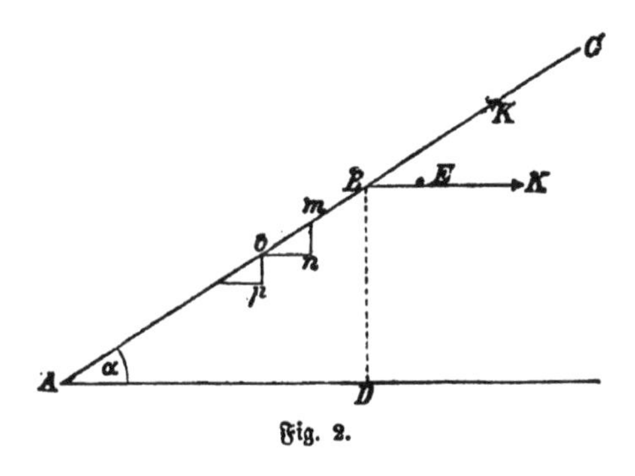

Fig. 2.

nöthig ist, so rutscht das Kabel nach A zurück, und die Endgeschwindigkeit ist erreicht, wenn die Reibung im Wasser der fehlenden Kraft gleich ist. Ist dagegen K größer wie nothwendig, so bekommt das Kabel eine Geschwindigkeit nach B hin, es wird mithin der Verlust, d. i. die Differenz der Längen A B und A D wieder aufgenommen, und das Kabel legt sich in gerader Linie, also ohne Verlust, auf den Boden. Die Neigung α ist hiernach ganz unabhängig von der Größe der Kraft K. Sie zeigt einfach das Verhältniß der Geschwindigkeit des Sinkens zur Fortbewegung des Schiffes an. Wird nämlich das Kabelende B anstatt an dem gewichtlosen Draht B C über eine Rolle geführt, und geht die Rolle mit dem Schiffe von B nach E, während das Kabel die Höhe m n fällt, wird endlich das Kabel mit derselben Kraft K zurückgehalten, so ändert sich gar nichts in den Gleichgewichtsbedingungen. Wird die Bremse, welche das Kabel zurückhält, so angespannt, daß gerade Gleichgewicht eintritt, also $K = Q \cdot \sin \alpha$ ist, so hat das Kabel gar keine axiale Geschwindigkeit; es fällt senkrecht nieder, und man hat den dem Winkel entsprechenden Verlust. Ist K größer, so legt man mit geringem oder ohne Verlust, ist K kleiner, so kann der Verlust sehr groß sein. Je schneller in letzterem Falle die Bewegung des Schiffes ist, desto länger wird A B, desto größer mithin die Reibung im Wasser und desto geringer der Verlust. Wird dagegen die Kraft K größer, wie für das Gleichgewicht erforderlich ist, so kann leicht der Verlust wieder aufgenommen sein, und es bildet das Kabel dann eine Kettenlinie. Sind die Uebergänge schnell, so wirkt die ganze Geschwindigkeit in der Richtung A B, welche das Kabel nach Anspannen der Bremse über den Gleichgewichtszustand hinaus bekommen hat, auf Zerreißen des Kabels. Bedenkt man die große Masse des suspendirten Kabels, so ist es klar, daß diese Axengeschwindigkeiten des Kabels leicht einen Bruch bewirken können. Der einzige sichere Anhaltspunkt ist das Verhältniß der Schiffsgeschwindigkeit zur Kabelgeschwindigkeit. — Ferner müssen vorhandene Meeresströmungen sehr in Betracht gezogen werden, namentlich wenn sie strichweise gehen. Ist die Strömung überall gleich und reicht bis auf den Meeresgrund, so bewirkt sie nur einen Mehrverbrauch an Kabel. Bei Gleichgewicht der Kraft K legt sich das Kabel in der Diagonale des Parallelepipedons, anstatt in der Diagonale des Parallelogramms nieder, und die Kabellänge verhält sich zur durchlaufenen Wegstrecke wie die Diagonale des Parallelepipedons, dessen Seiten die Schiffsbewegung, die Meerestiefe und die gleichzeitige Stromgeschwindigkeit sind, zur Schiffsbewegung. Sehr heftige Einwirkungen auf ein straff gelegtes Kabel können aber durch veränderliche Strömungen ausgeübt werden, da das Kabel dann in Form der Kettenlinie dem Wasserdruck widerstehen muß. Endlich bilden die auf- und niedergehenden, sowie auch die Seitenbewegungen des Schiffes große, auf Zerreißen des Kabels wirkende Kräfte, wenn nicht der Abwickelungsapparat sehr leicht ist, oder eine Ausgleichung angebracht wird, durch welche das Kabel hinter der Bremse verlängert oder verkürzt werden kann, damit keine Massenbeschleunigung eintritt. Der von mir vorgeschlagene Mechanismus zur Bestimmung und Regulirung der auf das Kabel ausgeübten Zugkraft berechnet sich leicht so (Figur 3):

$$K \cdot \sin\alpha = \frac{Q}{2}; \qquad K = \frac{Q}{2\sin\alpha}$$

$$\sin\alpha = \frac{h}{ab} = \frac{h}{\sqrt{\frac{e^2}{4} + h^2}}$$

$$K = \frac{Q}{2h} \cdot \sqrt{\frac{e^2}{4} + h^2}.$$

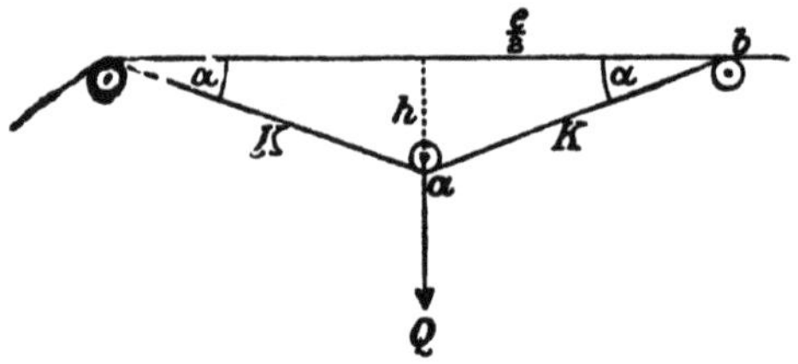

Fig. 3.

Nach dieser Formel habe ich durch Löffler eine Tabelle berechnen lassen, die aber noch nicht in meinem Besitz ist, da L. noch in Köln ist. e war, wie Sie angeben, 25 Fuß, d. i. 8,42 Meter. Das Gewicht Q war 160 Kilogramm, nach Angabe von Newall's Leuten, die es gewogen. Sie scheinen in Ihrer Näherungsformel Pfunde dafür genommen zu haben, haben also ungefähr die halben Werthe, wie sie mir in Erinnerung sind Der Apparat wurde am Abend vor der Legung noch aus Holz zusammengezimmert. Vorher schien Herr Liddell nicht dafür gestimmt zu sein, und ich wollte mich nach gemachtem Vorschlage nicht aufdrängen. In der ersten Nacht hatte der Rahmen sich durch die Nässe geworfen, und die Stelle, wo die Höhe gemessen wurde, war ca. 2 Fuß niedriger [illegible] wäre. Von Zuverlässigkeit der Messung kann daher bei einem so roh und flüchtig in aller Eile angelegten und berechneten Apparate keine Rede sein. Daß bald nach Beginn der Legung viel Kabel verloren ging, war klar. Ich schlug auch gleich stärkere Belastung der Bremse vor, doch konnte ich es nicht durchsetzen. Allerdings kamen Momente vor, wo die Kabellinie fast gerade war wenn auch bei gewöhnlichem Gange ein Hang von 4 bis 5 Zoll vorhanden war, und ein solcher Moment konnte das Kabel zerreißen. Auch war die Bremse zu schwach, und ich war stets in Todesangst, daß sie durch die Belastung von mindestens 5 Centnern, die später, als Newall mir freie Hand gab, angebracht waren, brechen würde. Da das Kabel unwiederbringlich verloren war, wenn die Bremse brach, so gehörte allerdings ein riesiger Entschluß dazu, die Belastung in dieser Weise zu gestatten. Es ist unzweifelhaft, daß wir am folgenden Tage das Kabel zu stark angespannt haben, wir haben sicher ganz ohne Verlust gelegt und vielleicht schon etwas Kettenlinienkraft im Kabel gehabt. Es kam dies daher, daß Niemand wußte, wie schnell das Schiff ging. Newall und Liddell glaubten nicht, daß wir 5 Knoten machten, während wir in der That $7^1/_2$ gemacht haben. Da das Kabel mit $7^1/_2$ Knoten Geschwindigkeit ablief, so konnte ich nur schließen, daß der Verlust noch zu groß sei, um die flache Stelle zu erreichen, mußte daher immer mehr belasten; hier kamen Momente vor, wo die Belastung reichlich 6 Tons erreichte, und Schwankungen gingen noch weiter. Daß kein ordentliches, gewöhnliches Log auf dem Schiffe war, war ein großer Uebelstand und hätte leicht den Verlust des Kabels zur Folge haben können. Die größte Gefahr beim Kabellegen besteht jedenfalls im Bruch einzelner Drähte. Daß wir diesmal so davongekommen sind, ist ein wahres Wunder. Ich würde nicht rathen, eine Kabellegung durch tiefes Wasser vorzunehmen, ohne den Draht vorher in seiner ganzen Länge einem beim Legen nie zu überschreitenden Maximalzuge ausgesetzt zu haben. Ich habe Newall einen Plan mitgetheilt, wie es sehr leicht zu machen ist. Dann werden schlechte Schweißstellen reißen, und man ist später ziemlich sicher. Ferner muß ein Dynamometer solide aus Eisen hergestellt werden mit genau berechneter Scala und so, daß bei der Maximalbelastung mindestens noch ein Fuß Pfeilhöhe bleibt. Es ist besser, eine gut ausgearbeitete Feder anstatt des Gewichtes anzuwenden, damit die Schwankungen des Instrumentes möglichst klein werden. Ferner würde es sehr vortheilhaft sein, den Draht hinter der Bremse über zwei feste und eine bewegliche Rolle zu führen, welche letztere durch ein Gewicht oder noch besser durch eine sehr kräftige Spiralfeder zurückgezogen wird. Dadurch lassen sich die Auf- und Niederschwankungen des Schiffes unschädlich machen.

den 28.

Da Löffler noch immer nicht zurück ist, so kann ich Ihnen noch keine bestimmte Mittheilung über die berechneten Kräfte machen. Sie haben ganz Recht, daß die angenommenen Kräfte durch die Tiefen allein nicht gerechtfertigt werden. Ich glaube, daß man bis zur Hälfte der Tiefe, bis zu welcher ein Kabel sich noch trägt, mit ziemlicher, bis zu ein Drittel mit großer Sicherheit gehen kann. Bis zu ein Fünftel der Tiefe wird man mit 5 bis 10%, bis zu ein Drittel mit 10 bis 15% Verlust sicher ausreichen können, wenn das Wetter günstig ist. Bei größeren Tiefen muß der Verlust bedeutender werden. Newall's Plan, das Sinken des Kabels durch Schirme zu verlangsamen, ist im Princip unrichtig. Der Strömungen wegen muß das Kabel möglichst schnell sinken. Bei mittleren Tiefen ist es vortheilhafter, den Verlust durch etwas größere Belastung wieder aufzunehmen. Sind die Tiefen größer wie $1/3$ bis $1/2$ der Minimalhaltbarkeit des Kabels, so muß man das Zurückgleiten des Kabels durch senkrecht auf dem Kabel befestigte Scheiben möglichst verlangsamen. Ich glaube, dieselben werden am besten aus Eisenblech gemacht. Wenige große sind weit wirksamer wie viele kleine. Die Anbringung läßt sich auf viele Arten leicht ausführen. Man muß dann möglichst schnell gehen, um spitze Winkel zu erhalten. — Für Geschwindigkeitsmessungen lasse ich jetzt einen elektrischen Apparat machen, der neben der Bremse einen großen Zeiger dreht. Dasselbe muß durch das Bremsrad geschehen, so daß man jeden Augenblick das Geschwindigkeitsverhältniß und die ausgeübte Kraft kennt. Auf dem Schiffe müßten Sie sehr gute Beleuchtung anbringen und bei den Kabelführungen besonders den Fall im Auge haben, wenn Drähte brechen. Daß es gelungen, die beiden Drahtbrüche ohne Verlust des Kabels zu überstehen, ist ein Glück, wie es selten ist! — Ueberhaupt glaube ich, daß Sie alle Ursache haben, mit dem Resultat zufrieden zu sein. Ich halte es nicht für schwer, das Kabelende wieder aufzufinden. Ebenso halte ich die Reparatur des vierten, beschädigten Drahtes für ausführbar, wenn es von Wichtigkeit für Sie ist. Dies vorausgesetzt, haben Sie die Erfahrungen und eine richtige Theorie des Legens billig genug erhalten. Wollen Sie meine Vorschläge benutzen, so werden Sie künftig mit großer Seelenruhe eine Legung unternehmen können und den Verlust bald einbringen. Mit Ihrer neuen Bremse sollten Sie aber doch den Versuch machen, das Kabel bei größter Belastung abzureißen. Herr Newall sagte mir vor Eintreffen der Elba, er könne mit seiner Bremse das Kabel zerreißen, aber obschon wir am Tage der Legung den Bremshebel um die Hälfte verlängert und mindestens doppelt so viel Gewichte angehängt hatten, wie dem Hebel und Eisenband vernünftiger Weise zu tragen zugemuthet werden konnte, so haben wir doch diese Kraft lange nicht erreicht, abgesehen von den großen Kräften, die bei den Geschwindigkeitsänderungen und dem ersten Unglücksfalle ausgeübt wurden. Mit meinen Experimenten bin ich leider nicht sehr viel besser gefahren wie in England. Doch habe ich gesehen, daß man im metallischen Kreise allerdings etwas schneller sprechen kann wie im halbmetallischen, und daß es unmöglich ist, bei längeren Linien durch mehr wie einen einfachen Draht zu sprechen. Die Zukunft gehört daher dem metallischen Kreislaufe, und das Patent wird sich bezahlt machen. Ferner habe ich gesehen, daß unsere jetzige Construction des Inductionstelegraphen ausgezeichnet gut und sicher geht, und daß man mit unbedingter Sicherheit beliebig viele submarine Translationsstationen einrichten, also direct von England nach Ostindien z. B. sprechen kann. Ihre Apparate für Malta-Corfu gehen heute ab. Ich bin ganz sicher, daß sie gut functioniren. Nach meinen jetzigen Erfahrungen hätten die Inductoren kleiner und daher billiger werden können, doch ist es sicherer, Ueberschuß zu haben. Es sind so schöne und solide Apparate wie diese noch nicht aus unserer Werkstatt gekommen. Die größte Schwierigkeit machten die Contacte. Platina verbrennt zu schnell bei den starken primären Strömen, wir mußten daher überall unsere Gold-Platinalegirung anwenden, was bei so dicken Stücken seine Schwierigkeit hatte. Vielleicht werden Sie mit den halben Inductoren auf der Maltalinie ausreichen (eine Rolle). Sie würden dadurch wesentlich sparen, da die Masse des mit Seide besponnenen Drahtes theuer ist.

Ich bitte mir recht bald anzuzeigen, wann und wo Sie den Mechaniker haben wollen, und ob Sie mit einem auszureichen gedenken. Ich glaube, Sie müssten intelligente Kräfte in Menge zur Disposition haben, denn jeder Irrthum kann selbst bei bester Vorbereitung sehr gefährlich werden.

Ich schicke diesen Brief direct nach Birkenhead, wo ich Sie noch vermuthe, und wo Wilhelm Sie besuchen wollte; ich bitte ihn Wilhelm zur Durchsicht zu geben.

Wäre es nicht besser, Ihre Malta-Linie erst im Winter zu machen, wo doch sicherer auf ruhiges Wetter zu rechnen ist? — October soll doch ein sehr gefährlicher Monat dort sein und erst im December wieder ruhigere Atmosphäre eintreten.

Mit herzlichen Grüßen

W. Siemens.

Die Erfahrungen, die ich bei der Legung des Kabels zwischen Cagliari und Bona machte, verschafften mir in der That die in vorstehendem Briefe schon ausgesprochene Ueberzeugung, daß sich Unterseekabel bei richtiger Construction und sorgfältiger Fabrikation durch alle Meerestiefen legen lassen würden, und daß sie dann auch langen und sicheren Dienst verhießen. Ich bemühte mich daher eifrig, die noch vorhandenen Schwierigkeiten zu beseitigen. Zu dem Ende war es nöthig, eine systematische Ueberwachung der Kabelfabrikation einzurichten, die Sicherheit gewährte, daß in dem ganzen, im Schiffsraume aufgespeicherten Kabel kein Fehler vorhanden sei. Dies ließ sich nur dadurch erreichen, daß man die Untersuchungsinstrumente empfindlich genug machte, um die Isolirungsfähigkeit der verwendeten Guttapercha selbst messen und in Zahlenwerthen angeben zu können. Wenn man dann den Isolationswiderstand der mit dieser Guttapercha bekleideten Leitungsdrähte in gleicher Weise in Zahlen bestimmte, so waren sie fehlerfrei isolirt, falls das gemessene Resultat mit dem der Rechnung übereinstimmte. War der Leitungswiderstand des fertigen Kabels nicht größer und der Isolationswiderstand desselben nicht kleiner, als die Rechnung ergab, so konnte man das Kabel für fehlerlos erklären.

Es war nicht zu erwarten, daß sich so exacte Prüfungen durch Strommessungen erzielen lassen würden. Auch zu den Bestimmungen der Lage von Fehlern, für die ich schon im Jahre 1850 die nöthigen Formeln gefunden und publicirt hatte, reichten die ungenauen Strommessungen nicht aus. Man mußte also zu Widerstandsmessungen übergehen, doch fehlte es dazu noch an guten, praktischen Meßmethoden und namentlich an einem festen Widerstandsmaaße. Endlich war bis dahin die Kenntniß der physikalischen Eigenschaften der Flaschendrähte, wie ich die unterirdischen Leitungen wegen ihrer Eigenschaft, als große Leydener Flaschen zu wirken, benannt hatte, noch zu wenig entwickelt, um ohne Gefahr eines Mißerfolges lange Unterseelinien zu planen.

Ich war mit dem Studium dieser Fragen seit 1850 eifrig beschäftigt. Meine Arbeiten fielen in die Zeit, in welcher der große Forscher Faraday die gelehrte Welt mit seinen grundlegenden Entdeckungen in bewunderndes Erstaunen setzte. In Deutschland wollten aber damals manche mit den herrschenden Theorien nicht vereinbare Anschauungen Faradays, namentlich die der elektrischen Vertheilung durch Molekularinduction, noch keinen rechten Glauben finden. Dies bewog mich, die Frage der elektrostatischen Induction, die für die Telegraphie nach meinen früheren Erfahrungen von so außerordentlicher Bedeutung war, ohne Rücksicht auf bestehende Theorien zu studiren. Ich gelangte schließlich zu einer vollständigen Bestätigung der Faradayschen Ansichten, für deren Richtigkeit es mir glückte, neue Beweise beizubringen. Durch meine angestrengte technische Thätigkeit leider vielfach in meinen Arbeiten unterbrochen, konnte ich meine Versuche erst im Frühjahr 1857 abschließen und legte dann ihre Ergebnisse in einem in Poggendorffs Annalen veröffentlichten Aufsatze „Ueber die elektrostatische Induction und die Verzögerung des Stromes in Flaschendrähten" nieder.

Es war mir durch diese Untersuchungen klar geworden, daß man nur bei Anwendung kurzer Wechselströme Aussicht hätte, auf längeren Kabellinien schnell zu correspondiren. In einem 1857 publicirten Aufsatze „Der Inductionsschreibtelegraph von Siemens

& Halske" beschrieb ich die mechanischen Hülfsmittel zur Durchführung dieser Aufgabe. Sie bestanden wesentlich aus einem magnetisch polarisirten Relais, welches so construirt war, daß der durch einen kurzen Stromimpuls an den Contact gelegte Anker so lange an diesem liegen blieb, bis ein kurzer Strom entgegengesetzter Richtung ihn zum isolirten Anschlage zurückführte. Die kurzen Wechselströme wurden in der secundären Spirale eines Inductors erzeugt, indem durch die primären Windungen desselben die Telegraphirströme geleitet wurden.

Als die Herren Newall & Co. noch in demselben Jahre — 1857 — eine Kabellinie von Cagliari nach Malta und Corfu legten, versah ich die Stationen dieser Linie mit solchen Inductionsschreibtelegraphen. Auf der Insel Malta wurde eine Translationsstation errichtet, welche ermöglichte, auf dem dünnen Kabel direct zwischen Cagliari und Corfu mit befriedigender Geschwindigkeit zu correspondiren. Um die gute Isolation dieser Linie sowie anderer, die im östlichen Theile des mittelländischen Meeres verlegt werden sollten, sicher zu stellen, übernahm meine Firma die elektrische Prüfung der isolirten Leitungen in dem Kabelwerk der Herren Newall & Co. in Birkenhead. Als Assistent wurde mir hierfür ein talentvoller junger Mann, Mr. F. Jenkin, zugewiesen, der sich später einen Namen als Elektriker gemacht hat.

Eine sehr interessante Aufgabe brachte mir die Kabellinie durch das rothe und indische Meer von Suez bis Kurrachee in Indien, deren Ausführung der Firma Newall & Co. übertragen war. Meine Firma übernahm für letztere die elektrische Ueberwachung dieser Kabellegung sowie die Lieferung und Aufstellung der nöthigen Apparate. Die größte der bis dahin gelegten Kabellinien, die Linie von Sardinien nach Corfu, war ungefähr 700 Seemeilen lang, bot also kaum einen Anhalt für die Construction und den Betrieb einer Linie von 3500 Seemeilen Länge wie die geplante Kabellinie nach Indien. Nach den dort gemachten Erfahrungen war es möglich, durch Wechselströme Linien von 700 Seemeilen Länge mit Sicherheit und hinlänglicher Leistungsfähigkeit zu betreiben. Es waren danach zwischen Suez und Kurrachee vier bis fünf Zwischenstationen an-

zulegen, die mit selbstthätiger Translation ausgerüstet werden mußten, um ohne lästige und störende Handübertragung arbeiten zu können. Die Einrichtung dieser Translationsstationen hatte bei langen submarinen Linien besondere Schwierigkeiten, da die im Kabel zurückbleibende Ladung Störungen herbeiführte, wenn man nicht, wie bei der Corfulinie, mit secundären Strömen telegraphiren wollte. Gegen letztere Art des Betriebes sprachen aber praktische Gründe, die namentlich in der größeren Complicirtheit der ganzen Einrichtung bestanden.

Ich construirte daher ein neues System von Sprechapparaten, das später mit dem Namen „Rothes Meersystem" bezeichnet ist. Es wurden dabei nicht durch Induction erzeugte Wechselströme, sondern Batterieströme wechselnder Richtung benutzt. Dies bedingte, daß beim Schluß eines jeden Wortes eine Unterbrechung der zweiten, entmagnetisirenden Batterie und eine Entladung des Kabels eintreten mußte, bevor dieses mit dem Relais wieder leitend verbunden wurde. Hierzu dienten besondere, einfache Einrichtungen, welche in der Beschreibung des Systems, die ich 1859 unter dem Titel „Apparate für den Betrieb langer Unterseelinien" in der deutsch-österreichischen Telegraphen-Zeitschrift erscheinen ließ, ausführlich beschrieben sind. Es wurden auf dem ersten Theile der Linie zwischen Suez und Aden, der im Frühjahr 1859 gelegt wurde, solche Translationsstationen in Cosseir und Suakim angelegt. Sie functionirten sehr sicher und gut, so daß sich durch den mit Entladungscontact versehenen Morsetaster so schnell wie auf Landlinien zwischen den Endstationen correspondiren ließ, während man sich bei Ausschluß der Translationsstationen nur sehr langsam auf der 1400 Seemeilen langen Linie verständigen konnte.

Ich gelangte aber während meines Aufenthaltes in Aden durch ein besonderes Hülfsmittel dahin, auch auf der directen Linie schnell und sicher zu sprechen und die zwischenliegenden Translationsstationen überflüssig zu machen. Durch das Studium der elektrischen Eigenschaften unterirdischer Leitungen war mir klar geworden, daß man alle Nebenströme, welche die telegraphischen Zeichen verwirren, am besten beseitigen könnte, wenn man dem gebenden Kabelende bestimmte, der Kabelcapacität entsprechende positive und negative Elektricitätsmengen plötzlich zuführte und ebenso an der Empfangsstation nur bestimmten Elektricitätsmengen den Austritt aus dem Kabel gestattete. Anfangs glaubte ich dies durch Einschaltung einer Polarisationsbatterie erzielen zu können, welche so große Elementenzahl und so geringe Elektrodenfläche hätte, daß die zur Umladung der Batterie erforderliche Elektricitätsmenge eben noch zur Bewegung des Relaisankers ausreichte. Ich hatte mir eine solche Polarisationsbatterie von 150 Platinaelementen mitgebracht, fand aber, daß der Widerstand der Batterie beinahe so viel schadete, als die Polarisationswirkung nutzte. Da kam mir das glückliche Ereigniß zu Hülfe, daß der etwa 150 Seemeilen lange Ueberrest des Kabels von Aden aus verlegt wurde, um später bei der Fortsetzung des Linienbaues verwendet zu werden. Es war dies ein elektrischer Condensator, der ohne den schädlichen Leitungswiderstand der Polarisationsbatterie dasselbe leisten mußte, was ich von dieser erwartete. Ich ließ daher das entferntere Kabelende nach erfolgter Auslegung isolirend schließen und schaltete darauf das Kabel als Erdverbindung ein. Das Resultat war über alle Erwartung glänzend. Man konnte jetzt Morseschrift ohne jede Schwierigkeit nicht nur direct von Suez empfangen, sondern zu meiner Ueberraschung auch dorthin geben, ohne die Sprechgeschwindigkeit einzuschränken.

Dies war die erste Anwendung des Condensators in der Kabeltelegraphie, ohne den es nicht möglich sein würde, auf den langen atlantischen Linien so schnell und sicher zu sprechen, wie es jetzt die ausgezeichneten Thomsonschen Spiegelgalvanometer erlauben. Anstatt isolirter Kabelenden wendet man heute Papier- oder Glimmercondensatoren an, die man damals noch nicht besaß.

Für die Legung selbst hatte ich eine systematische Methode zur Controle der elektrischen Eigenschaften des Kabels eingeführt, welche alle Unsicherheiten und Mißverständnisse ausschloß. Es wurde am Ausgangsorte der Legung eine Uhr aufgestellt, die in bestimmten Zeitabschnitten das Kabelende selbstthätig isolirte, darauf mit der Erdleitung und endlich mit dem Telegraphenapparate verband. Das Schiff konnte daher ohne Mitwirkung der Landstation alle Messungen ausführen, und dasselbe galt von der Landstation, die ihre Messungsresultate fortlaufend dem Schiffe telegraphirte, so daß dieses stets die erforderlichen Data besaß, um nach meinen Fehlerbestimmungsformeln die Lage eines plötzlich eintretenden Fehlers berechnen zu können. Diese Ueberwachungsmethode erwies sich als höchst nothwendig, denn die berüchtigte hohe Temperatur des rothen Meeres erweichte die Guttapercha sehr und führte häufig Fehler herbei. Trotz aller Sorgfalt, welche man auf ihre Beseitigung verwendete, stellte sich nach der Ankunft in Aden heraus, daß ein — glücklicherweise beträchtlicher, also leicht auffindbarer — Fehler im Kabel vorhanden war, der das Sprechen mit der letzten Station Suakim unmöglich machte. Die Fehlerbestimmung von Aden aus ergab, daß der Fehler ziemlich in dessen Nähe, d. h. in der Meerenge von Bab-el-Mandeb lag. Obgleich Mr. Newall und seine Ingenieure kein rechtes Vertrauen zu meiner Bestimmung der Fehlerlage hatten, wurde das Kabel doch dicht hinter der von mir angegebenen Stelle aufgefischt und geschnitten, worauf sich zur allgemeinen Ueberraschung und Freude ergab, daß der nach Suakim führende Theil des Kabels fehlerfrei war! Der Fehler lag ziemlich genau an der berechneten Stelle und wurde durch Einfügung eines kurzen Stückes neuen Kabels beseitigt.

Der „scientific humbug“ war durch diesen glücklichen Erfolg mit einem Schlage zu Ehren gekommen. Es war dies dadurch ermöglicht, daß ich bei dieser Legung die Strommessungen durchweg durch Widerstandsmessungen ersetzt hatte. Ein festes Maaß des elektrischen Leitungswiderstandes gab es damals noch nicht. Jacobi hatte zwar versucht ein rein empirisches Maaß allgemein als Widerstandsmaaß einzuführen, indem er Stücke Kupferdrahtes von gleichem Widerstande an Gelehrte und Mechaniker versandte und empfahl, diesen Widerstand allgemein als Einheit anzunehmen. Doch stellte sich bald heraus, daß die Widerstände sich änderten und wiederholte Copirung die Aenderungen noch um viele Procente vergrößerte.

Meine Firma hatte bis dahin den Widerstand einer deutschen Meile Kupferdrahtes von 1 mm Durchmesser als Einheit angenommen und Widerstandsskalen auf Grundlage dieser Einheit hergestellt. Es zeigte sich aber, daß das Kupfer selbst bei möglichster Reinheit wesentlich verschiedenen specifischen Widerstand hatte und auch seinen Widerstand im Laufe der Zeit änderte. Die Webersche absolute Einheit als Grundmaaß anzunehmen, verbot der damalige Stand der elektrischen Meßkunst, der noch keine Uebereinstimmung in den verschiedenen Darstellungen dieser Einheit erzielen ließ. Unter diesen Umständen entschloß ich mich, das reine Quecksilber zur Grundlage eines reproducirbaren Widerstandsmaaßes zu machen, und schlug vor, den Widerstand eines Quecksilberprismas von 1 qmm Querschnitt und 1 m Länge beim Gefrierpunkte des Wassers als Widerstandseinheit anzunehmen. Ich werde auf dieses Widerstandsmaaß bei der Beschreibung meiner betreffenden Arbeiten noch zurückkommen und will hier nur bemerken, daß die von meiner Firma angefertigten, nach dem Gewichtssystem geordneten Widerstandsskalen der Quecksilbereinheit sich bereits bei der Legung des Kabels von Suez nach Aden als sehr nützlich erwiesen und zum ersten Male sichere Fehlerbestimmungen ermöglichten. —

Die Kabellegung im rothen Meere war für mich auch reich an interessanten persönlichen Erlebnissen. Schon am Tage nach der Einschiffung in Triest, in den ersten Tagen des April, war ich so glücklich, ein prächtiges Zodiakallicht am Abendhimmel zu sehen. Die Gelehrten stritten sich damals und streiten sich auch heute noch über den Grund dieser Erscheinung. Ich glaube, diejenigen haben Recht, welche in dem Zodiakallichte einen Beweis dafür erblicken, daß die in der äquatorialen Zone mit gesteigerter Geschwindigkeit aufsteigende, an Wasserdämpfen reiche Luft über dieser Zone einen hohen Ring bildet, der durch die Wirkung der Centrifugalkraft noch erhöht wird. Die Erscheinung entsprach vollständig den in physikalischen Lehrbüchern befindlichen Abbildungen und dauerte bis zum völligen Erlöschen etwa eine Stunde.

Nach angenehmer, ruhiger Fahrt trafen wir bei prachtvollem Wetter in Corfu ein, wo wir mehrere Stunden anhielten und

Zeit hatten, die interessante Stadt und ihre herrliche Umgebung kennen zu lernen. Damals gehörten die ionischen Inseln noch den Engländern. Als ich nach einer Reihe von Jahren Corfu wieder besuchte, war es inzwischen in griechischen Besitz übergegangen, und die Stadt kam mir gegen früher recht heruntergekommen und ärmlich vor.

Bei schönstem Wetter durchschifften wir das an Erinnerungen so reiche adriatische und mittelländische Meer, landeten bei Alexandria und fuhren auf der erst kurz vorher eröffneten Eisenbahn nach Kairo, wo wir einige Tage Aufenthalt nahmen, um dem mit dem Kabel beladenen Schiffe Agamemnon, welches den Weg um das Kap der guten Hoffnung machen mußte, die nöthige Zeit zur Ankunft in Suez zu geben. Ich benutzte diese Gelegenheit zur Besichtigung der Stadt, die durch ihre reichen historischen Erinnerungen und als Berührungspunkt der Kulturen Europas und Asiens mich und meine Ingenieure im höchsten Grade interessirte. Als wir am 14. April die Cheops-Pyramide besuchten, hatten wir das Glück, auf ihrer Spitze eine interessante physikalische Erscheinung zu beobachten, über die ich später unter dem Titel „Beschreibung ungewöhnlich starker elektrischer Erscheinungen auf der Cheops-Pyramide bei Kairo während des Wehens des Chamsin" in Poggendorffs Annalen berichtet habe.

Schon während unseres Eselrittes von Kairo zur Pyramide erhob sich ein außergewöhnlich kalter Wüstenwind, der von einer eigenthümlichen, röthlichen Färbung des Horizontes begleitet war. Während unseres Aufstieges oder vielmehr unseres Transportes durch die Araber, die stets bei den Gizehpyramiden lagern und es sich nicht nehmen lassen, die Besucher derselben auf die über ein Meter hohen Stufen hinaufzuheben oder besser hinaufzuwerfen, nahm der Wind eine sturmartige Stärke an, so daß es einigermaaßen schwer fiel, sich auf der abgeplatteten Spitze der Pyramide aufrecht zu erhalten. Der Wüstenstaub war dabei so stark geworden, daß er als weißer Nebel erschien und uns den Anblick des Erdbodens gänzlich entzog. Er stieg allmählich immer höher empor und hüllte nach einiger Zeit auch die Spitze ein, auf [illegible] ich mich mit meinen zehn Ingenieuren befand. Dabei hörte man ein merkwürdiges, zischendes Geräusch, welches keine Folge des Windes selbst sein konnte. Einer der Araber machte mich darauf aufmerksam, daß beim Aufheben seines ausgestreckten Fingers über seinen Kopf ein scharfer, singender Ton entstand, der aufhörte, sobald er die Hand senkte. Ich fand dies bestätigt, als ich selbst einen Finger über meinen Kopf emporhob; zugleich verspürte ich im Finger eine prickelnde Empfindung. Daß es sich hierbei um eine elektrische Erscheinung handelte, ergab sich daraus, daß man einen gelinden elektrischen Schlag bekam, wenn man aus einer Weinflasche zu trinken versuchte. Durch Umhüllung mit feuchtem Papier verwandelte ich eine solche, noch gefüllte Flasche mit einem metallisch belegten Kopfe in eine Leydener Flasche, die stark geladen wurde, wenn man sie hoch über den Kopf hielt. Man konnte dann aus ihr laut klatschende Funken von etwa 1 cm Schlagweite ziehen. Dies bestätigte die von Reisenden schon früher beobachteten elektrischen Eigenschaften des Wüstenwindes in ganz unzweifelhafter Weise.

Im weiteren Verlaufe unserer Experimente fand ich Gelegenheit, den Beweis zu führen, daß die Elektricität auch als wirksame Vertheidigungswaffe zu gebrauchen ist. Die Araber hatten die aus unsern Weinflaschen hervorbrechenden Blitze gleich mit offenbarem Mißtrauen betrachtet. Sie hielten dann eine kurze Berathung, und auf ein gegebenes Signal wurde ein jeder meiner Begleiter von den drei Mann, die ihn hinaufbefördert hatten, gepackt, um gewaltsam wieder hinabtransportirt zu werden. Ich stand gerade auf dem höchsten Punkte der Pyramide, einem großen Steinwürfel, der in der Mitte der Abplattung lag, als der Scheik der Arabertribus sich mir näherte und mir durch unsern Dolmetscher sagen ließ, die Tribus hätte beschlossen, wir sollten sofort die Pyramide verlassen. Als Grund gab er auf Befragen an, wir trieben offenbar Zauberei, und das könnte ihrer Erwerbsquelle, der Pyramide, Schaden bringen. Als ich mich weigerte, ihm Folge zu leisten, griff er nach meiner linken Hand, während ich die rechte mit der gut armirten Flasche — in offenbar beschwörender Stellung — hoch über den Kopf hielt. Diesen Moment hatte ich abgewartet und senkte nun den Flaschenkopf langsam seiner Nase zu. Als ich sie berührte, empfand ich selbst eine heftige Erschütterung, aus der zu schließen der Scheik einen gewaltigen Schlag erhalten haben mußte. Er fiel lautlos zu Boden, und es vergingen mehrere, mich schon ängstlich machende Sekunden, bis er sich plötzlich laut schreiend erhob und brüllend in Riesensprüngen die Pyramidenstufen hinabsprang. Als die Araber dies sahen und den fortwährenden Ruf „Zauberei" des Scheiks hörten, verließen sie sämmtlich ihre Opfer und stürzten ihm nach. In wenigen Minuten war die Schlacht entschieden und wir unbedingte Herren der Pyramide. Jedenfalls ist Napoleon der „Sieg am Fuße der Pyramiden" nicht so leicht geworden wie mir der meinige auf ihrer Spitze!

Da das Wehen des Chamsin bald aufhörte und die Sonne die gefährdete Pyramide wieder hell beleuchtete, so erholten sich auch die Araber von ihrem Schreck und kletterten wieder zu uns in die Höhe, um der erhofften „Bakschisch" nicht verlustig zu gehen. Der Zauberei hielten sie uns aber offenbar auch beim friedlichen Abschiede noch für verdächtig.

Auch an keinen Abenteuern zur See fehlte es bei dieser Kabellegung nicht. Das Wetter war durchweg windstill und schön, wie es im rothen Meere, wo Regenfall zu einer großen Seltenheit gehört, stets zu sein pflegt. Nur die erschlaffende Hitze war störend. Mein Reisethermometer zeigte bei Tage fast immer 30° und bei Nacht 31° Réaumur, eine Temperatur, die man zwar mit voller nordischer Kraft längere Zeit ohne Schwierigkeit erträgt, die auf die Dauer aber doch recht lästig wird. Am Tage lebt man in stetem Kampfe mit der Sonne, vor deren Strahlen Kopf und Rücken sorgfältig geschützt werden müssen. Nachts fehlt die erhoffte Kühlung gänzlich. Zwar die Sternenpracht des südlichen Himmels bei der in Wirklichkeit ägyptischen Finsterniß der Nächte ist erhebend — aber sie ersetzt doch nicht die ersehnte Kühlung.

Eines Nachts, als ich in meinem „test-room" die Isolation des Kabels zwischen Cosseir und Suakim überwachte, hörte ich plötzlich lautes Schreien und heftige Bewegung an Bord. Der an der

Schiffsspitze mit fortgesetzten Tiefensondirungen betraute Mann war über Bord gegangen. Da das ganze Deck mit Gaslicht hell beleuchtet war, so konnten viele der dort beschäftigten Leute den laut um Hülfe rufenden Mann im Wasser sehen und ihm Rettungsringe zuwerfen, die überall an Bord bereit gehalten wurden. Das Schiff wurde angehalten und Boote wurden ausgesetzt, die für eine unbehaglich lange Zeit im nächtlichen Dunkel verschwanden. Endlich kamen sie triumphirend zurück. Der Mann hatte sich schwimmend über Wasser gehalten und war so glücklich gewesen, von keinem der vielen Haifische ergriffen zu sein, die sich im dortigen Meere tummeln und besonders gern weiße Menschen verzehren sollen, während sie die schwarzen nur selten belästigen. Er zitterte heftig, als er an Bord kam, und hatte noch sein offenes Messer in der Hand. Nach seinem Geschick befragt, erzählte er, daß er von einer Menge Haifische umringt worden wäre, aber glücklicherweise hätte sein Messer ziehen und sich mit ihm vertheidigen können, bis die Boote zu seiner Rettung erschienen wären. Uns allen gruselte es bei der lebendigen Schilderung seiner Gefahren und Kämpfe. Da kam der Bootsmann in den Kreis, der sich um den Mann gebildet hatte, um dem Kapitän zu melden, daß einige der Kautschukringe, die man dem Verunglückten nachgeworfen, wieder aufgefunden seien, und daß merkwürdiger Weise mehrere derselben Messerstiche aufwiesen. Der Mann hatte die weißen Ringe in seiner Todesangst für weiße Haifischbäuche gehalten — der Hai legt sich bekanntlich auf den Rücken, wenn er schnappen will.

Der Haifisch spielt im Matrosenleben der heißen Zone eine große Rolle, da er dem Schiffsvolke das erquickende Seebad verleidet. Der Matrose haßt denselben daher leidenschaftlich und martert ihn mit Vergnügen, wenn es ihm gelingt, eines solchen habhaft zu werden. Ich war Zeuge, wie mit einem kleinen Anker, auf dessen Zacken Fleischstücke aufgespießt waren, zwei mächtige, mindestens zwölf Fuß lange Haie gefangen und an Bord gezogen wurden. Es war ziemlich gefährlich, ihnen zu nahen; sie hatten gewaltige Kraft und ein so zähes Leben, daß sie noch lange, nachdem ihnen sämmtliche Eingeweide genommen waren, mit den Schwänzen um sich schlugen.

Als wir im Hafen von Suakim vor Anker lagen, war es streng verboten zu baden, da sich in der Nähe sehr viele Haifische umhertummelten. Eines Abends saßen wir nach Sonnenuntergang, der dort sehr schnell völlige Dunkelheit im Gefolge hat, wie gewöhnlich beim „dinner“ auf dem Schiffsdecke, als plötzlich „shark“ von mehreren Stimmen gerufen wurde und gleichzeitig der Hülferuf eines Menschen erscholl. Die Boote wurden niedergelassen, und man sah deutlich in dem vom Schiffe ausgehenden Lichte sich etwas im Wasser bewegen, was für einen Haifisch gehalten wurde. Es liefen daher mehrere nach ihren Revolvern, die immer bereit lagen, da es ein üblicher Sport war, während der Fahrt des Schiffes nach ins Wasser geworfenen leeren Sodawasserflaschen zu schießen. Glücklicherweise zeigte sich vor Beginn der Kanonade, daß der vermeintliche Haifisch ein Matrose war, der dem Verbote entgegen ein Bad nahm und von seinen Kameraden durch den „shark“-Ruf in Angst versetzt war.

In Suakim angekommen, erhielten wir alsbald den Besuch der Höchstgebietenden des Ortes, des türkischen Paschas und des Ortschefs. Es waren zwei höchst würdige Gestalten, die sich mit orientalischer Grandezza bewegten und ängstlich jeden Schein vermieden, als ob sie sich über irgend etwas wunderten. Es wurde ihnen ein Teppich ausgebreitet und Tschibuk und Kaffee servirt. Sie rauchten und tranken mit Würde, ohne sich nach uns umzusehen, die wir sie umstanden. Da sagte mein Freund, unser Oberingenieur William Meyer, der die Expedition begleitete: „Sieh mal, Werner, was der Lange mit dem schönen weißen Bart für ein famoser Kerl ist; den könnte man in Berlin für Geld sehen lassen!“ Zu unserer Ueberraschung drehte sich der Betreffende langsam nach uns um und sagte im schönsten Berliner Dialekt: „Jh, Sie sprechen deutsch?“ Auf unsere Antwort, daß wir Deutsche wären, uns aber wunderten, daß er deutsch sprechen könne, antwortete er: „Jch bin ja aus Berlin. Besuchen Sie mich!“ Dann drehte er würdevoll seinen Kopf zurück und nahm weiter keine Notiz von uns. Meyer besuchte ihn am nächsten Tage und lernte einen ganz umgänglichen Mann in ihm kennen, wenn er sich nicht in türkischer Begleitung befand. Er war als Schneidergeselle vor 50 Jahren von Berlin aus in die Welt gegangen, wollte nach Indien, erlitt aber im rothen Meere bei Suakim Schiffbruch, blieb dort, wurde Mohammedaner und schließlich Stadthaupt. Dabei war er ein reicher Mann geworden. Er zeigte meinem Freunde alle seine Besitzthümer, nur den Harem wollte er ihm trotz aller Bitten nicht zeigen und verbat sich zuletzt ernstlich, über seine Frauen zu sprechen.

Als wir in Aden unsre Geschäfte beendet hatten, wollte ich mit Meyer auf dem nächsten Dampfer der Peninsular & Oriental Company, der Alma, so schnell als möglich nach Europa zurückkehren. Dasselbe beabsichtigten die Herren Newall und Gordon. Als der Dampfer eintraf, war er aber voll besetzt, und man verweigerte uns die Aufnahme. Erst durch eine von Herrn Newall erwirkte Ordre des Gouverneurs von Aden erlangten wir dieselbe, freilich nur als Deckpassagiere, da keine Kajüten mehr frei waren. Wir nahmen hieran keinen Anstoß, denn wir hatten während unsres mehrmonatlichen Aufenthaltes auf dem rothen Meere stets angekleidet auf dem Deck geschlafen, weil die Hitze unter Deck unerträglich war.

An Bord fanden wir eine wirklich luxuriöse Einrichtung und elegantes, fast üppig zu nennendes geselliges Leben, das mit unserm Dasein in der letzten Zeit stark contrastirte. Herren und Damen wechselten am Tage wiederholt ihre eleganten Toiletten, und zwei Musikchöre lösten sich ab, um die Langweiligkeit der Seefahrt zu bekämpfen. Wir kamen uns in unsern abgerissenen Gewändern recht ungehörig für diesen feinen Kreis vor, und die uns treffenden Blicke der Damen schienen auch voll Verwunderung über einen so unpassenden Zuwachs der Schiffsgesellschaft zu sein. Doch wurden wir von dem ersten Lieutenant dem Höchstgestellten der Reisegesellschaft, dem englischen Gesandten für China vorgestellt, der den französisch-englischen Krieg mit China soeben glücklich zu Stande gebracht hatte. Derselbe gab uns gnädige Audienz, wobei er mit uns in eines Jeden Muttersprache einige

Worte wechselte, da er stolz auf seine ausgebreitete Sprachkenntniß war und sie gern zeigte. Nach Einbruch der Nacht suchte sich Jedermann auf dem Deck einen Lagerplatz aus, aber unsere Ruhe wurde noch lange durch die Damen gestört, die sich nicht entschließen konnten, in ihre heißen Kajüten hinabzusteigen.

Wir hatten erst einige Stunden geschlafen, als wir auf eine rauhe Weise aus unseren Träumen geweckt wurden. Ein heftiger Stoß machte das ganze Schiff erzittern, ihm folgten zwei andere, noch heftigere, und als wir entsetzt aufgesprungen waren, fühlten wir auch schon, wie das Schiff sich zur Seite neigte. Ich hatte glücklicherweise meine Stiefel nicht ausgezogen, nur Hut und Brille abgelegt. Als ich mich nach diesen umsah, bemerkte ich meinen Hut bereits auf dem Wege zum niedersinkenden Schiffsbord und folgte ihm unfreiwillig in gleicher Richtung. Von allen Seiten erscholl ein wilder, angsterfüllter, ohrenzerreißender Aufschrei, dann ein allgemeines Gepolter, da alles auf Deck Befindliche den Weg in die Tiefe antrat. Instinctiv strebte Jeder dem höheren Schiffsbord zu, die Meisten vermochten ihn zu erreichen. Mir ging es schlechter, da ich beim Suchen nach Hut und Brille Zeit verlor. Schon strömte das Wasser über die Bordkante und mahnte mich, an die eigene Rettung zu denken. Das Deck war in wenigen Sekunden in eine so schräge Lage gekommen, daß es nicht mehr möglich war, auf ihm emporzuklimmen. Doch die Noth macht riesenstark! Ich stellte Tische und Stühle so übereinander, daß ich ein im hellen Mondschein sichtbares Schiffstau, das vom hochliegenden Bord herunterhing, erreichen und an ihm emporklimmen konnte.

Dort oben fand ich fast die ganze Schiffsgesellschaft schon versammelt und mit bewundernswürdiger Ruhe die Entwicklung des Dramas erwartend. Da drangen durch die Stille der Nacht schwache weibliche Hülferufe, und eine Stimme erklärte, daß noch viele Damen in den zur Hälfte bereits überflutheten Kabinen wären. Alles war bereit, bei ihrer Rettung mitzuwirken, aber es war schwierig, sie zu bewerkstelligen, weil das schon mehr als 30° schiefliegende, glatte Deck keinen Halt mehr darbot. Jetzt leistete mein Schiffstau gute Dienste. Ein mit der Schiffslocalität vertrauter Seemann ließ sich an ihm zum Kabineneingange hinab und befestigte eine Dame daran, die wir dann emporzogen. Das ging aber zu langsam, denn noch harrte eine große Anzahl der Rettung. Es wurde daher mit Hülfe anderer Schiffstaue eine lebendige Kette gebildet, durch welche die armen, großentheils in ihrem Lager von dem durch die offenen Kabinenfenster eingeströmten Wasser überraschten, zitternden Damen von Hand zu Hand hinaufbefördert wurden. Wenn irgend wo ein Hinderniß eintrat, ertönte das Commando „Halt!“ und es mußte dann jeder seine Last so lange tragen, bis die Beförderung wieder in Gang kam. Bei einem solchen Halt erkannte ich beim Mondesscheine in der sich ängstlich an mich schmiegenden, von Wasser triefenden Dame die stolze, junge Kreolin, die wir noch vor wenigen Stunden in dem Verehrerkreise, den ihre Schönheit um sie gebildet hatte, aus bescheidener Ferne bewundert hatten.

Das schnelle Sinken des Schiffs nach dem Aufstoßen auf einen verdeckten Korallenfelsen erklärte sich durch den schon erwähnten Umstand, daß die Kajütenfenster sämmtlich geöffnet waren, das Wasser daher ungehindert Eingang in den Schiffsraum fand. Das Schiff lag bald ganz auf der Seite, und die große Frage, an der jetzt Leben und Tod alles Lebendigen auf ihm hing, war die, ob es eine Ruhelage finden oder kentern und uns sämmtlich in die Tiefe schleudern würde. Ich errichtete mir eine keine Beobachtungsstation, mit deren Hülfe ich die weitere Neigung des Schiffes an der Stellung eines besonders glänzenden Sternes verfolgen konnte, und proklamirte von Minute zu Minute das Resultat meiner Beobachtungen. Alles lauschte mit Spannung diesen Mittheilungen. Der Ruf „Stillstand!“ wurde mit kurzem, freudigem Gemurmel begrüßt, der Ruf „Weitergesunken!“ mit vereinzelten Schmerzenslauten beantwortet. Endlich war kein weiteres Sinken mehr zu beobachten, und die lähmende Todesfurcht machte energischen Rettungsbestrebungen Platz.

Wir konnten im Scheine des Mondes und des hell glänzenden Sternenhimmels deutlich erkennen, daß wir auf einen größeren, an einer Stelle ziemlich hoch aus dem Wasser herausragenden

Felsen zugetrieben waren, der jetzt nur noch einige hundert Meter von uns entfernt lag. Die an Bord der Seeseite befestigten Rettungsboote konnten mit Ueberwindung einiger Schwierigkeiten flott gemacht werden, und jetzt wurden nach altenglischer Seepraxis zuerst die Frauen und Kinder ans Land geschafft. Es war das zwar sehr unpraktisch, da die armen Geschöpfe auf dem Lande in einer verzweifelt hülflosen Lage waren, doch wurde der Grundsatz mit voller Consequenz durchgeführt.

Als wir, William Meyer und ich, bei Anbruch des Tages an die Reihe kamen, fanden wir die Damen fast ohne Ausnahme in einem höchst bedauernswerthen Zustande, da sie nur nothdürftig bekleidet und größtentheils ohne Schuhzeug waren. Der vielleicht noch niemals von einem menschlichen Fuß betretene Felsen war durchweg mit scharfen Korallenspitzen besetzt, welche die unbekleideten Füße blutig ritzten. Hier that Hülfe am nöthigsten. Ich gehörte zu den Glücklichen, die Schuhzeug besaßen, und hatte auch mein Taschenmesser behalten. Mit dem nächsten Boote kehrte ich daher nach dem Wrack zurück und fischte mir eine dicke Matte von Linoleum und eine andere von dünnerem Stoff heraus, mit denen ich nun am Ufer eine Sandalenwerkstatt eröffnete. Mein Freund, der nicht so glücklich war, Stiefel gerettet zu haben, erhielt zuerst ein Paar Sandalen und übernahm es dann dankbar, die bewegungslos am Boden kauernden Damen mit solchen auszurüsten. Er erinnerte sich noch nach Jahren mit Freude der dankbaren Blicke aus schönen Augen, die ihm dieser Samariterdienst eintrug.

Doch was nun? Es saßen jetzt am Morgen des Pfingstsonntages etwa 500 Personen auf dem nackten Korallenfelsen von vielleicht einem Hektar Größe, der über acht Seemeilen außerhalb des gewöhnlichen Kurses der Schiffe lag. Wir waren in der schönen, stillen Nacht, in der Steuermann und „lookout“ wahrscheinlich sanft entschlummert waren, in das berüchtigte Korallenfeld gerathen, das südlich von den Harnischinseln liegt und von allen Schiffen ängstlich gemieden wird. Auf zufällige Rettung war daher um so weniger zu rechnen, als der gänzliche Mangel an

Trinkwasser ein langes Abwarten der Hülfe unmöglich machte. Das Schiff ging zwar nicht völlig unter, und wir konnten Lebensmittel aller Art in hinlänglicher Menge bergen, aber der Wasserbehälter hatte sich mit Seewasser gefüllt, und die Destillirblase, mit der das nöthige süße Wasser überdestillirt wurde, war nicht zu heben. Das noch in den Kabinen befindliche Wasser bildete daher unsern einzigen Besitz, von dessen sparsamer Verwendung es abhing, wie lange wir den Kampf ums Dasein noch fortführen konnten.

Doch es drohte noch eine andere große Gefahr. Die Schiffsbesatzung bestand bei den schönen und großen Dampfern der Peninsular & Oriental Company, die den Dienst zwischen Suez und Indien damals versah, fast nur aus eingeborenen Leuten, da Europäer dem Klima des rothen Meeres nicht lange zu widerstehen vermögen. Unter den etwa 150 Personen, welche die Bemannung der Alma bildeten, befanden sich daher außer den Schiffsofficieren nur drei oder vier Europäer. Der Kapitän war krank und soll bald nach dem Schiffbruch in Folge der Aufregung gestorben sein. Die Officiere hatten durch die schlechte Schiffsführung ihr Ansehen eingebüßt und vermochten die Disciplin unter der Mannschaft nicht mehr aufrecht zu erhalten. Diese fing daher an zu meutern, versagte den Gehorsam, erbrach die geborgenen Koffer der Reisenden und benahm sich rücksichtslos gegen die Damen. In dieser Noth vollzog sich ein Akt freiwilliger Staatenbildung. Die thatkräftigsten der jüngeren Männer, zu denen namentlich eine Anzahl auf der Heimreise von Indien begriffener englischer Officiere gehörten, bemächtigten sich der alten Gewehre mit Bajonnet, die wohl mehr zur Dekoration als zu ernstlichem Gebrauche auf dem Schiffe waren, und proklamirten das Standrecht. Ein sich widersetzender, trunkener Matrose wurde niedergestoßen und auf der Höhe des felsigen Hügels ein Galgen als Zeichen unsrer Macht errichtet. Dorthin wurden auch alle geborgenen Lebensmittel geschafft und ein Wachtzelt aufgeschlagen, vor dem ein Posten patrouillirte. Das wirkte beruhigend und hielt die Schiffsmannschaft in Gehorsam.

Vor allen Dingen war es nöthig, Schutz gegen die Sonne zu schaffen, die um diese Jahreszeit Mittags senkrecht auf die Insel niederstrahlte. Es begann daher eine eifrige Thätigkeit, um mit Hülfe der Segel und Raaen Zelte zu bauen. Ferner wurde eine Küche eingerichtet, und die Lebensmittel, namentlich das Wasser sowie die Vorräthe an Bier und Wein wurden in Sicherheit gebracht. Hierbei that sich besonders Mr. Gisborne, der leitende Ingenieur der Kabellegung hervor, der eine Art Diktatur auf der Insel ausübte. Mr. Newall war gleich bei Anbruch des Tages mit einem der drei Boote, die uns zur Verfügung standen, nach Mokka, dem nächsten Orte an der arabischen Küste, gefahren, um Hülfe zu suchen. Er fand sie dort aber nicht — vielleicht weil in Folge des kurz vorher stattgefundenen Bombardements von Djedda durch die Engländer die Stimmung gegen die Europäer sehr ungünstig war — und fuhr daher weiter nach der Straße von Bab-el-Mandeb, in der Hoffnung, dort einem Schiffe zu begegnen. Es war diese Fahrt auf einem gebrechlichen, offenen Boote ein kühnes Unternehmen, aber unsere einzige Hoffnung hing daran! Und in der That, es glückte dank einem ausgezeichneten Fernrohr, das ich mir zu dieser Reise von Steinheil in München hatte bauen lassen.

Als nämlich das englische Kriegsschiff, welches einige Tage nach uns Aden verließ, um die Zwischenstationen zu besuchen und unsere dort stationirten Ingenieure abzuholen, am frühen Morgen die Straße von Bab-el-Mandeb passirt hatte, stand unser Ingenieur Dr. Esselbach mit meinem Fernrohr auf Deck und musterte die unendlich sich ausdehnende Meeresfläche. Da erblickte er einen weißen Punkt, den er für das Segel eines europäischen Bootes hielt, weil die Eingeborenen nur braune Segel führen. Er machte die Schiffsofficiere und schließlich den Kapitän selbst darauf aufmerksam, der sich durch mein Fernrohr von der Richtigkeit der Beobachtung überzeugte und den Kurs sofort auf den weißen Punkt richtete. Zu großer Ueberraschung Aller entwickelte sich dann aus diesem Punkte das den Seeleuten wohlbekannte Boot des Passagierdampfers, und schon aus weiter Ferne erkannte man Herrn Newall an seinem charakteristischen langen weißen Barte.

Inzwischen hatte sich das Leben auf dem Korallenfelsen in erwarteter Weise weitergesponnen. Von 9 Uhr Morgens bis 4 Uhr Nachmittags mußten wir ruhig unter den Zeltdächern liegen, um der Sonnengluth besser widerstehen zu können und das Bedürfniß nach Getränken nicht zu sehr zu wecken. Darauf wurde gekocht und so gut es anging dinirt, wobei in den ersten Tagen jeder eine kleine Flasche pale Ale bekam, da das Wasser für Frauen und Kinder reservirt wurde. Den Wein, der auch vorhanden war, konnte Niemand vertragen; er erhitzte das Blut derartig, daß diejenigen erkrankten, die es versuchten, ihn zu trinken. Die ersten beiden Tage ging alles so leidlich, dann aber begann eine große Abspannung und verzweifelte Stimmung Platz zu greifen. Treue alte Diener verweigerten keine Dienstleistungen, wenn ihnen auch Goldstücke dafür geboten wurden. Selbst die Schafe und Hunde, die man ans Land gebracht hatte, verloren allen Lebensmuth. Sie drängten sich mit unwiderstehlicher Gewalt unter die Zeltdächer und ließen sich lieber tödten als den unbarmherzigen Sonnenstrahlen wieder preisgeben. Nur die Schweine übertrafen an Ausdauer selbst den Menschen; sie umkreisten unausgesetzt suchend die Insel, bis sie im Kampfe um ihr Dasein todt zu Boden fielen.

Am dritten Tage gelang es einer keinen Zahl von uns, die noch so viel Kraft und Selbstüberwindung besaßen, um bei niedrigem Sonnenstande Arbeiten auszuführen, die äußere Schiffswand zu durchbrechen und sich den Eingang in die Eiskammer des Schiffes zu eröffnen. Es fand sich in ihr freilich kein Eis mehr vor, aber noch eine mäßige Quantität kalten Wassers. Dasselbe wurde ebenfalls den zahlreichen Frauen und Kindern reservirt, doch erhielt jeder Mitarbeiter als Lohn ein Glas frisches, kühles Wasser. Noch nach vielen Jahren habe ich mich dieses erquickenden Trunkes bei quälendem Durst und trockenem Gaumen oft dankbar erinnert.

Als auch der vierte Tag ohne Aussicht auf Erlösung verging, bemächtigte sich selbst der Muthigsten dumpfe Verzweiflung. Ein Dampfschiff, dessen Rauch wir in weiter Ferne erblickt, war vorübergefahren, ohne uns zu entdecken. Am folgenden Morgen hieß es wieder „Dampfschiff in Sicht!“ aber der Ruf erweckte diesmal nur schwache Hoffnung. Doch der Rauch kam näher, und die schon schlummernden Lebensgeister erwachten aufs neue. Das Schiff näherte sich uns bald, bald entfernte sichs wieder; die Hoffnung begann sich zu regen, daß es uns suche. Da endlich schien es unsre Signale zu bemerken, es nahm den Kurs direkt auf die Insel. Kein Zweifel mehr! die Rettung nahte, und ihre Gewißheit machte auch die beinahe schon Todten wieder lebendig. Wir erkannten unser Begleitschiff bei der Kabellegung und Newall, unsern Retter, an seinem Bord.

Es waren unvergeßliche Scenen, die sich jetzt abspielten. Auf dem Schiffe herrschte rege Thätigkeit zur Ausführung der Landung. Niemand schien Notiz zu nehmen von dem vielhundertstimmigen Freudenjubel, der der Schiffsmannschaft entgegentönte. Der Anker rasselte nieder und die Boote schossen ins Wasser. Sie trugen Tonnen voll Wasser und flache Holzgefäße, die dann durch kräftige Matrosenhände auf dem Lande aufgestellt und mit Wasser gefüllt wurden. Man wußte durch Mr. Newall, daß uns das Wasser mangelte, und wollte zunächst unsern Durst stillen. Es stürzte sich auch sofort Alles auf die großen Holzgefäße und suchte mit der hohlen Hand Wasser aus ihnen zu schöpfen. Aber das ging langsam, und Andere drängten nach. Da wurde einfach der Kopf niedergebeugt und mit gierigen Zügen das köstliche Naß geschlürft. Auch die Thiere hatten das Wasser gespürt und drängten sich mit unwiderstehlicher Kraft heran, obgleich sie Tage lang schon wie todt unter den Zeltdächern gelegen hatten. Ein großer Hammel schob alles bei Seite und steckte seinen Kopf zwischen dem einer schönen Blondine und dem eines Negers in das Faß, ohne daß diese sich stören ließen. Es waren Bilder, die gewiß Allen unvergeßlich geblieben sind, die sie gesehen haben.

Da die Zahl von etwa fünfhundert Passagieren und Schiffsvolk für den Transport durch das kleine Kriegsschiff zu groß war, wurde von seinem Kapitän beschlossen, die Schiffsmannschaft mit einer Matrosenwache des Kriegsschiffes auf der Insel zurück zu lassen und wegen ihrer Meuterei in strenger Zucht zu halten, die sämmtlichen Passagiere aber an Bord zu nehmen und nach Aden zurückzubringen. So kamen wir, in fürchterlicher Enge auf dem Deck des kleinen Schiffes zusammengepreßt, wieder in Aden an, wo man schon mit Unruhe die telegraphische Nachricht unserer Ankunft in Suez erwartet hatte. Auf Befehl des Gouverneurs von Aden mußte der nächste indische Passagierdampfer trotz seiner Ueberfüllung noch fast die ganze Zahl der Schiffbrüchigen aufnehmen. Wir ertrugen aber gern die Beschwerden dieser Ueberfahrt und der weiteren von Alexandria nach Marseille und dankten Gott, daß wir nicht ein tragisches Ende auf dem einsamen Korallenfelsen der Harnisch-Inseln gefunden hatten.

Weder in Kairo noch in Alexandria hatten wir Muße, unsere sehr defecte äußere Erscheinung zu verbessern. Fast Alle hatten ihr gesammtes Gepäck beim Schiffbruch verloren, auch fehlte es den Meisten an Geldmitteln. Erst in Paris, wohin es unaufhaltsam ging, bot sich Gelegenheit zu neuer Ausrüstung. Wir mußten sämmtlich den Weg über Marseille nehmen, da der Hafen von Triest durch die Franzosen blockirt war und die Reise über Italien des Krieges in der Lombardei wegen nicht anging. Die Nachricht der französischen Kriegserklärung und des Todes von Alexander von Humboldt hatte ich während der Kabellegung mitten im rothen Meere erhalten. Auch die späteren großen politischen Ereignisse waren uns durch das Kabel mitgetheilt worden, so daß wir in steter Kenntniß der Weltereignisse geblieben waren.

Es hätte übrigens nicht viel gefehlt, so wäre ich mit Meyer in Malta sitzen geblieben. Der Kapitän des französischen Passagierdampfers erklärte bestimmt, er dürfe keine Passagiere ohne Paß nach Marseille bringen, wir müßten uns daher in Malta mit Päffen versehen, wenn wir die unsrigen beim Schiffbruch verloren hätten. Da der Kapitän uns den betreffenden Konsuln als in Alexandria übernommene Schiffbrüchige vorstellte, so erhielten alle Uebrigen ohne jede Schwierigkeit Konsulatspässe ausgefertigt; nur der preußische Konsul — ein mit diesem Amte betrauter, dort ansässiger Geschäftsmann — erklärte, daß er dazu nicht autorisirt sei, da wir keine vorschriftsmäßige Legitimation vorweisen könnten. Erst nach sehr heftigen Scenen gab er nach, und wir konnten das Schiff noch eben vor der Abfahrt erreichen.

Die indische Linie wurde im folgenden Jahre von Aden bis Kurrachee verlängert, wobei William Meyer die Leitung der elektrischen Arbeiten übernahm. Leider blieb die Linie nicht lange in brauchbarem Zustande. Im Rothen-Meer-Kabel waren schon während der Fortsetzung der Linie nach Indien Isolationsfehler aufgetreten, welche die Correspondenz erschwerten. Unsre Elektriker nahmen zwar eine Reparatur vor, bei der sie alle groben Fehler beseitigten, doch traten immer neue auf, die schon im nächstfolgenden Jahre die ganze Linie unbrauchbar machten, weil das Kabel im rothen Meere durch Korallenbildung am Boden festgehalten wurde und daher nicht mehr zu heben und zu repariren war. Der Grund dieses traurigen Ereignisses war einmal darin zu suchen, daß die Unternehmer das Kabel nicht im tiefen Wasser, in der Mitte des Meeres, sondern nahe der nubischen Küste, an der die Zwischenstationen lagen, im flachen Wasser niederlegten, wo die Korallenbildung auf dem Meeresboden sehr schnell vorschreitet. Man war aber damals auch noch nicht zu der Ueberzeugung gekommen, daß bei Unterseekabeln nicht die Billigkeit, sondern die Güte in erster Linie anzustreben ist. Man überlegte nicht, daß jeder Fehler, wenn er nicht reparirt werden kann, das ganze Kabel entwerthet, und daß aus jedem kleinen Isolationsfehler mit der Zeit ein großer wird. Fast alle in der ersten Zeit von den Engländern gelegten unterseeischen Kabel, sowohl die im Kanal, im mittelländischen und rothen Meere, wie auch das erste atlantische Kabel, welches im Sommer 1858 nach einem verfehlten Versuche im vorhergegangenen Jahre durch den Ingenieur Whitehouse gelegt wurde, gingen zu Grunde, weil man bei der Construction und Herstellung, sowie bei den Prüfungen und der Legung sich nicht von richtigen Grundsätzen hatte leiten lassen.

In Erkenntniß dieser Thatsache übertrug die englische Regierung unsrer Londoner Firma im Jahre 1859 die Controle der Anfertigung und die Prüfungen von Kabeln, welche sie zu legen beabsichtigte. Bei diesen Prüfungen wurde zum ersten Male ein consequentes, rationelles Prüfungssystem angewendet, welches Sicherheit gab, daß das vollendete Kabel fehlerlos war, wenn die Leitungsfähigkeit des Kupferleiters und der Isolationswiderstand des isolirenden Ueberzuges den specifischen Leitungswiderständen der benutzten Materialien vollständig entsprachen. Es ergab sich, daß die Isolirung dieser neuen Kabel über zehn Mal so groß war, als man sie bis dahin bei Unterseekabeln erreicht hatte.

Mein Bruder Wilhelm und ich haben den der englischen Regierung über die Ausführung dieser Prüfungen und die dabei angewendeten Methoden und Formeln erstatteten Bericht im Juli 1860 in einem von Wilhelm gehaltenen Vortrage unter dem Titel „Umriß der Principien und des praktischen Verfahrens bei der Prüfung submariner Telegraphenlinien auf ihren Leitungszustand" der British Association mitgetheilt und unsere Erfahrungen dadurch zum Gemeingut gemacht.

Seit dieser Zeit sind keine fehlerhaft isolirten Kabel mehr verlegt, und die Dauer derselben hat sich überall da als befriedigend erwiesen, wo nicht locale Gründe oder äußere Gewalt Zerstörungen bewirkten. Solche localen zerstörenden Ursachen fanden sich bei Kabellegungen in flachem Wasser — sowohl im mittelländischen wie auch im schwarzen Meere — in einem keinen Thiere, welches zur Klasse der den Holzschiffen so gefährlichen Holzwürmer (Xylophaga) gehört. Bei den in den Jahren 1858 und 1859 von der Firma Newall & Co. im östlichen Theile des mittelländischen Meeres gelegten Kabeln ohne Eisenhülle wurde schon in dem Jahre der Legung ein großer Theil der Hanfumspinnung des mit Guttapercha isolirten Leiters zerfressen. Dabei hatten die Thierchen aber auch vielfach die Guttapercha selbst angegriffen, und es fanden sich zahlreiche Stellen, wo sie sich bis zum Kupfer durchgefressen und dadurch die Isolation gänzlich zerstört hatten. Sogar eine Eisenumhüllung schließt eine Zerstörung der im flachen Wasser liegenden Kabel durch den Holzwurm nicht vollständig aus, da Stellen, an denen ein gebrochener Draht abgesprungen ist, ihm Zugang verschaffen, und da die junge Brut auch die schmalen

Zwischenräume zwischen den Schutzdrähten passiren und dann innerhalb der Schutzhülle sich zu gefährlicher Größe entwickeln kann. Bruder Wilhelm hatte zur Beseitigung dieser Gefahr für flaches Wasser ein besonderes Kabel construirt, bei dem Längsfäden von bestem Hanf, die um den durch Guttapercha oder Kautschuk isolirten Leiter gelagert waren, dem Kabel die nöthige Tragfähigkeit geben sollten, während eine Lage schuppenartig übereinandergreifender Kupferblechstreifen die Kabelseele vor dem Holzwurm zu schützen bestimmt war. Ein derartiges Kabel erhielt unsre Londoner Firma, die inzwischen in Charlton bei Woolwich eine ansehnliche Werkstatt für mechanische Arbeiten und eine eigene Kabelfabrik angelegt hatte, im Jahre 1863 von der französischen Regierung für die Strecke von Cartagena nach Oran in Auftrag. Der damalige Generaldirektor des französischen Telegraphenwesens, M. de Vougie, hatte bereits wiederholt eine kostspielige Kabellegung von der französischen zur algerischen Küste versucht, ohne dadurch eine befriedigende telegraphische Verbindung erzielt zu haben. Er wollte jetzt eine solche auf billigstem Wege über Spanien durch ein ganz leichtes Kabel zu Stande bringen und beauftragte uns mit der Anfertigung und Legung eines kupferarmirten Kabels zwischen Cartagena und Oran.

Die französische Regierung hatte sich die Beschaffung des Dampfers sowie die Bemannung und Führung desselben durch Angehörige der kaiserlichen Marine vorbehalten. Der Generaldirektor, der mir von der Pariser Ausstellung des Jahres 1855 her, bei der wir beide als Jury-Mitglieder functionirt hatten, wohlbekannt war, beabsichtigte selbst der Legung beizuwohnen. Wilhelm und ich wollten gemeinschaftlich die Leitung übernehmen, und so trafen wir denn im December 1863 in Madrid zusammen, wohin ich von Moskau, wo ich mich gerade aufgehalten, über Petersburg, Berlin und Paris fast ohne Unterbrechung in fünf Tagen gefahren war.

Mein Bruder hatte sich inzwischen — im Jahre 1859 — mit der Schwester des schon mehrfach genannten Mr. Gordon, einer geistvollen und liebenswürdigen Dame, verheirathet. Er brachte seine Frau mit nach Madrid, da sie die Mühen und etwa mit der Legung verbundenen Gefahren durchaus mit ihm theilen wollte. In Madrid war es unangenehm kalt und windig, so daß ich eine Verbesserung im Klima seit dem Verlassen Moskaus eigentlich nicht bemerken konnte. Wir reisten bald weiter nach Aranjuez, Valencia und Alicante, ohne auch da eine behaglichere Temperatur zu finden. Der Winter war ungewöhnlich kalt in Spanien, und es machte einen überraschenden Eindruck, auf dem ganzen Wege von Alicante bis Cartagena Dattelpalmen und mit goldigen Früchten reich beladene Orangenbäume mit Schnee belastet zu sehen. Auch in Cartagena, wo wir einige Tage auf das Kabelschiff warten mußten, war es in den kamin- und ofenlosen Häusern so bitterkalt, daß meine Schwägerin später oft behauptet hat, mein aus Rußland mitgebrachter Pelz hätte sie in Spanien vor dem Erfrieren geschützt. Erst in Oran thauten wir wieder auf. Die nöthigen Vorbereitungen waren bald getroffen, und wir gaben uns der Hoffnung hin, die ganze Legung in wenigen Tagen vollenden zu können. Doch „zwischen Lipp' und Kelches Rand schwebt der finstern Mächte Hand" — nach vierwöchentlichen Mühen und Ueberstehung großer Gefahren hatten wir das Kabel verloren und mußten noch froh sein, nicht Schaden an Leben und Gesundheit erlitten zu haben.

Vom kühlen Standpunkte des vorgeschrittenen Alters aus beurtheilt, war diese Kabellegung ein großer Leichtsinn, da Kabel, Schiff und Legungsmethode durchaus unzweckmäßig waren. Als Entschuldigung dafür, daß wir sie trotzdem unternahmen, kann nur Folgendes angeführt werden: wir wollten unter allen Umständen ein eigenes Kabel legen, weil wir sahen, daß unsre Erfindungen und Erfahrungen ohne jede Rücksicht auf uns, und sogar ohne unsre unzweifelhaften Verdienste um die Entwicklung der submarinen Telegraphie auch nur zu erwähnen, von den englischen Unternehmern verwerthet wurden, und ferner, und wohl hauptsächlich, weil die von Bruder Wilhelm erfundene Kabelconstruction und Auslegevorrichtung so durchdacht und interessant waren, daß wir es nicht über das Herz bringen konnten, sie unbenutzt zu lassen.

Das Kabel würde in jeder Hinsicht ausgezeichnet gewesen sein, wenn es seit seiner Fabrikation unverändert geblieben wäre. Wir mußten uns aber leider überzeugen, daß seine Festigkeit, obwohl die Hanffäden durch Tränken mit Tanninlösung gegen das „Verstocken" vermeintlich geschützt waren, sich sehr verringert hatte. Trotz seines geringen Gewichtes war es kaum noch haltbar genug, um durch die großen Meerestiefen zwischen der algerischen und spanischen Küste mit einiger Sicherheit gelegt zu werden. Noch schlimmer fast war es, daß mein Bruder für die Kabellegung einen neuen Mechanismus erfunden hatte, der hier zum ersten Male probirt werden sollte. Derselbe bestand darin, daß das Kabel auf eine große Trommel mit stehender Axe gewickelt wurde, die zur Auf- und Abwicklung des Kabels durch eine besondere kleine Dampfmaschine gedreht werden mußte. Mir schien diese von meinem Bruder sehr genial durchgeführte Einrichtung doch recht bedenklich, denn die gleichmäßige Drehung einer so schweren Trommel war, namentlich bei bewegter See, mit Schwierigkeiten verknüpft, deren Umfang sich noch nicht übersehen ließ, und die durch die Trommeldrehung abgewickelten Kabellängen konnten nur dann richtig bemessen werden, wenn man Schiffsgeschwindigkeit, Meerestiefe und Strömungen jederzeit genau kannte. Da das Wetter aber ruhig und schön war, und ich zudem einen elektrisch betriebenen Geschwindigkeitsmesser construirt hatte, der seine erste Probe bestehen sollte, und der, wie ich hoffte, die Schiffsgeschwindigkeit immer sicher angab, so beschlossen wir, trotz der eingetretenen Schwächung der Tragfähigkeit des Kabels den Versuch zu wagen.

Leider erwiesen sich meine Befürchtungen als gerechtfertigt. Nachdem das schwere Uferkabel gelegt und die Auslegung des mit ihm verbundenen leichten Kupferkabels vielleicht eine Stunde lang ohne Störung fortgegangen war, so daß meine Hoffnung auf guten Erfolg bereits merklich stieg, riß das Kabel plötzlich und sank in die schon ansehnliche Tiefe hinab, ohne daß ein besonderer Grund dafür zu erkennen gewesen wäre. Es war unmöglich, das ausgelegte Kabel wieder aufzunehmen, da es durch mächtige Steingerölle am Meeresboden festgehalten wurde. Wir hatten in Folge dessen keinen hinlänglichen Ueberschuß an Kabel mehr, um eine Legung nach Cartagena unternehmen zu können, beschlossen daher, den kürzeren Weg nach Almeria einzuschlagen und zunächst hinüber zu fahren, um eine passende Landungsstelle dort aufzusuchen.

Die Fahrt nach Almeria bei herrlichem Wetter und spiegelblanker See war entzückend. Die Stadt wird durch eine bergige Landzunge verdeckt, die sich weit in die See hinausstreckt. Für uns war diese schöne Lage allerdings recht ungünstig, denn sie nöthigte uns, einen so weiten Umweg um das vorspringende Kap zu machen, daß die geringere lineare Entfernung von Oran dadurch beinahe wieder ausgeglichen wurde. Wir landeten aber, um Vorräthe einzunehmen, und genossen die Gastfreundlichkeit der Ortsbewohner, die es sich nicht nehmen ließen, uns feierlich zu empfangen und uns zu Ehren ein Fest in den Räumen des Theaters zu improvisiren. Was uns auf diesem Feste am meisten überraschte, war die klassische Schönheit der Frauen, deren Gesichtszüge unzweifelhaft maurischen Typus zeigten. Besonders ein junges Mädchen fiel uns auf, das durch einstimmiges Votum unsrer aus allen westeuropäischen Nationen zusammengesetzten Schiffsgesellschaft für das Ideal weiblicher Schönheit erklärt wurde.

Wir ahnten an diesem genußreichen Abende nicht, daß der nächste Tag uns Gefahren bringen sollte, die überstanden zu haben mir noch heute wunderbar erscheint.

Um das Folgende recht verstehen zu können, muß man sich vergegenwärtigen, daß unser Schiff nicht für Kabellegungen gebaut, sondern von der französischen Regierung erst ad hoc auf dem englischen Markte beschafft war. Es war ein englischer Küstenfahrer, dessen frühere Bestimmung gewesen, Kohlenschiffe nach London zu ziehen. Diese Schiffe sind nicht für hohe See gebaut; sie haben einen flachen Boden, keinen Kiel und auch keinen erhöhten Schiffsschnabel zum Brechen der Wellen. Der innere Raum dieses so sehr ungünstig gebauten Schiffes war nun zum größten Theil von einer mächtigen hölzernen Trommel mit stehender eiserner Axe ausgefüllt, auf die das ganze Kabel gewickelt war, die Belastung war daher für hohen Seegang sehr ungünstig vertheilt. Doch das

Wetter war unausgesetzt schön und das Meer ruhig. Dies änderte sich etwas, als wir nach der Abfahrt von Almeria das Kap umschifft hatten und das offene Meer vor uns sahen. Es blies eine mäßige Brise von Südwest, und schwarze Wolkenhaufen lagerten hinter der Landzunge längs der Küste. Dabei fiel uns auf, daß die nächste dieser dunklen, tiefgehenden Wolken einen langen Rüssel zum Meere hinabsenkte und das Meer unter ihm in wilder Bewegung war, so daß es im fortdauernden Sonnenscheine wie ein glänzendes, vielgeklüftetes Eisfeld erschien. Unser Schiff fuhr nach unserer Schätzung etwa zwei Seemeilen an diesem hochaufschäumenden Felde vorbei, das vielleicht eine halbe Seemeile breit war, während die Tiefe sich nicht schätzen ließ. Auffallend war, daß der Rüssel, der oben mit der Wolke breit verwachsen war, sich dann aber schnell verjüngte, nicht ganz mit der bewegten Wasserfläche in Berührung kam, sondern durch einen klar erkennbaren Zwischenraum von ihr getrennt blieb; auch war keine besondere Erhebung der schäumenden Wasserfläche unter ihm zu erkennen, sondern die ganze Fläche schien gleichmäßig haushoch über das Meeresniveau erhoben zu sein. Dabei machte das Rüsselende eine unzweifelhafte Kreisbewegung über der weißen Meeresstelle, so daß es ungefähr alle zehn bis zwanzig Minuten auf denselben Punkt zurückkehrte.

Leider konnten wir die Beobachtung dieses interessanten Schauspiels, einer sogenannten Wasserhose, nicht lange fortsetzen, da sich diese ziemlich schnell in östlicher Richtung an der Küste hinzog und wir auch durch eine andere merkwürdige Erscheinung von ihr abgezogen wurden. Das Schiff gerieth nämlich plötzlich in so heftige Schwankungen, daß wir uns nur mit Mühe aufrecht zu erhalten vermochten. Es waren kurze, hohe Wellenzüge, sogenannte todte See, in die wir gerathen waren. Offenbar passirten wir den Weg, den die Wasserhose genommen hatte. Dem Kapitän waren die heftigen Schwankungen des Schiffes bei der ihm wohlbekannten Bauart desselben zwar sehr bedenklich, er behielt aber den Kurs in Richtung der Wellenthäler bei, in der Hoffnung, bald wieder in ruhigeres Fahrwasser zu kommen. Da fielen mir dumpfe, kurze

Schläge auf, die das ganze Schiff bei jeder Schwankung erzittern machten. Wie ein Blitz durchzuckte mich der Gedanke „die Trommel hat sich gelöst und wird bald mit unwiderstehlichen Schlägen das Schiff zertrümmern“. Ich stürzte in die Kajüte zu meinem Bruder, der bereits schwer mit der Seekrankheit kämpfte; nur er kannte die Construction der Trommel und die Art ihrer Befestigung genau, er allein konnte uns also vielleicht noch retten. Ich fand ihn schon auf den Füßen — todtenbleich, aber gefaßt. Auch er hatte sofort die Ursache der gefahrdrohenden Schläge erkannt, und das hatte genügt, um jede Spur der Seekrankheit zu verscheuchen. Im Schiffsraume sah er in der That, daß die Trommelaxe ihr oberes Lager gelöst hatte, und daß die zum Schutze der Lager und der Trommel selbst sorgfältig vorbereiteten und angebrachten Werkstücke aus besonders hartem Holze fehlten. Die französischen Schiffszimmerleute wollten anfangs keine Kenntniß von ihrem Verbleib haben, als aber die Schläge sich verstärkten und mein Bruder ihnen zurief, wir wären Alle verloren, wenn die Hölzer nicht sofort gebracht würden, kam ihnen die Erinnerung und die Hölzer wurden zur Stelle geschafft. Die Leute hatten das ihnen unbekannte feste Holz bewundert und die Stücke für überflüssig gehalten.

Bei den heftigen Schwankungen wollte es aber nicht gelingen die Hölzer wieder in die vorgeschriebene Lage zu bringen; inzwischen verstärkten sich die Schläge so, daß Alle von Furcht ergriffen wurden, das Schiff werde sie nicht länger ertragen. Da rief uns mein Bruder durch die offenstehende Deckluke zu, „die Schwankungen sind zu groß, steuert gegen den Wind!“ Der Kapitän gab auch sogleich das betreffende Commando, und das Schiff drehte gegen die Wellen. Einen Augenblick darauf sah ich zu meinem Erstaunen, wie die Schiffsspitze unter Wasser tauchte und die Wellen bereits über den vorderen Theil des Deckes spülten. Ich erkannte sogleich den Grund der Erscheinung. Das Schiff war in voller Fahrgeschwindigkeit zu plötzlich gegen den Wind gedreht, und als eine Welle einmal die Schiffsspitze überspült und hinuntergedrückt hatte, behielt es die geneigte Lage bei und wurde durch seine Geschwindigkeit auf der schiefen Ebene hinab in die Tiefe getrieben. In diesem kritischen Augenblicke übernahm ich unwillkürlich selbst das Commando und rief in den nahen Maschinenraum ein lautes „Stopp!", wie der Kapitän es zu thun pflegte. Glücklicherweise gehorchten die Maschinisten augenblicklich. Doch die Schiffsgeschwindigkeit konnte sich nur langsam verringern. Wir standen Alle auf dem erhöhten Hinterdecke des Schiffes und sahen, wie das Vorderdeck immer kürzer wurde und das Meer sich immer mehr unserm Standpunkte näherte. Dann brandete es an dem erhöhten Hinterdeck, und es bildete sich ein mächtiger Strudel, in dem das Wasser durch die offne Deckluke in den Bauch des Schiffes strömte. Unser Ende schien zu nahen. Da wurde der Strudel schwächer, und nach einigen weiteren bangen Momenten erschien die Schiffsspitze wieder über Wasser, und wir schöpften neue Lebenshoffnung, denn auch die heftigen Schwankungen und die verhängnißvollen Schläge hatten jetzt aufgehört.

Mein Bruder, der im Schiffsraume das Herannahen der Gefahr nicht hatte beobachten können, wurde durch das plötzlich über ihn und die Trommel sich ergießende Meerwasser völlig überrascht. Um so größer war seine Freude, als der Einsturz des Seewassers aufhörte und es ihm bald darauf möglich wurde, die Holzstützen anzubringen und dadurch die gefährlichen Schläge der Trommelaxe zu beseitigen. Der Kapitän ging jetzt vorsichtig wieder in den Kurs auf Oran über. Das Schiff machte zwar noch immer bedenklich große Schwankungen, aber man gewöhnte sich daran und war froh, daß die Trommel sich nicht wieder rührte. Die große Aufregung hatte bei Allen die Seekrankheit vertrieben, und als es dunkel wurde, suchte Jeder sein Lager auf, und bald herrschte allgemeine Ruhe.

Ich hatte noch nicht lange geschlafen, als mich lautes Commando und Schreckensrufe auf Deck jäh erweckten; unmittelbar darauf legte sich das Schiff in einer Weise auf die Seite, wie ich es sonst nie erlebt habe und auch heute noch kaum für möglich halten kann. Die Menschen wurden aus ihren Betten geworfen und rollten auf dem ganz schräg stehenden Fußboden der großen

Kajüte in die gegenüberliegenden Kabinen. Ihnen folgte Alles, was beweglich auf dem Schiffe war, und gleichzeitig erlosch alles Licht, da die Hängelampen gegen die Kajütendecke geschleudert und zertrümmert wurden. Dann erfolgte nach kurzer Angstpause eine Rückschwankung und noch einige weitere von nahezu gleicher Stärke. Es gelang mir gleich nach den ersten Stößen, das Deck zu gewinnen. Ich erkannte im Halbdunkel den Kapitän, der auf meinen Zuruf nur nach dem Hinterdeck zeigte mit dem Rufe „voilà la terre!“ In der That schien eine hohe, in der Dunkelheit schwach leuchtende Felswand hinter dem Schiffe zu stehen. Der Kapitän hatte, als er sie gesehen, das Schiff ganz plötzlich gewendet, und dadurch waren die gewaltigen Schwankungen hervorgerufen. Er meinte, wir müßten abgetrieben sein und befänden uns dicht vor den Felsen des Cap des lions. Plötzlich rief eine Stimme im Dunkeln „La terre avance!“, und wirklich stand die hohe, unheimlich leuchtende Wand jetzt dicht hinter dem Schiff und rückte mit einem eigenthümlichen, brausenden Geräusche heran. Dann kam ein Moment so schrecklich und überwältigend, daß er nicht zu schildern ist. Es ergossen sich über das Schiff gewaltige Fluthen, die von allen Seiten heranzustürmen schienen, mit einer Kraft, der ich nur durch krampfhaftes Festhalten an dem eisernen Geländer des oberen Decks widerstehen konnte. Dabei fühlte ich, wie das ganze Schiff durch heftige, kurze Wellenschläge gewaltsam hin und her geworfen wurde. Ob man sich über oder unter Wasser befand, war kaum zu unterscheiden. Es schien Schaum zu sein, den man mühsam athmete. Wie lange dieser Zustand dauerte, darüber konnte sich später Niemand Rechenschaft geben. Auch die in der Kajüte Gebliebenen hatten mit den heftigen Stößen zu kämpfen, die sie hin und her warfen, und waren zu Tode erschreckt durch das prasselnde Geräusch der auf das Deck niederfallenden Wassermassen. Die Zeitangaben schwankten zwischen zwei und fünf Minuten. Dann war ebenso plötzlich, wie es begonnen hatte, alles vorüber, aber die leuchtende Wand stand jetzt vor dem Schiffe und entfernte sich langsam von ihm.

Als nach kurzer Zeit die ganze Schiffsgesellschaft sich mit neu gestärktem Lebensmuthe auf dem Schiffsdecke zusammenfand und die überstandenen Schrecken und Wunder besprach, meinten die französischen Officiere, das unglaublichste Wunder sei doch gewesen, daß unsere Dame gar nicht geschrieen habe. Die echt englische, mit steigender Gefahr wachsende Ruhe meiner Schwägerin schien den lebhaften Franzosen ganz unbegreiflich.

Wie wir später hörten, war die Wasserhose, die wir bei Almeria beobachtet hatten, an der spanischen Küste ostwärts hinabgegangen, hatte sich dann zur afrikanischen hinübergezogen, und wir hatten sie offenbar auf diesem Wege gekreuzt. Daß wir mit unserm so wenig seetüchtigen und so unzweckmäßig belasteten Schiffe dies gefährliche Experiment glücklich bestanden, ist mir ganz unbegreiflich. Als die Wasserhose über uns fortgegangen, blieb das Meer noch einige Zeit in wilder Bewegung und war, soweit man beobachten konnte, mit schäumenden Wellenköpfen bedeckt. Da sahen wir eine Naturerscheinung von einer Pracht und Großartigkeit, wie sie die kühnste Phantasie sich kaum ausmalen kann. Soweit das Auge reichte, erglühte das ganze Meer in dunkelrothem Lichte. Es sah aus, als wenn es aus geschmolzenem, rothglühendem Metall bestände, und namentlich die Schaumköpfe der Wellenzüge strahlten so helles Licht aus, daß man alle Gegenstände deutlich erkennen und selbst die kleinste Schrift lesen konnte. Es war ein schaurig-schöner Anblick, der mir noch heute, nachdem über ein Vierteljahrhundert darüber hingegangen ist, ganz deutlich vor Augen steht! Wir befanden uns an einer Stelle des Meeres, die von Leuchtthierchen dicht bevölkert war. Ein Glas, welches ich mit Meerwasser füllte, leuchtete im Dunkeln hell auf, wenn man das Wasser heftig bewegte. Die wilde, strudelnde Bewegung, in die das Wasser durch die Wasserhose versetzt war, hatte die sämmtlichen Leuchtthierchen, die man bei Tage auch mit unbewaffnetem Auge noch deutlich erkennen konnte, in Aufregung versetzt, und ihrer allgemeinen, gleichzeitigen Leuchtthätigkeit verdankten wir den wunderbaren Anblick des glühenden Meeres.

In Oran, wo wir einige Stunden später ohne weitere Störung unserer Reise landeten, mußten wir nun überlegen, was weiter zu thun wäre. Nach genauer Berechnung hatten wir noch Kabel genug, um Cartagena zu erreichen, wenn das Kabel mit dem geringsten Mehrverbrauche ausgelegt wurde, der erforderlich war, um es ohne Spannung auf dem nicht ganz ebenen Meeresboden zu lagern. Mein Bruder war durch die glücklich überstandenen Gefahren kühner geworden und wollte die Legung ohne Weiteres mit den vorhandenen Einrichtungen noch einmal versuchen. Ich widersetzte mich dem aber, weil ich alles Vertrauen zu der Trommel und dem mit ihr belasteten Schiffe verloren hatte. Wir kamen denn auch endlich zu dem Entschluß, das Kabel umzukoilen und die Legung auf die gewöhnliche Weise mit Conus und Dynamometer auszuführen.

Als die mühsame und zeitraubende Umwickelung des Kabels vollendet und die verhängnißvolle Trommel beseitigt war, schritten wir zu dem zweiten Legungsversuche. Das Wetter war wieder prachtvoll, und die Legung ging ohne alle Schwierigkeit vor sich. Die Meerestiefe erwies sich aber größer, als in den französischen Meereskarten angegeben war, und wir mußten das Dynamometer bedenklich stark belasten, um nicht zu viel Kabel auszulegen. Ich controlirte den Verbrauch an Kabel durch mein elektrisches Log, das sich bis dahin immer gut bewährt hatte. So ging es ohne Störung, bis wir die hohe Küste bei Cartagena schon deutlich vor Augen hatten. Plötzlich versagte mein Log — wie sich später herausstellte, weil seine Schraube sich in Seetang verwickelt hatte. Da meine letzte Rechnung aber ergeben, daß wir Kabel gespart hatten und mit Ueberschuß in Cartagena ankommen würden, so ging ich zu meinem Bruder und forderte ihn auf, das Dynamometer weniger zu belasten, um gesicherter gegen den Bruch des Kabels zu sein. Er war darüber sehr erfreut und wollte mir nur erst zeigen, wie schön und gleichmäßig das Kabel bei der jetzigen Belastung abliefe, da sahen wir auf einmal, wie das Kabel ganz sanft auseinander-ging. Das Bremsrad stand augenblicklich still, das abgerissene Ende verschwand in der Tiefe und damit eine für unsre damaligen Verhältnisse große Geldsumme, da wir die Kabellegung auf eigenes Risiko übernommen hatten. Doch was uns augenblicklich mehr noch als der Geldverlust ergriff, war das erlittene technische Fiasko. Die Arbeit von Monaten, alle Mühen und Gefahren, die nicht wir allein, sondern auch alle unsre Begleiter des Kabels wegen erlitten hatten, waren in einem Augenblicke, einiger verstockter Hanffäden wegen, unwiederbringlich verloren. Dazu das unangenehme Gefühl, Gegenstand des Mitleids der ganzen Schiffsgesellschaft zu sein! Es war eine harte Strafe für unsere Waghalsigkeit.

Als wir wenige Stunden nach dem Kabelbruche in Cartagena landeten, waren wir über einen Monat lang ohne Nachrichten aus Europa geblieben. In Almeria hatten wir bei unserm flüchtigen Besuche auch nicht viel mehr gehört, als daß der Krieg mit Dänemark wegen der Herzogthümer Schleswig und Holstein entbrannt wäre. Im Hotel zu Cartagena fanden wir nun französische und englische Zeitungen, und damit stürmten alle die großen politischen Neuigkeiten des letzten Monats aus dem Vaterlande auf uns ein. Es war ein ganz merkwürdiger Umschwung in den Zeitungsartikeln über Deutschland seit der Kriegserklärung und den kriegerischen Erfolgen gegen das von England begünstigte Dänemark eingetreten. Wir waren bisher gewohnt, in englischen und französischen Zeitungen viel wohlwollendes Lob über deutsche Wissenschaft, deutsche Musik und deutschen Gesang, sowie auch daneben mitleidige Aeußerungen über die gutmüthigen, träumerischen und unpraktischen Deutschen zu lesen. Jetzt waren es wuthentbrannte Artikel über die eroberungssüchtigen, die kriegslustigen, ja die blutdürstigen Deutschen! Ich muß gestehen, daß mir dies keinen Verdruß, sondern große Freude bereitete. Meine Selbstachtung als Deutscher stieg bei jedem dieser Ausdrücke bedeutend. So lange waren die Deutschen nur passives Material für die Weltgeschichte gewesen; jetzt konnte man zum ersten Male schwarz auf weiß in der Times lesen, daß sie selbstthätig in den Lauf derselben eingriffen und dadurch den Zorn derer erregten, die sich bisher für allein dazu berechtigt gehalten hatten. Im Verkehr mit Engländern und Franzosen hatte ich während der Kabellegungen vielfach schmerzliche Gelegenheit gehabt, mich davon zu überzeugen, in wie geringer Achtung die Deutschen als Nation bei den andern Völkern standen.

Ich hatte lange politische Debatten mit ihnen, die immer darauf hinauskamen, daß man den Deutschen das Recht und die Fähigkeit absprach, einen unabhängigen, einigen Nationalstaat zu bilden. „Nun was wollen die Deutschen denn eigentlich?“ fragte mich nach einer längeren Unterhaltung über die seit dem französisch-österreichischen Kriege wieder lebendiger gewordenen nationalen Bestrebungen in Deutschland der uns begleitende Generaldirektor der französischen Telegraphen, der als ehemaliger Verbannungsgenosse des Kaisers Napoleon in Frankreich hochangesehene M. de Vougie. — „Ein einiges Deutsches Reich“, war meine Antwort. „Und glauben Sie“, entgegnete er, „daß Frankreich es dulden würde, daß sich an seiner Grenze ein ihm an Volkszahl überlegener, einheitlicher Staat bildete?“ — „Nein“, war meine Antwort, „wir sind überzeugt, daß wir unsre Einheit gegen Frankreich werden vertheidigen müssen“. „Welche Idee“, sagte er, „daß Deutschland einig gegen uns kämpfen würde. Bayern, Württemberg, ganz Süddeutschland werden mit uns gegen Preußen kämpfen“. „Diesmal nicht“, antwortete ich, „der erste französische Kanonenschuß wird Deutschland einig machen; darum fürchten wir den französischen Angriff nicht, sondern erwarten ihn guten Muthes“. M. de Vougie hörte das kopfschüttelnd an; es schien ihm doch die Idee aufzudämmern, daß die Pandorabüchse der Nationalitätenfragen, die sein Gebieter im Kriege mit Oesterreich für Italien geöffnet hatte, sich schließlich gegen Frankreich wenden könnte. Wie ich drei Jahre später, als die Frage der Annexion Lauenburgs an Preußen die Gemüther beschäftigte, mich bei dem Generaldirektor in Paris anmelden ließ, rief er mir in Erinnerung an unsere politischen Gespräche schon von Weitem entgegen: „Eh bien, Monsieur, vous voulez manger le Lauenbourg?“ — „Oui, Monsieur“, rief ich zurück, „et j'espère que l'appetit viendra en mangeant!“ Er ist in der That stark gewachsen, dieser Appetit, und auch befriedigt, und an meine Prophezeiung wird M. de Vougie gedacht haben, als er mit seinem Kaiser den siegreich in Frankreich einziehenden deutschen Truppen weichen mußte. Der erste französische Kanonenschuß hatte in der That ganz Deutschland einig gemacht.

Das Cartagena-Oran-Kabel war ein unglückliches für uns. Als das verlorene Kabel durch ein neuangefertigtes, etwas verstärktes ersetzt war, begab sich mein Bruder noch in demselben Jahre wiederum nach Oran. Alle Einrichtungen waren unter Benutzung der bei den früheren Legungen gemachten Erfahrungen aufs beste getroffen, das Kabel neu und hinreichend stark, die Bedienungsmannschaft geübt, das Wetter günstig — kurz, es war ein Mißerfolg diesmal gar nicht anzunehmen. Ich erhielt auch zur erwarteten Zeit aus Cartagena die ersehnte Depesche, daß das Kabel glücklich gelegt und bereits Depeschen zwischen Oran und Paris gewechselt seien. Leider folgte dieser Depesche nach wenigen Stunden schon eine andere, nach der das Kabel aus unbekannten Gründen nahe der spanischen Küste gebrochen war. Eine genauere Untersuchung ergab, daß der Bruch an der Stelle eingetreten war, wo die spanische Küste plötzlich bis zu großer Meerestiefe steil abfällt. Die Ueberschreitung solcher Abfälle, so wie überhaupt gebirgigen Meeresgrundes ist immer sehr gefährlich. Lagert sich das Kabel derart, daß es über zwei Felsen fortgeht, die sich so hoch über den Meeresgrund erheben, daß es über ihnen hängen bleibt, ohne den Boden zu berühren, so nimmt es die Form einer Kettenlinie an, deren Spannung so groß werden kann, daß es reißt. Eine solche Kettenlinie hat das Kabel jedenfalls am Fuße des steilen Abfalls gebildet, denn der Riß erfolgte erst einige Stunden, nachdem das Kabel sich fest gelagert hatte.

Ein Aufnehmen des Kabels wurde versucht, blieb aber ohne Erfolg, da der Grund felsig, das Meer sehr tief und das Kabel für diese Tiefe nicht haltbar genug war. Kurz, wir hatten auch das zweite Kabel vollständig verloren und mußten noch froh sein, durch den Umstand, daß officielle Depeschen zwischen Oran und Paris factisch befördert waren, von der Verpflichtung entbunden zu sein, noch einen Legungsversuch zu machen.

Die großen Verluste, welche diese Kabellegungen uns brachten, bewirkten eine kleine Krisis in unsern geschäftlichen Beziehungen. Mein Associé Halske fand kein Gefallen an solchen mit Gefahren und herben Verlusten verbundenen Kabellegungen und fürchtete auch, daß die Unternehmungslust meines Bruders Wilhelm uns in dem großartig angelegten englischen Geschäftsleben in Geschäfte verwickeln könnte, denen unsre Mittel nicht gewachsen wären. Er verlangte daher die Auflösung unsres englischen Hauses. William Meyer trat als Geschäftsführer der Firma auf Halskes Seite. Obgleich ich die Gewichtigkeit der vorgebrachten Gründe anerkennen mußte, konnte ich mich doch nicht entschließen, meinen Bruder Wilhelm in einer so kritischen Lage im Stich zu lassen. Wir kamen also überein, daß das Londoner Haus vollständig von dem Berliner getrennt und von mir privatim mit Wilhelm übernommen werden sollte. Dies geschah, und das Londoner Geschäft nahm jetzt die Firma Siemens Brothers an. Bruder Karl in Petersburg trat demselben ebenfalls als Theilnehmer bei. Zwischen den nun selbstständigen drei Firmen in Berlin, Petersburg und London wurden Verträge abgeschlossen, welche die gegenseitigen Beziehungen regelten.

Ich will schon hier bemerken, daß auch das im Jahre 1869 von der Londoner Firma im schwarzen Meere gelegte kupferarmirte Kabel gleicher Construction wie das Cartagena-Oran-Kabel nicht von langer Dauer war. Es wurde als Theil der Indo-Europäischen Linie, von der später die Rede sein wird, zwischen Kertsch und Poti parallel dem Ufer von meinem Bruder Wilhelm mit bestem Erfolge gelegt, aber schon im Jahre nach der Legung durch ein Erdbeben an vielen Stellen gleichzeitig zerstört. Bei den Versuchen, dasselbe wieder aufzunehmen, stellte sich heraus, daß dies nicht möglich war, da es großentheils mit Geröll und Erdboden bedeckt war. Dies und der Umstand, daß die Unterbrechung des Telegraphendienstes gerade in dem Augenblick stattfand, wo an der Küstenstation Suchum-Kale eine starke Erderschütterung verspürt wurde, lieferten den Beweis, daß die Zerreißung des Kabels wirklich durch das Erdbeben bewirkt war. Es ist dies auch sehr erklärlich, da dem Meere durch zahlreiche Wasserläufe immer Erdreich und Geröll zugeführt werden, die sich auf der Uferböschung ablagern; von Zeit zu Zeit muß ein Nachrutschen dieser Massen stattfinden, wobei ein darin eingebettetes Kabel nothwendig zerrissen wird. Durch ein Erdbeben mußte dieser Vorgang gleichzeitig an allen Stellen eingeleitet werden, wo durch neue Ablagerungen das Gleichgewicht schon gestört war.

Aus diesen und ähnlichen Vorgängen haben wir die Lehre gezogen, daß man Submarinkabel niemals auf dem Abhange steiler Böschungen verlegen soll, namentlich aber nicht da, wo durch einmündende Flüsse dem tiefen Meere oder Binnensee Erdreich und Steingeröll zugeführt werden.

Wir können die Zeit der im Vorhergehenden beschriebenen Kabellegungen als unsre eigentlichen Lehrjahre für derartige Unternehmungen betrachten. Anstatt des gehofften Gewinnes haben uns dieselben viele Sorgen, persönliche Gefahren und große Verluste gebracht, aber sie haben uns den Weg geebnet für die Erfolge, die unsre Londoner Firma später bei ihren großen und glücklich durchgeführten Kabelunternehmungen gehabt hat. Ich werde auf diesen zweiten Abschnitt unserer Kabellegungen später zurückkommen, aber nur kurz darauf eingehen, weil ich persönlich geringeren Antheil an den damit zusammenhängenden Arbeiten genommen habe.

Ich wende mich jetzt dazu, die schon früher bis zum Jahre 1850 geführte kurze Uebersicht meiner wissenschaftlichen und technischen Arbeiten fortzusetzen.

In den Jahren 1850 bis 1856 war ich mit Halske eifrig bemüht, die telegraphischen Apparate und elektrischen Hülfs- und Meßinstrumente für wissenschaftliche und technische Zwecke zu verbessern. Es war ein noch ziemlich unbebautes Feld, das wir bearbeiteten, und unsere Thätigkeit war daher recht fruchtbar. Unsere Constructionen, die namentlich durch die Weltausstellungen in London und Paris schnell verbreitet wurden, haben fast überall die Grundlage der späteren Einrichtungen gebildet. Wie schon bemerkt, wurden nur wenige dieser Neuerungen patentirt, die Mehrzahl derselben wurde auch entweder gar nicht oder doch erst in späteren Jahren in Zeitschriften beschrieben. Dies erleichterte zwar ihre allgemeine Einführung und brachte uns viele Bestellungen, aber es entging uns dadurch auch vielfach die allgemeine Anerkennung unsrer Urheberschaft. Ich werde hier nur einige Richtungen darlegen, in denen sich unsre Constructionen bewegten.

Außer der praktischen Durchführung des Morseschen Reliefschreibers für Handbetrieb beschäftigte uns in diesem Zeitabschnitte die Ausbildung dieses Apparates zum Schnellschreiber für unser automatisches Telegraphensystem, das zunächst für die großen russischen Linien bestimmt war und zuerst auf der Linie Warschau-Petersburg im Jahre 1854 zur Anwendung kam. Die Depeschen wurden bei diesem Telegraphensystem durch den sogenannten Dreitastenlocher vorbereitet, der dazu diente, die Morsezeichen in einen Papierstreifen einzulochen, indem durch Niederdrückung der ersten Taste desselben in dem Streifen ein einfaches rundes Loch, durch Niederdrückung der zweiten Taste ein Doppelloch ausgeschnitten wurde. Die nöthige Fortschiebung des Streifens geschah selbstthätig, während der zur Trennung zweier Worte erforderliche größere Zwischenraum durch Niederdrückung der dritten Taste bewirkt wurde. War auf diese Weise eine Depesche in den Papierstreifen eingelocht, so wurde dieser in dem sogenannten Schnellschriftgeber mit Hülfe eines Laufwerks zwischen einer mit Platin bekleideten Walze und einer Contactfeder oder Bürste hindurchgezogen. Dabei erzeugten die einfachen Löcher einen Punkt, die Doppellöcher einen Strich auf der Empfangsstation. Da sich herausstellte, daß gewöhnliche Magnete mit Eisenanker nicht schnell genug arbeiteten, so verwendeten wir für die Relais sowohl wie für die Schreiber Magnete mit leichten, in den feststehenden Drahtrollen drehbaren Kernen, die aus Drahtbündeln oder aufgeschnittenen dünnen Eisenröhren gebildet waren, wodurch die gewünschte Geschwindigkeit der Wirkung sicher erzielt wurde.

Einen durchlochten Papierstreifen hatte schon Bain im Jahre 1850 bei seinem elektrochemischen Telegraphen angewendet, doch fehlte ihm ein geeigneter Mechanismus zur schnellen Lochung der Streifen. Wheatstone hat meinen Dreitastenlocher im Jahre 1858 für seinen elektromagnetischen Schnellschreiber mit Vortheil benutzt, freilich ohne die Quelle zu nennen, aus der er geschöpft hatte.

Der Eisenbahnsignaldienst, mit dem unsre Firma von Anfang an vorzugsweise beschäftigt war, brachte weitere Aufgaben. Es sollten auf allen deutschen Eisenbahnen längs der Linien Läutewerke aufgestellt werden, die beim Abgange eines Zuges von einer Station auf der ganzen Strecke hörbare Glockensignale zu geben hatten. Solche Läutewerke hatte bereits der Mechaniker Leonhardt für die Thüringer Bahn angefertigt, sie functionirten aber mangelhaft, weil es schwer fiel, die großen galvanischen Batterien, die auf den Stationen zur Auslösung der Werke erforderlich waren, in gutem Stande zu erhalten. Der Gedanke lag nahe, Magnetinductoren anstatt der Batterien anzuwenden, doch waren die bis dahin bekannten Magnetinductionsmaschinen von Saxton und Stöhrer für diesen Zweck nicht geeignet. Wir construirten nun eine neue Art solcher Inductoren, die sich ausgezeichnet bewährt und alle anderen Constructionen später vollständig verdrängt hat. Das Wesentliche unseres Inductors war, daß als rotirender Anker ein Eisencylinder verwendet wurde, der mit tiefen, sich gegenüberstehenden Längseinschnitten versehen war, die eine Rinne zur Aufnahme des umsponnenen Kupferdrahtes bildeten. Nach der Form seines Eisenquerschnittes erhielt dieser Anker den Namen Doppel-T-Anker; in England ist er unter dem Namen Siemens-armature bekannt. Die am Ende ausgehöhlten Stahlmagnete, welche den rotirenden Cylinder umfaßten, konnten getrennt von einander längs desselben angebracht werden, daher eine kräftigere magnetisirende Wirkung ausüben und sich gegenseitig weniger schwächen. Inductoren dieser Art werden heute überall ausschließlich angewendet, wo man durch Stahlmagnetismus kräftige Ströme erzeugen will.

Meine cylinderförmigen Anker mit transversaler Wickelung besaßen vor den älteren Constructionen den großen Vorzug, daß sie bei kräftiger Wirkung wenig Masse und namentlich bei schneller Drehung geringes Trägheitsmoment hatten. Ich benutzte sie daher auch zur Construction eines sehr einfachen und sicher functionirenden magnetelektrischen Zeigertelegraphen, bei dem der Cylinderinductor durch eine Kurbel mit Räderübersetzung schnell gedreht wurde, während jede halbe Umdrehung einen abwechselnd positiven und negativen Strom durch die Linie schickte, von denen jeder den Zeiger des Empfangsapparates um einen Buchstaben des Zifferblattes fortschreiten ließ. Es genügte, die Kurbel nacheinander auf die zu telegraphirenden Buchstaben einzustellen, um dieselben auf der Empfangsstation in gleicher Reihenfolge sichtbar zu machen. Der Elektromagnet des Empfangsapparates bestand aus einem um seine Axe drehbaren Eisencylinder mit Polansätzen, die zwischen den Polen zweier kräftigen, hufeisenförmigen Stahlmagnete oscillirten. Je nachdem ein positiver oder negativer Strom die feststehenden Windungen des Elektromagnetes durchlief, mußte daher der eine oder der andere Magnet den drehbaren Anker anziehen und dadurch den Zeiger des empfangenden Apparates fortbewegen. Diese schnell und sicher arbeitenden magnetelektrischen Zeigerapparate wurden namentlich für den Eisenbahndienst vielfach verwendet und werden auch jetzt noch häufig benutzt.

Eine größere und allgemeinere Bedeutung hat die eben beschriebene Einrichtung polarisirter Magnete — d. h. solcher, bei denen der oscillirende Anker oder Magnet zwei Ruhelagen hat, je nachdem zuletzt ein positiver oder ein negativer Strom die Elektromagnetwindungen durchlaufen hat — durch ihre Anwendung bei Relais bekommen. Auf der Benutzung polarisirter Relais beruht die Möglichkeit, mit kurzen inducirten Strömen das Morsealphabet zu telegraphiren, indem die eine Stromrichtung den Strich auf dem Papierstreifen einleitet, während die andere ihn beendet. Die Länge des erzeugten Striches hängt also nicht von der Stromdauer, sondern von der Dauer des Zeitintervalles zwischen zwei auf einander folgenden kurzen Strömen wechselnder Richtung ab.

Auf diesem Principe beruhen mehrere unserer Telegraphenconstructionen, von denen hier nur der Inductionsschreibtelegraph erwähnt werden mag. Bei ihm wurden die zum Betriebe erforderlichen kurzen Ströme wechselnder Richtung durch einen in sich geschlossenen Elektromagneten erzeugt, der mit einer primären Wickelung aus wenigem, dickem Draht und einer secundären aus vielem, dünnem Draht versehen war. In den primären Windungen

wurden in üblicher Weise die zum Telegraphiren des Morsealphabets erforderlichen Ströme erzeugt. In den secundären, mit Linie und Erdleitung verbundenen Windungen entstanden dann bei Beginn und Schluß der in der primären Leitung cirkulirenden Ströme kurze, kräftige Inductionsströme wechselnder Richtung, die im Telegraphenapparate der Endstation die verlangten Morseschriftzeichen hervorbrachten. Zu den Magnetinductoren wurden magnetisch geschlossene Elektromagnete mit massiven Eisenkernen verwendet, um die Spannung der Schließungs- und Oeffnungsströme möglichst gleich groß zu machen.

Mit solchen Inductionsschreibtelegraphen konnte man mittelst eines einzigen Daniellschen Elementes durch oberirdische Linien mit Sicherheit auf die größten Entfernungen telegraphiren. Auch für unterirdische und unterseeische Linien erwiesen sich die inducirten Wechselströme als sehr vortheilhaft, denn sie ermöglichten es, auf größere Entfernungen und mit größerer Geschwindigkeit zu arbeiten. Wie schon erwähnt, wurde die Linie Sardinien-Malta-Corfu im Jahre 1857 mit unseren Inductionsschreibtelegraphen ausgerüstet. Auch zum Betriebe des im darauf folgenden Jahre gelegten ersten atlantischen Kabels wurden von dem leitenden Elektriker, Mr. Whitehouse, inducirte Ströme benutzt, bis die leider bald nach der Legung eintretende Zerstörung der Isolation ihre weitere Anwendung verhinderte. Später ging man bei langen Unterseelinien allgemein zur Anwendung der Thomsonschen Spiegelgalvanometer mit Batterieströmen zurück.

Auch für Landlinien stellte sich bei Anwendung der kurzen inducirten Ströme der Nachtheil ein, daß diese sehr kräftig sein mußten, um die nöthigen mechanischen Bewegungen am Ende der Linie ausführen zu können. Da aber die Instandhaltung sehr großer Batterien, wie sie der Betrieb langer Linien mit Gleichstrom oder Batterie-Wechselstrom erforderte, beschwerlich und kostspielig war, so versuchten Halske und ich, auf mechanischem Wege Batterieströme niedriger Spannung in Gleichströme höherer Spannung umzuwandeln. In den Weltausstellungen zu London und Paris stellten wir mehrere, zu diesem Zwecke von uns construirte Mechanismen

aus, doch litten dieselben anfänglich an dem Uebelstande, daß die erzielten Ströme hoher Spannung nicht von gleichmäßiger Stärke waren. Erst durch die Construction meiner sogenannten Tellermaschine wurde die Aufgabe der Erzeugung von Gleichströmen nahezu constanter Spannung durch Voltainduction wirklich gelöst.

Diese Tellermaschine besteht im Wesentlichen in einer großen Anzahl von Elektromagneten, die in einem Kreise gruppirt sind, und über deren Polen der sogenannte Teller, eine kegelförmige Eisenplatte, deren Spitze im Centrum des Kreises der Magnete gelagert ist, in Rotation versetzt wird. Die Magnete sind mit doppelten Windungen versehen, von denen die inneren stets zur Hälfte in den Leitungskreis einer Batterie von wenigen großen Elementen eingeschaltet werden und durch passende Contactführung — indem die Contacte der Tellerabrollung stets um ein Viertel des Kreises voraneilen — die Rotation des Tellers bewirken, während die äußeren sämmtlich zu einem in sich geschlossenen, leitenden Kreise verbunden sind. Der über den Magnetpolen fortrollende Eisenconus erzeugt nun in den secundären Windungen der in den Localkreis eingeschalteten Magnete einen Inductionsstrom einer Richtung, dagegen in denen der gleichzeitig ausgeschalteten Magnete einen Inductionsstrom entgegengesetzter Richtung. Die beiden Inductionsströme würden sich das Gleichgewicht halten, und es könnte überhaupt kein Strom in dem secundären Windungskreise entstehen, wenn nicht an zwei einander gegenüberliegenden Stellen dieses Kreises eine fortlaufende Ableitung angebracht wäre, durch welche die entgegengesetzt gerichteten Ströme beider Hälften aufgenommen und zu einem continuirlichen Strome vereinigt würden. Diese Ableitung geschieht durch Schleiffedern, welche durch die verlängerte Axe des Eisenconus gedreht werden.

Die Tellermaschine wurde im Jahre 1854 von mir construirt und in mehreren Weltausstellungen, zuerst in der zu Paris im Jahre 1855, vorgeführt. Ein Exemplar derselben ist nebst vielen anderen Apparaten unserer Construction dem Berliner Postmuseum einverleibt, das wohl überhaupt die vollständigste Sammlung älterer Telegraphenapparate besitzt, die in der Welt existirt. Interessant

aus. doch [illegible]
erzielten Ström[illegible]
waren. [illegible]
maschine wurd[illegible]
nahezu constante [illegible]

Diese Tellerma[illegible]
Anzahl von Elektroma[illegible]
und über deren Po[illegible]
Eisenplatte deren [illegible]
gelagert ist [illegible]
doppelten Windunge[illegible] [illegible]n
Hälfte in den [illegible] [illegible]nd
Elementen eingeschalt[illegible] [illegible]igte
— indem die [illegible] [illegible]wäre.
des Kreises [illegible] [illegible]lectro-
während die [illegible] [illegible]kommen
den Kreis [illegible] [illegible]uch durch
Eisenconus [illegible] [illegible]Frischen in
Localkreis [illegible] „Gegensprech-
Richtung [illegible] [illegible] wird noch jetzt
einen [illegible] [illegible]ufsatzes behandelte
ductionsströme [illegible] [illegible]paraten in gleicher
überhaupt [illegible] [illegible] gleichzeitigen Doppel-
wenn [illegible] [illegible]erzweigungen mit, durch
Kreises [illegible]
die [illegible] [illegible]Poggendorffs Annalen eine
und [illegible] [illegible]che Induction und die Ver-
[illegible] [illegible]drähten", die das Endresultat
[illegible] physikalischen Eigenschaften der
[illegible]t. Ich gab in dieser Arbeit die
[illegible]wicklung der schon im Jahre 1850
[illegible] der elektrostatischen Ladung unter-
[illegible]urde dieser Theorie in physikalischen
[illegible] rechter Glaube geschenkt; suchte doch
[illegible]e an den preußischen unterirdischen Lei-

ist die Tellermaschine deshalb, weil sie die erste Lösung des Problems, constante gleichgerichtete Ströme durch Induction zu erzeugen, darstellt und dabei genau denselben Weg verfolgt, den zehn Jahre später Professor Pacinotti bei seinem berühmten Magnetinductor eingeschlagen hat; das dem Pacinottischen Ringe zu Grunde liegende Princip der Stromverzweigung war in ihr bereits enthalten. Meine Maschine bildet also die Vorgängerin der modernen Dynamomaschine mit continuirlichem Strom und zugleich die des Transformators. Hätte man bei ihr von der Selbstbewegung des Tellers abgesehen und diese durch mechanische Drehung der Axe mit den Schleiffedern bewirkt, so würde man schon damals eine wirksame dynamo-elektrische Maschine gehabt haben, und zwar mit Ueberspringung der Periode der Anwendung des Doppel-T-Ankers, durch welche man erst zu ihr gelangte. Es kann dies als ein Beweis der Schwierigkeit dienen, die mit der ersten Erkenntniß der nächstliegenden Wahrheiten oft verknüpft ist. Ich kann auch nur mit einer gewissen Beschämung des Umstandes gedenken, daß ich nach Aufstellung des Princips der Dynamomaschine nicht gleich daran dachte, die bei der Tellermaschine benutzte Parallelschaltung der entgegengesetzt inducirten Windungshälften anzuwenden, sondern erst mehrere Jahre später durch Pacinottis Vorgang darauf geführt wurde.

Durch eine Mittheilung im Leipziger polytechnischen Centralblatte wurden im Jahre 1854 die Telegraphentechniker in große Erregung versetzt. Die Mittheilung ging dahin, daß es dem österreichischen Telegraphenbeamten Dr. Gintl gelungen sei, zwischen Prag und Wien mittelst des Morseapparates durch denselben Leitungsdraht gleichzeitig in entgegengesetzten Richtungen zu telegraphiren. Es sollte dies dadurch ermöglicht sein, daß die Relais mit zwei Wickelungen versehen wären, von denen die eine vom Linienstrome und die andere in derselben Zeit von einem ebenso starken Localstrome in entgegengesetzter Richtung durchlaufen würde. Dieser zweite Kreislauf sollte durch einen besonderen Contact in demselben Augenblicke wie der Linienstrom geschlossen werden. Dr. Gintl fand jedoch bald, daß dieser Weg nicht zum Ziele führte, weil es unmöglich war, zwei Contacte wirklich in demselben Momente eintreten zu lassen, und weil die am Ende jedes Zeichens erfolgende Unterbrechung des Hauptstromes auch den von der anderen Seite kommenden Strom stören mußte. Daher verließ Gintl diesen Weg und suchte die Aufgabe unter Anwendung des Bainschen elektrochemischen Telegraphen zu lösen. Seine Versuche ergaben hier ein besseres Resultat und verleiteten ihn zu der Ansicht, zwei Ströme entgegengesetzter Richtung könnten denselben Leiter durchlaufen, ohne sich gegenseitig zu stören. In einem Aufsatze „Ueber die Beförderung gleichzeitiger Depeschen durch einen telegraphischen Leiter", den ich in Poggendorffs Annalen veröffentlichte, wies ich die Unzulässigkeit dieser Ansicht nach und entwickelte die Theorie des elektrochemischen Gegensprechens, zeigte aber auch, daß diese Methode praktisch nicht durchführbar wäre. Zugleich gab ich eine Methode des Gegensprechens mit elektromagnetischen Apparaten, die das gewünschte Resultat vollkommen erzielte. Dieselbe Methode wurde unabhängig von mir auch durch den späteren Oberingenieur unserer Firma, Herrn C. Frischen in Hannover, gefunden; sie ist heute unter dem Namen „Gegensprechschaltung von Frischen und Siemens" bekannt und wird noch jetzt vielfach verwendet. Am Schlusse des genannten Aufsatzes behandelte ich die Theorie des Sprechens mit zwei Apparaten in gleicher Richtung durch denselben Draht und die des gleichzeitigen Doppel- und Gegensprechens, theilte auch die Stromverzweigungen mit, durch welche diese Aufgaben zu lösen sind.

Im Jahre 1857 publicirte ich in Poggendorffs Annalen eine größere Arbeit „Ueber die elektrostatische Induction und die Verzögerung des Stromes in Flaschendrähten", die das Endresultat mehrjähriger Versuche über die physikalischen Eigenschaften der unterirdischen Leitungen darstellt. Ich gab in dieser Arbeit die Fortsetzung und weitere Entwicklung der schon im Jahre 1850 von mir aufgestellten Theorie der elektrostatischen Ladung unterirdischer Leitungen. Es wurde dieser Theorie in physikalischen Kreisen anfänglich kein rechter Glaube geschenkt; suchte doch selbst Wilhelm Weber die an den preußischen unterirdischen Leitungen auftretenden Störungen noch durch Selbstinduction zu erklären. Dazu kam, daß auch Faradays geniale Theorie, nach welcher die elektrostatische Vertheilung nicht durch directe elektrische Fernwirkung, sondern durch eine von Molekül zu Molekül des Dielektrikums fortschreitende Vertheilung bewirkt wird, bei den meisten Physikern der älteren Schule noch keine Anerkennung zu finden vermochte. Man erklärte den thatsächlichen Einfluß der zwischen zwei Leitern befindlichen Materie auf die Größe der elektrischen Ladung durch ein mehr oder weniger tiefes Eindringen der Elektricität in den Isolator und die dadurch bewirkte Verminderung der Entfernung zwischen den auf den beiden Leitern wirksamen Elektricitätsmengen. Ich entschloß mich daher zur Ausführung einer Experimentaluntersuchung, um die factisch bestehenden Zustände ohne Anknüpfung an eine der vorhandenen Theorien festzustellen. Meine Untersuchung, welche durch die damals noch sehr unvollkommene Entwicklung der Untersuchungsmittel und Methoden wesentlich erschwert wurde, führte mich zu einer vollen Bestätigung der Faradayschen Molekularvertheilungstheorie. Es ergab sich, daß die Bewegungsgesetze der Wärme und Elektricität in Leitern auch für die elektrostatische Induction Gültigkeit haben, und daß mithin die Form des Ohmschen Gesetzes für den elektrischen Strom auch auf sie anwendbar sei. Ich erhielt auf diesem Wege mit Hülfe der Faradayschen Theorie die Poissonschen Ausdrücke für die Dichtigkeit der Elektricität auf der Oberfläche der Körper und konnte den experimentellen Nachweis führen, daß in allen Fällen die Theorie Faradays zur Erklärung der Erscheinungen ausreicht. Ich habe diese Theorie damals in mehreren Richtungen weiter entwickelt und mit ihrer Hülfe Aufgaben gelöst, wie z. B. die Berechnung der Capacität einer aus beliebig vielen, hintereinander geschalteten Leydener Flaschen verschiedener Capacität gebildeten Batterie, eine Aufgabe, die auf anderem Wege bis dahin nicht zu lösen war. Leider fand ich nicht eher als im Frühjahr 1857 die nöthige Muße, um meine Arbeit druckfertig zu machen. Inzwischen hatten schon berühmte englische Physiker, wie Sir William Thomson und Maxwell verschiedene meiner wissenschaftlichen Resultate vorweggenommen, namentlich waren von Thomson dieselben Formeln für die Capacität der Flaschendrähte und die Verzögerung des Stromes aufgestellt, welche ich auf einem ganz anderen, mehr elementaren Wege entwickelt hatte. Maxwell hat in seinen unvergänglichen Arbeiten Faradays Theorie streng mathematisch bearbeitet und den Nachweis geführt, daß sie überall in vollem Einklange mit der Potentialtheorie steht. Wir sind daher durchaus berechtigt, die elektrische Vertheilung mit Faraday als eine von Molekül zu Molekül fortgepflanzte Wirkung aber nicht zugleich als eine directe Fernwirkung zu betrachten, denn nur der eine dieser Vorgänge kann in Wirklichkeit bestehen.

Am Schlusse der eben besprochenen Arbeit habe ich den unter dem Namen der Siemens'schen Ozonröhre bekannten Apparat beschrieben und die Theorie seiner Wirkung entwickelt. Es gelang mir durch denselben, auf elektrolytischem Wege Sauerstoff in Ozon umzuwandeln. Diesem Apparate steht noch eine große Zukunft bevor, da er es ermöglicht, Gase der Elektrolyse zu unterwerfen. Dieselben werden dadurch in den sogenannten activen Zustand versetzt, der sie befähigt, direct mit anderen Gasen chemische Verbindungen einzugehen, die anderweitig nur auf großen Umwegen zu erreichen sind.

Ich habe schon erwähnt, daß noch in der Mitte dieses Jahrhunderts eines der größten Hindernisse, welche der Entwicklung der Naturwissenschaften und namentlich der physikalischen Technik entgegenstanden, das Fehlen feststehender Maaße war. In naturwissenschaftlichen Schriften wurden zwar ziemlich allgemein Meter und Gramm als Maaße für Längen und Gewichte benutzt, die Technik litt aber dessenungeachtet an einer unerträglichen Zersplitterung und Unsicherheit. Immerhin bildeten Meter und Gramm wenigstens feste Vergleichspunkte, auf die man alle Maaßangaben beziehen konnte. Ein solcher Festpunkt fehlte aber gänzlich für die elektrischen Maaße. Zwar hatte Wilhelm Weber schon in Gemeinschaft mit Gauß das bewunderungswürdige System der absoluten magnetischen und elektrischen Einheiten theoretisch entwickelt, hatte auch die Methoden exacter Messung und die dazu erforderlichen Instrumente außerordentlich vervollkommnet. Es fehlten aber Maaßetalons, welche die absoluten Einheiten wirklich darstellten und Jedermann zugänglich waren. In Folge dessen war es gebräuchlich, daß jeder Physiker sich für seine Arbeiten ein eigenes Widerstandsmaaß bildete, was den Uebelstand mit sich führte, daß seine Resultate mit denen Anderer nicht vergleichbar waren. Jacobi in Petersburg machte dann den Vorschlag, einen beliebigen Kupferdraht, den er bei einem Leipziger Mechaniker deponirte, allgemein als Einheit des Widerstandes anzunehmen. Dieser Versuch war aber fehlgeschlagen, weil der Widerstand des Drahtes sich mit der Zeit änderte und die versandten Copien desselben bis um zehn Procent von einander abweichende Werthe zeigten. Der von Halske und mir anfangs als Einheit benutzte Widerstand einer deutschen Meile Kupferdrahtes von 1 mm Durchmesser, der in Deutschland und anderen Ländern für die praktische Telegraphie ziemlich allgemein verwendet wurde, erwies sich auch nur als ein Nothbehelf. Ich überzeugte mich bald, daß es ganz unthunlich sei, ein empirisches Grundmaaß, wie Jacobi es that, aufzustellen, da der elektrische Widerstand keine so feste und controlirbare Eigenschaft der Körper ist wie etwa die Dimension und die Masse der festen Körper. Auch war es aussichtslos, die ganze Welt zur Annahme eines irgendwo deponirten Widerstandsmaaßes zu bewegen.

Nach diesen Betrachtungen blieb nur die Wahl zwischen der absoluten Weberschen Widerstandseinheit und einer überall mit größter Genauigkeit reproducirbaren empirischen Einheit. An die Annahme der absoluten Einheit war damals leider nicht zu denken, da ihre Reproduction zu schwierig war, so daß Wilhelm Weber mir gegenüber selbst Abweichungen von einigen Procenten für unvermeidlich erklärte. Ich entschied mich also dafür, das einzige bei gewöhnlicher Temperatur flüssige Metall, das Quecksilber, dessen Widerstand sich durch Molekularveränderungen nicht ändern kann und durch Temperaturänderungen weniger als derjenige der zur Herstellung von Widerständen brauchbaren festen Metalle beeinflußt wird, zur Grundlage eines reproducirbaren Widerstandsmaaßes zu machen. Im Jahre 1860 waren meine Arbeiten so weit geblehen, daß ich mit dem Vorschlage, den Widerstand eines Quecksilberprismas von 1 m Länge und 1 qmm Querschnitt bei 0° C. als Einheit des Widerstandes anzunehmen, an die Oeffentlichkeit treten und meine Methode der Darstellung dieser Quecksilbereinheit publiciren konnte. Es geschah dies durch einen in Poggendorffs Annalen erschienenen Aufsatz: „Vorschlag zu einem reproducirbaren Widerstandsmaaße".

Obgleich Herr Mathiessen in London der Annahme meiner Einheit heftig opponirte und dagegen einen Draht aus Gold-Silberlegirung vom ungefähren Widerstande einer Weberschen Einheit als empirische Einheit empfahl, wurde mein Vorschlag doch bald allgemein angenommen, und die Wiener internationale Telegraphenconferenz vom Jahre 1868 erhob die Quecksilbereinheit zur gesetzlichen Einheit des Telegraphenwesens. Trotzdem setzten die englischen Physiker ihre Bestrebungen fort, das von der British Association adoptirte, von Sir William Thomson vorgeschlagene Centimeter-Gramm-Secunde-System des Widerstandes — die sogenannte c. g. s.-Einheit — also den zehnfachen Widerstand der Weberschen absoluten Einheit zum internationalen elektrischen Widerstandsmaaße zu machen. Die British Association setzte eine Specialcommission ein, der Sir William Thomson und auch mein Bruder Wilhelm angehörten, und diese übte nun eine lebhafte Agitation für die allgemeine Annahme der British Association Unit aus, obgleich eine wirklich exacte Darstellung derselben noch nicht gelungen war. Man verließ sich aber auf die zu erwartenden Fortschritte in den elektrischen Meßmethoden und fand mit Recht, daß die Annahme eines theoretisch feststehenden, auf die dynamischen Grundmaaße basirten Widerstandsmaaßes die Rechnungen mit elektrischen Kräften wesentlich erleichtern würde. Obgleich sich dagegen einwenden ließ, daß die überwiegende Mehrzahl der auszuführenden Rechnungen mit elektrischen Widerständen dem geometrischen und nicht dem dynamischen Gebiete angehörte, und daß die von mir vorgeschlagene reproducirbare Einheit mit geometrischer Grundlage ebensogut eine absolute zu nennen sei wie die auf dynamischer Grundlage ruhende Webersche Einheit oder die Modifikation derselben, die von englischer Seite als Einheit vorgeschlagen wurde, so ist später doch die c.g.s.-Einheit des Widerstandes im Princip als internationales Widerstandsmaaß angenommen worden. Ich werde hierauf im Folgenden noch einmal zurückkommen.

Der meinem Bruder Wilhelm und mir von der englischen Regierung ertheilte Auftrag, die Fabrikation der von ihr subventionirten Kabel zu controliren, veranlaßte uns zu sehr eingehenden Versuchen über die Eigenschaften der Unterseeleitungen und namentlich zur Ausarbeitung einer rationellen Methode für die elektrische Prüfung derselben. Das Malta-Alexandria-Kabel war das erste, welches überhaupt einer systematischen Prüfung und Controle während seiner ganzen Anfertigung unterworfen wurde, und welches sich in Folge dessen auch nach seiner Auslegung als vollkommen fehlerfrei erwies und dauernd gut geblieben ist. Ermöglicht wurde eine solche rationelle Prüfung durch das exacte, oben beschriebene Widerstandsmaaß und unsere, den Gewichtssätzen entsprechend eingerichteten Widerstandsskalen, welche die schnelle Darstellung jedes gewünschten Widerstandes in Quecksilbereinheiten gestatteten, ferner durch wesentliche Verbesserungen, welche die Untersuchungsmethoden und Meßinstrumente durch uns erfuhren. Zur Untersuchung des Einflusses, den der in großen Meerestiefen herrschende hohe Druck auf die Kabel ausübt, wurden verschließbare, stählerne Reservoire erbaut und die Isolation der Kabel gemessen, während sie in denselben einem starken Drucke unterworfen wurden. Es bestätigte sich dabei die schon während der Legung des Kabels durch das rothe Meer von uns beobachtete Thatsache, daß die Isolirfähigkeit der Guttapercha sich durch den Wasserdruck vergrößert, wodurch die Möglichkeit festgestellt wurde, Submarinlinien auch durch die größten Meerestiefen zu legen. Wir entwarfen ferner Tabellen für die Größe der Verminderung, welche die Isolationsfähigkeit von Guttapercha, Kautschuk und anderen Isolationsmaterialien durch steigende Temperatur erfährt, sowie für die Vertheilungsfähigkeit — specific induction — dieser Isolatoren. Unsere Versuche ergaben, daß in diesen Punkten das Kautschuk und die Mischungen desselben der Guttapercha weit überlegen sind, ein

Umstand, der uns ausgedehnte Versuche anstellen ließ, eine gute Isolirung von Leitungen durch Umkleidung mit Kautschuk zu erzielen, Versuche, die aber nicht ganz zu den erstrebten praktischen Ergebnissen führten.

Ein im Jahre 1860 der British Association von uns mitgetheilter Aufsatz — betitelt „Umriß der Principien und des praktischen Verfahrens bei der Prüfung submariner Telegraphenlinien auf ihren Leitungszustand“ — faßte die wesentlichsten Ergebnisse unserer Untersuchungen zusammen und bildet die Grundlage des später allgemein adoptirten Systems der Kabelprüfungen und Fehlerbestimmungen. Obgleich aber diese Publikation in englischer Sprache und meine Mittheilung an die Pariser Akademie vom Jahre 1850, in der meine Fehlerbestimmungsmethoden im Princip ebenfalls schon enthalten waren, in französischer Sprache veröffentlicht wurden, haben spätere Schriftsteller und Erfinder doch nur in wenigen Fällen Rücksicht auf dieselben genommen und die darin angegebenen Methoden mit geringen Abänderungen aufs neue erfunden und publicirt. Ich will nicht unterlassen, hier darauf hinzuweisen, damit die Geschichte der Entwicklung der Elektrotechnik nicht dauernd gefälscht wird. Ein vor kurzem erschienenes, mit vielem Fleiß compilirtes Buch unter dem Titel „Traité de télégraphie sousmarine“ von E. Wünschendorff giebt mir Veranlassung zu dieser Bemerkung. Gleich zu Anfang dieses Werkes wird der erste Erfinder der elektrischen Telegraphie, der deutsche Dr. Soemmering als „Professeur russe“ bezeichnet, der bei Petersburg und 1845 bei Paris Leitungen unter Wasser gelegt hätte und dadurch Erfinder der submarinen Telegraphie geworden wäre. Wenn dies auch eine, für ein historisches Werk allerdings auffallende Verwechslung des deutschen Dr. Soemmering mit dem viel später in Petersburg lebenden deutschen Professor Jacobi ist, so ist doch zu bemerken, daß diese und andere Projecte unterseeischer Leitungen vor dem Jahre 1847 nur als Phantasiespiele zu betrachten sind, die zu brauchbaren unterirdischen Leitungen nicht führen konnten. Erst meine nahtlos mit Guttapercha umpreßten Leitungen lösten das Problem der Herstellung unterirdischer und unterseeischer Linien, und die 1848 für die Minen im Kieler Hafen von mir gelegten Leitungen und die eisenarmirte Kabelleitung durch den Rhein bei Cöln im Frühjahre 1850 bildeten die factische Grundlage der Unterseetelegraphie. Der deutsche Name des Franzosen Wünschendorff mag vielleicht zu der das ganze Werk umfassenden Nichtbeachtung deutscher Leistungen beigetragen haben!

In den zuletzt beschriebenen Abschnitt meiner Thätigkeit fielen noch zwei Ereignisse, die von wesentlicher Bedeutung für mich waren.

Im Jahre 1859 wurde ich zum Mitgliede des Aeltestencollegiums der Berliner Kaufmannschaft gewählt, welches zugleich Handelskammer der Mark Brandenburg ist. Die Wahl findet durch namentliche Abstimmung aller Gewerbe und Handel treibenden Firmen statt und gilt daher als eine besondere Auszeichnung. Ich erlangte durch sie den Vortheil, mit den Berliner Industriellen in nähere persönliche Verbindung zu kommen.

Im Jahre 1860 wurde ich bei Gelegenheit des fünfzigjährigen Jubiläums der Berliner Universität zum Doctor honoris causa der philosophischen Facultät promovirt. Diese Ernennung zum Ehrendoctor in meiner Heimathstadt Berlin erfreute mich vor Allem deswegen, weil ich in ihr eine Anerkennung meiner wissenschaftlichen Leistungen erblicken konnte und durch sie in gewissermaaßen collegiale Beziehung zu meinen wissenschaftlichen Freunden gebracht wurde.

Auf meine politische Thätigkeit, der ich mich in den folgenden Jahren mit größerem Eifer widmete, will ich nachstehend etwas näher eingehen.

Von frühester Jugend an schmerzte mich die Zerrissenheit und Machtlosigkeit der deutschen Nation. Es entstand dieses Gefühl in mir und den zunächst auf mich folgenden Brüdern schon durch unser Leben in deutschen Klein- und Mittelstaaten, in denen ein sich an den eigenen Staatsverband anschließender Patriotismus keinen fruchtbaren Boden fand, wie es in Preußen dank seiner ruhmvollen Geschichte der Fall war. Dazu kam, daß in unserer Familie nationale und liberale Gesinnung stets geherrscht hatte und namentlich mein Vater ganz von ihr erfüllt war. Trotz der traurigen politischen Zustände, in die Preußen mit Deutschland nach den glorreichen Befreiungskriegen wieder zurückgesunken war, blieb doch die Hoffnung auf den Staat Friedrichs des Großen, der durch seine Thaten Selbstvertrauen in den Deutschen erweckt hatte, als künftigen Retter aus der Noth bestehen. Diese Hoffnung war es, die meinen Vater veranlaßt hatte, mir zu rathen, in preußische Dienste zu gehen, und auch in mir selbst war diese Zuversicht auf eine künftige Erhebung Deutschlands durch Preußen stets lebendig geblieben. Daher wurde ich von der nationalen deutschen Bewegung des Jahres 1848 mit so unwiderstehlicher Gewalt ergriffen und trotz widerstrebender Privatinteressen nach Kiel gezogen, um mit Preußen für Deutschlands Einheit und Größe zu kämpfen.

Als diese jugendlich aufbrausende und weit über das vernünftiger Weise anzustrebende Ziel hinausgehende Bewegung an der Ungunst der obwaltenden Verhältnisse gescheitert, als Deutschland wieder der machtlosen Zersplitterung anheimgefallen und Preußen tief gedemüthigt war, da griff bei allen deutschen Patrioten tiefe Muthlosigkeit Platz. Zwar blieb die Hoffnung auf Preußen noch immer bestehen, doch glaubte man nicht mehr, daß der preußische Staat die Vereinigung Deutschlands erkämpfen werde, sondern setzte seine ganze Hoffnung auf den endlichen Sieg der liberalen Gesinnung im deutschen und namentlich im preußischen Volke. Aus diesem Umschwunge der Anschauungen erklären sich die ohne ihn schwer zu begreifenden Erscheinungen der Conflictzeit.

Bis zum Jahre 1860 war ich mit wissenschaftlichen und technisch-praktischen Arbeiten so vollauf beschäftigt, daß ich der Politik ganz fern blieb. Erst als unter der Regentschaft des Prinzen von Preußen die politische Erstarrung und der Pessimismus, die bis dahin fast ausschließlich herrschten, sich milderten und freiere politische Anschauungen sich wieder hervorwagten, schloß ich mich dem unter Bennigsens Führung gebildeten und vom Herzog

Ernst von Koburg-Gotha beschützten Nationalverein an. Ich wohnte seiner constituirenden Versammlung zu Koburg bei und betheiligte mich fortan als treuer Bundesgenosse an seinen Bestrebungen. Hierdurch und durch meine lebhafte Bethätigung bei den Wahlen zum Landtage wurde ich mit den leitenden Politikern der liberalen Partei näher bekannt. Ich besuchte die Versammlungen der in Bildung begriffenen neuen liberalen Partei und nahm Theil an den Berathungen über Programm und Namen derselben. Die Mehrheit war geneigt, für den Namen „demokratische Partei" zu stimmen, während Schulze-Delitzsch sie „deutsche Partei" taufen wollte. Ich schlug vor, den Namen „Fortschrittspartei" zu wählen, da es mir angemessener schien, die Thätigkeitsrichtung als die Gesinnung durch den Parteinamen zu bezeichnen. Es wurde beschlossen, meinen Vorschlag mit dem von Schulze-Delitzsch zu vereinigen und die neue Partei „deutsche Fortschrittspartei" zu nennen.

Die Aufforderung, mich zum Abgeordneten wählen zu lassen, hatte ich wiederholt abgelehnt, hielt es aber im Jahre 1864 für meine Pflicht, die ohne meinen Antrag auf mich gelenkte Wahl zum Abgeordneten für den Bezirk Solingen-Remscheid anzunehmen. Es bildete damals die von der Regierung vorgeschlagene Reorganisation der Heeresverfassung die große Streitfrage, um welche die politischen Parteien sich gruppirten. Der Kern dieser Frage bestand in der nach dem Regierungsplane factisch eintretenden Verdoppelung der preußischen Armee mit entsprechender Vergrößerung des Militärbudgets. Die Stimmung des Landes ging dahin, daß diese Vergrößerung der Militärlast nicht ertragen werden könnte, ohne zu gänzlicher Verarmung des Volkes zu führen. In der That war der Wohlstand Preußens schon damals hinter dem der anderen deutschen Staaten ansehnlich zurückgeblieben, da die Last der deutschen Wehrkraft auch nach den Befreiungskriegen hauptsächlich auf seinen Schultern geruht hatte. Sollte diese Last im Sinne der Reorganisation noch in so hohem Maaße vergrößert werden, ohne daß eine entsprechende Theilnahme der übrigen Staaten erzwungen wurde, so mußte das Land in seinem Wohlstande mehr und mehr zurückgehen und hätte die Last schließlich doch nicht mehr zu tragen vermocht. Man wußte zwar, daß König Wilhelm schon als Prinz von Preußen und als Prinzregent von der Nothwendigkeit überzeugt war, den Staat Friedrichs des Großen wieder zu der seiner geschichtlichen Stellung angemessenen Höhe an der Spitze Deutschlands zu erheben, und man zweifelte nicht an dem Ernste der darauf gerichteten Bestrebungen des persönlich geliebten und hochgeachteten Monarchen, aber man zweifelte an der Durchführbarkeit seines Planes. Der Glaube an den historischen Beruf des preußischen Staates zur Vereinigung Deutschlands und an Preußens Glückstern war zu tief gesunken. Auch die eifrigsten Schwärmer für Deutschlands Einheit und künftige Größe, ja selbst specifisch preußische Patrioten, hielten es deshalb mit ihrer Pflicht nicht für vereinbar, Preußen diese neue, fast unerschwinglich scheinende Militärlast aufzubürden. Die Volksvertretung verwarf, zum großen Theil allerdings mit schwerem Herzen, den Reorganisationsentwurf der Regierung, und bei wiederholten Auflösungen bestätigte das Volk durch die Neuwahlen dieses Votum.

Mir persönlich wurde es besonders schwer, gegen die Vorlage der Regierung zu stimmen, da ich im innersten Herzen meinen alten Glauben an den Beruf des preußischen Staates doch noch aufrecht erhielt und es auch als Undankbarkeit erscheinen konnte, daß ich dem Willen des Monarchen entgegentrat, der mir einst persönlich sein Wohlwollen bezeugt hatte. Dazu kam, daß ich aus dem Auftreten der Minister von Bismarck und Roon in der Kammer und aus manchen von mir beobachteten Geberden und Worten derselben in den stattfindenden erbitterten Redekämpfen die Ueberzeugung gewonnen hatte, daß es sich um ernste Thaten handelte, für welche man die Armee vergrößern wollte. Doch wiesen mich meine politischen Freunde damit zur Ruhe, daß sie sagten, ein actives Vorgehen Preußens, um ein einiges Deutschland unter preußischer Führung zu schaffen, würde nothwendig zu einem Kriege mit Oesterreich führen, und dem stände die testamentarische Ermahnung Friedrich Wilhelms III. an seine Söhne „Haltet fest an Oesterreich!" als unübersteigliches Hinderniß entgegen.

Dieser innere Zwiespalt führte mich dazu, in einer anonymen Brochüre, die unter dem Titel „Zur Militärfrage" bei Julius Springer erschien, die Frage zu erörtern, ob sich nicht auf einem anderen als dem von der Regierung vorgeschlagenen Wege die Verdoppelung der Armee für den Kriegsfall erreichen ließe, ohne dem Lande die große Kostenlast aufzubürden, welche der Regierungsentwurf nöthig machte.

Inzwischen war die Reorganisation selbst durch den Kriegsminister von Roon ohne jede Rücksicht auf die parlamentarischen Kämpfe schon durchgeführt und zum Glück bereits beendigt, als im Frühjahr 1866 die Differenzen über Schleswig-Holstein zum Bruche mit Oesterreich führten. Daß dieser Bruch wirklich erfolgen und den Krieg nach sich ziehen würde, glaubten trotz der Rüstungen und Kriegsdrohungen nur Wenige. Um so größer war die allgemeine Ueberraschung, als sich früh Morgens am 14. Juni die Nachricht verbreitete, der Krieg sei an Oesterreich und den deutschen Bund erklärt, die Kriegserklärung bereits an den Litfaßsäulen angeschlagen. In der That fand ich nach einem eiligen Gange von Charlottenburg nach Berlin die nächste dieser Säulen von einer dichten Menschenmenge umstellt. Mich frappirte die ruhige, ernste Haltung, mit der die oft wechselnde Menge das gewaltige Ereigniß hinnahm. Keine kritisirende Bemerkung irgend welcher Art wurde laut, wenn die ernst und würdig gehaltene Bekanntmachung auf Verlangen von den Nächststehenden wiederholt verlesen wurde. Jedermann, der Arbeiter so gut wie der Bürger, empfand das ungeheure Gewicht der Thatsache „Es ist Krieg!", aber Niemand schien von ihr niedergedrückt zu werden, überall wurde sie mit selbstbewußter Ruhe hingenommen. Mir wurde hier so recht klar, welche Macht in einer ruhmreichen Vergangenheit eines Volkes liegt. Sie stärkt in gefahrdrohenden Zeiten das Selbstbewußtsein, läßt keinen Kleinmuth aufkommen und erweckt in Jedem den Entschluß, das Seinige zur Ueberwindung der Gefahr beizutragen, wie es die Vorfahren thaten. So wie vor der einen Litfaßsäule am Potsdamer Thor sah es in ganz Berlin, ja im ganzen Lande, wenigstens in den alten Gebietstheilen Preußens aus.

Alle politischen Streitfragen wurden vergessen oder doch vertagt, ein Jeder dachte nur daran, seine Schuldigkeit zu thun. Daß dieses Gefühl alle Klassen des Volkes beherrschte, offenbarte sich deutlich in einer Versammlung, die noch am Tage der Kriegserklärung von Privatpersonen in der Absicht berufen wurde, einen Verein zur Pflege der Verwundeten zu bilden. Als ein Politiker die Verhandlungen mit Klagen über die Regierung begann, die den Krieg verschuldet hätte, genügte zur Entgegnung eine kurze Bemerkung von mir, daß der Krieg jetzt ein Factum sei und es sich nur noch darum handeln könne, den Sieg vorzubereiten und die Leiden des Kampfes möglichst zu lindern. Es fand dies so einstimmigen Beifall, daß jede weitere Discussion unterblieb und die Bildung des Hülfsvereins für die Armee im Felde, der später mit großem Erfolge gewirkt hat, einstimmig beschlossen wurde.

Als der Krieg nach wenigen Wochen mit der Niederwerfung Oesterreichs und der ihm verbündeten deutschen Staaten beendet war, da sah die Welt ganz anders aus. Das kleine, tief gedemüthigte Preußen stand jetzt als stolzer Sieger factisch ohne Rivalen an der Spitze Deutschlands. In weiser Erkenntniß des deutschen Volksgeistes, der den unvermeidlichen Bruderkrieg nur als Mittel zur Erringung der ersehnten deutschen Einheit betrachtete, hatten König Wilhelm und sein leitender Minister den besiegten Staaten, soweit sie nicht zur nothwendigen Stärkung des preußischen Staates diesem gänzlich einverleibt werden mußten, nur äußerst milde Friedensbedingungen auferlegt, und der als Sieger in seine Residenz einziehende König und Feldherr gab der Welt ein wohl einzig dastehendes Beispiel selbstüberwindender Gerechtigkeit, indem er von der Landesvertretung Indemnität für die durch die Nothlage des Staates erzwungene Uebertretung ihrer verfassungsmäßigen Rechte erbat und damit auch den inneren Frieden des Landes wiederherstellte. Es bedurfte freilich noch mancher Kämpfe im Abgeordnetenhause, bevor die Weisheit und Großartigkeit dieses Schrittes der Krone volle Anerkennung und Zustimmung fand.

Durch die mehrjährigen Kämpfe mit der Regierung und durch die wiederholt erfolgten Auflösungen hatte sich eine Art Kampfesorganisation im Abgeordnetenhause gebildet, die den Führern überwiegenden Einfluß auf die Abstimmungen in die Hand gab. Namentlich Waldeck, der Führer der entschiedenen Demokraten, hatte große Macht erlangt. Seine Freunde verschmähten alle Compromisse und hielten es zur Erreichung ihrer Ziele für geboten und der Würde des Hauses entsprechend, die verlangte Indemnität nur unter sehr weitgehenden Bedingungen zu ertheilen. Dies war bei der damaligen politischen Lage ein außerordentlich gefährliches Beginnen, welches den inneren Frieden ernstlich bedrohte und alle Errungenschaften der glorreichen Siege des preußischen Volksheeres wieder gefährden konnte. Ich hatte mich vor dem Zusammentreten des Landtages, bald nach dem Friedensschlusse, einige Zeit in Paris aufgehalten und Gelegenheit gehabt, die Stimmung der Bevölkerung sowohl wie die der leitenden Kreise kennen zu lernen. Es galt dort als ganz außer Frage stehend, daß Frankreich die von Preußen errungene Machtstellung an der Spitze Norddeutschlands und als Führer des gesammten Deutschlands ohne sehr große Compensationen nicht dulden dürfe und dieselbe, wenn nöthig, mit Gewalt durchbrechen müsse. Aus durchaus zuverlässiger Quelle erfuhr ich, daß der Grund, weshalb Frankreich bis dahin gute Miene zum bösen Spiel machte, nur darin lag, daß der mexikanische Krieg die Armee desorganisirt und namentlich die Magazine geleert hatte, daß man aber auf das eifrigste mit Rüstungen beschäftigt wäre und einstweilen auf die Fortdauer der inneren Kämpfe in Preußen rechnete.

Bei meiner Rückkehr nach Berlin fand ich das Abgeordnetenhaus schon versammelt und die Indemnitätsfrage in eifriger Discussion innerhalb der Parteien. Leider hatte ein großer Theil der nicht zur Waldeckschen Partei gehörigen parlamentarischen Führer, in der festen Erwartung, daß diese wenigstens in der Fortschrittspartei den Sieg erringen würde, seinen Austritt aus der letzteren erklärt und sich für die Bildung einer neuen, der „nationalliberalen" Partei entschieden. Ich selbst hatte grundsätzlich niemals größere Reden im Hause gehalten, da ich meine politische Thätigkeit nur als eine vorübergehende betrachtete und entschlossen war, kein Mandat wieder anzunehmen. Dagegen hatte ich in den Parteiversammlungen stets eifrig mitgewirkt und kannte die Gesinnung der meisten Abgeordneten vielleicht besser als die parlamentarischen Führer. Es war meine Ueberzeugung, daß die überwiegende Mehrzahl der Mitglieder der Fortschrittspartei für den Frieden mit der Krone gestimmt wäre und es für sie nur eines kräftigen Anstoßes bedürfte, um dieser friedlichen Gesinnung Ausdruck zu geben. In der That fiel meine lebhafte Schilderung der vielseitigen Gefahren, die mit der Verweigerung der Indemnität verknüpft wären, in der Parteiversammlung auf einen fruchtbaren Boden, und nachdem Lasker, der auf meine Bitte seine Austrittserklärung bis nach der Fractionssitzung verschob, meine Ausführungen in beredtem Vortrage bestätigt und weiter entwickelt hatte, erklärte sich die Fortschrittspartei mit überwiegender Majorität für die unbeschränkte Bewilligung der Indemnität, obschon Waldeck selbst mit größter Entschiedenheit für das unerschütterliche Beharren auf dem Rechtsstandpunkte und die Ablehnung der Indemnitäts-Erklärung eintrat. Als darauf die Bewilligung der Indemnität auch vom Hause selbst beschlossen und dadurch der innere Frieden im Lande wieder hergestellt war, trat ich vom politischen Schauplatze zurück und widmete die freie Zeit, welche die Leitung meiner Firma mir ließ, fortan wieder wissenschaftlichen Arbeiten.

In den drei Jahren meiner parlamentarischen Thätigkeit habe ich in Commissionssitzungen und Parteiversammlungen bei den drei einzigen Gesetzen, die durch Uebereinstimmung mit Regierung und Herrenhaus Gesetzeskraft erhielten, thätig mitgewirkt. Ich war Specialreferent der Abtheilung „Metalle und Metallwaaren" des deutsch-französischen Handelsvertrages und glaube durch ein eingehendes Referat, das ich über diesen am heftigsten bestrittenen Theil des Vertrages ausarbeitete, nicht unwesentlich zur schließlichen Annahme desselben beigetragen zu haben. Leider brachte mich dieses Referat in Conflict mit meinem Wahlbezirke. Dieser entsandte eine besondere Deputation an das Abgeordnetenhaus, um gegen den Artikel zu protestiren, der es verbot, Fabrikate mit den

Firmen und Fabrikzeichen der Fabrikanten eines anderen Landes zu bezeichnen. Die Solinger und Remscheider Industriellen erklärten, daß es herkömmlich und allgemein üblich wäre, die besseren, in der Regel von englischen Fabrikanten und Händlern bestellten Waaren mit einem englischen Fabrikationsstempel nach deren Angabe zu versehen, und daß ihr Geschäftsbetrieb schwer geschädigt werden würde, wenn man ihnen dies untersagte; die Folge eines solchen Verbotes würde sein, daß sie nicht nur den englischen, sondern auch den deutschen Markt für ihre bessere Waare verlieren würden, da man auch in Deutschland die englische Waare vorzöge.

Trotz langer Debatten kam es zu keiner Verständigung zwischen uns. Die Deputation erkannte wohl an, daß die deutsche Industrie selbstmörderisch handelte, wenn sie ihre gute Waare als fremdes und nur die schlechtere als eigenes Fabrikat auf den Markt brächte, sie schob die Schuld aber auf das kaufende Publikum, welches es so verlangte. Wir schieden daher im Zwiespalt, und ich glaube, ich wäre nicht wieder gewählt worden, wenn ich mich nochmals zur Wahl gestellt hätte. Das Verbot hat im übrigen gut gewirkt, wenn es auch leider nicht in voller Schärfe durchgeführt wurde. Es hat sich seitdem in jenem alten und berühmten Industriebezirke, wie überhaupt in der ganzen deutschen Technik, schon ein Fabrikantenstolz herausgebildet, der nur gute Waare zu liefern gestattet, und man hat auch vielfach schon eingesehen, daß in dem guten Rufe der Fabrikate eines Landes ein wirksamerer Schutz liegt als in hohen Schutzzöllen.

Ein wirksames Schutzzollsystem, welches der Industrie den Consum des eigenen Landes sichert, läßt sich überhaupt nur dann consequent durchführen, wenn dieses Land, wie z. B. die Vereinigten Staaten von Nordamerika, alle Klimate umfaßt und alle Rohproducte, deren seine Industrie bedarf, selbst erzeugt. Ein solches Land kann sich gegen jeden Import absperren, vermindert dadurch aber gleichzeitig seine eigene Exportfähigkeit. Es muß als ein Glück für Europa betrachtet werden, daß Amerika durch sein prohibitives Schutzzollsystem die gefahrdrohende, schnelle Entwicklung seiner Industrie gehemmt und seine Exportfähigkeit verringert hat. Dasdurch hohe Schutzzollbarrieren zerrissene Europa gewinnt dadurch Zeit, die Gefahr seiner Lage zu erkennen, die ihm den Wettbewerb mit einem zollfreien Amerika auf dem Weltmarkte unmöglich machen wird, wenn es ihm nicht rechtzeitig als mercantil organisirter Welttheil gegenübertritt. Der Kampf der alten mit der neuen Welt auf allen Gebieten des Lebens wird allem Anscheine nach die große, alles beherrschende Frage des kommenden Jahrhunderts sein, und wenn Europa seine dominirende Stellung in der Welt behaupten oder doch wenigstens Amerika ebenbürtig bleiben will, so wird es sich bei Zeiten auf diesen Kampf vorbereiten müssen. Es kann dies nur durch möglichste Wegräumung aller innereuropäischen Zollschranken geschehen, die das Absatzgebiet einschränken, die Fabrikation vertheuern und die Concurrenzfähigkeit auf dem Weltmarkte verringern. Ferner muß das Gefühl der Solidarität Europas den anderen Welttheilen gegenüber entwickelt und es müssen dadurch die innereuropäischen Macht- und Interessenfragen auf größere Ziele hingelenkt werden.

Während der Periode meiner politischen Thätigkeit blieb ich eifrig bemüht, das von mir ins Leben gerufene große Geschäft weiter zu entwickeln. Es war inzwischen ein Wechsel in der Leitung der preußischen Staatstelegraphen eingetreten, der mich und meine Firma wieder in nähere Verbindung mit derselben gebracht hatte. An Stelle des Regierungsrathes Nottebohm, der mir nicht verzeihen konnte, daß ich den gänzlichen Fehlschlag des preußischen Systems der unterirdischen Leitungen in meiner oben genannten Brochüre auf seine wirkliche Ursache, die mangelhafte Organisation der technischen Verwaltung, zurückgeführt hatte, war ein höchst intelligenter Ingenieurofficier, der Oberst von Chauvin, zum Direktor der preußischen Staatstelegraphen ernannt. Dieser stellte die seit vielen Jahren gänzlich abgebrochenen Beziehungen zu meiner Firma wieder her und benutzte ihre großen Erfahrungen auf telegraphischem Gebiete, um die ziemlich stehengebliebenen Betriebseinrichtungen der Staatstelegraphie zu verbessern. Da gleichzeitig auch in Rußland mein alter Freund und Gönner, der [illegible] von Lüders, nach langer Krankheit wieder leitender Direktor der Staatstelegraphen war, so faßte ich den kühnen Plan, eine telegraphische Speciallinie zwischen England und Indien durch Preußen, Rußland und Persien, die Indo-Europäische Linie, ins Leben zu rufen.

Dieser Plan war durch die Versuche Englands, eine Linie durch das mittelländische Meer, Kleinasien und Persien herzustellen, an deren Ausführung sich mein Bruder Wilhelm lebhaft betheiligt hatte, schon gut vorbereitet. Die englische Regierung hatte im Jahre 1862 ein Kabel von Bushire in Persien nach Kurrachee in Indien gelegt, bei dessen Legung leider unser Elektriker Dr. Esselbach den Tod gefunden hatte. Unter englischer Leitung wurde auch die an das Kabel sich anschließende Landlinie durch Kleinasien und Persien von der türkischen und persischen Regierung hergestellt und so eine telegraphische Ueberlandlinie nach Indien factisch ins Dasein gerufen. Doch stellte sich bald die Unmöglichkeit heraus, auf diesem Wege die Aufgabe wirklich zu lösen. Die Linie war gewöhnlich unterbrochen, und wenn sie wirklich auch einmal vollständig in Ordnung war, so brauchten die Depeschen oft Wochen, um sie ganz zu durchlaufen, und kamen schließlich in einem durchaus unverständlichen, verstümmelten Zustande an ihren Bestimmungsort. Theoretisch existirte daneben noch eine zweite Ueberlandverbindung durch die preußischen und russischen Regierungslinien, doch erwiesen sich diese zur Beförderung der Regierungs- und Handelsdepeschen in englischer Sprache als fast ebenso unbrauchbar wie die Speciallinie durch die Türkei.

Nach diesen Erfahrungen stand es fest, daß das große Bedürfniß einer schnellen und sicheren telegraphischen Correspondenz zwischen England und Indien nur durch eine einheitlich angelegte und verwaltete Linie durch Preußen, Rußland und Persien befriedigt werden könnte. Nachdem ich die Ausführbarkeit einer solchen Linie mit meinen Brüdern Wilhelm und Karl reiflich erwogen hatte, nachdem ferner Wilhelm durch seinen Freund, Oberst Bateman-Champain, den Erbauer der Landlinie durch Kleinasien, die wohlwollende

Unterstützung der englischen Regierung zugesichert erhalten und Oberst von Chauvin die gleiche Zusicherung für die preußische Regierung abgegeben hatte, nahmen unsere drei Firmen zu Berlin, London und Petersburg die Durchführung des Planes in die Hand.

Die größte Schwierigkeit lag darin, die russische Regierung zu bestimmen, einer fremden Gesellschaft die Erlaubniß zu geben, eine eigene Telegraphenlinie durch Rußland zu erbauen und zu betreiben. Es gelang dies auch erst nach langwierigen Verhandlungen, bei denen uns sehr zu statten kam, daß wir wegen unserer bisherigen Leistungen sowohl als Techniker wie als zuverlässige Unternehmer großes Ansehen in Rußland genossen. Die schließlich ertheilte Concession räumte uns das Recht ein, eine Doppelleitung von der preußischen Grenze über Kiew, Odessa, Kertsch, von dort zum Theil unterseeisch nach Suchum-Kalé an der kaukasischen Küste, und weiter über Tiflis bis zur persischen Grenze anzulegen und zu betreiben. Preußen verpflichtete sich, selbst eine Doppelleitung von der polnischen Grenze über Berlin nach Emden zu erbauen und diese Linie durch die von uns zu bildende Gesellschaft betreiben zu lassen. Persien, wohin wir außer unserem Bruder Walter einen jüngeren Verwandten, den jetzigen ersten Direktor der Deutschen Bank in Berlin, damaligen Assessor Georg Siemens, zum Abschlusse eines Vertrages delegirten, gab uns eine ähnliche Concession wie Rußland zur Erbauung einer eigenen Linie von der russischen Grenze bis Teheran. Die Vollendung der theilweise schon hergestellten Linie von Teheran bis Indien übernahm die englische Regierung.

Wir erhielten die Erlaubniß, die uns ertheilten Concessionen einer in England domicilirten Gesellschaft unter der Bedingung zu übertragen, daß unseren Firmen der Bau und die Unterhaltung der ganzen Linie in Auftrag gegeben würde, und der ferneren, daß wir stets mit einem Fünftel des Anlagekapitals an der Gesellschaft betheiligt blieben. Wir bildeten darauf eine englisch-deutsche Gesellschaft, die ihren Sitz in London hatte, und müssen es als ein ehrendes Zeichen des Ansehens anerkennen, in welchem unsere Firmen beim Publikum bereits standen, daß das erforderliche beträchtliche Kapital ohne Vermittlung von Bankhäusern auf unsere directe Aufforderung zur Betheiligung in London und Berlin gezeichnet wurde. Ich will hier erwähnen, daß die Indo-Europäische Linie noch heute unverändert fortbesteht und trotz gefährlicher Concurrenz durch eine neue, von englischen Unternehmern erbaute Submarinlinie, die durch das mittelländische und rothe Meer führt, regelmäßig eine ansehnliche Dividende an ihre Aktionäre zahlt.

Der Bau der Linie wurde unter unseren Firmen so vertheilt, daß das Berliner Geschäft gemeinschaftlich mit dem Petersburger die Leitung des Baues der Landlinien übernahm, während das Londoner Geschäft mit Herstellung der Submarinlinie im schwarzen Meere und Anlieferung der Materialien zum Linienbau beauftragt wurde. Der Berliner Firma wurde außerdem noch die Construction und Anfertigung der nöthigen Telegraphenapparate überlassen. Trotz großer und zum Theil unerwarteter Hindernisse wurde der Bau der Linie Ende 1869 vollendet, wenn auch leider die schon erwähnte, durch ein Erdbeben bewirkte Zerstörung des Kabels längs der kaukasischen Küste und die zeitraubende Ersetzung desselben durch eine Landleitung den regelrechten Telegraphendienst auf der ganzen Linie erst im folgenden Jahre ermöglichte.

Nach dem von uns aufgestellten Programm des Betriebes sollten die Depeschen von London bis Kalkutta ohne irgend welche Handarbeit auf den Zwischenstationen, also auf rein mechanische Weise, befördert werden, um Zeitverlust und Verstümmelung bei der Weiterbeförderung durch Telegraphisten auszuschließen. Ich construirte zu diesem Zwecke für die Indo-Europäische Linie ein besonderes Apparatsystem, welches diese Aufgabe auch vollständig gelöst hat. Es erregte berechtigtes Aufsehen in England, als bei den ersten officiellen Versuchen London und Kalkutta durch eine Linie von über zehntausend Kilometer Länge so schnell und sicher mit einander sprachen wie zwei benachbarte englische Telegraphenstationen.

Eine unerwartete Schwierigkeit bereitete der Umstand, daß die beiden Leitungen, namentlich bei trockenem Wetter, sich gegenseitig störten. Es zeigte sich dies zuerst in Persien, wo der Oberingenieur der Berliner Firma, Herr Frischen, mit der Einrichtung des Telegraphendienstes beschäftigt war. Die beiden Leitungen waren bei dem dort herrschenden, sehr trockenen Wetter ganz vollkommen von einander und von der Erde isolirt, und trotzdem erhielt man auf beiden Apparaten der entfernten Station richtige Morseschrift, wenn auf einer der beiden Linien telegraphirt wurde. Da der Apparat der zweiten Linie auf der gebenden Station verkehrte Schrift erzeugte, so mußte die Ursache der Störungen in der elektrostatischen Ladung der Nebenlinie liegen, denn die dynamisch in ihr inducirten Ströme hätten an beiden Enden der zweiten Linie verkehrte Schrift geben müssen. Es wurde dies durch eine Reihe von Experimenten erwiesen, die Herr Frischen auf meine telegraphische Anweisung in Teheran anstellte. Nachdem die Ursache der Störung erkannt war, ließ sich dieselbe durch geeignete Vorkehrungen unschädlich machen.

Ich will bei dieser Gelegenheit darauf hinweisen, daß diese doppelte Ursache der in benachbarten Leitungen entstehenden, inducirten Ströme zu vielen, bisher nicht recht verständlichen Störungen im Telephonbetriebe Veranlassung giebt und noch eingehenden Studiums bedarf. Ich habe später einmal Gelegenheit gehabt, bei einer von meiner Firma ausgeführten Legung eines siebenadrigen Landtelegraphenkabels einen lehrreichen, auf diese Erscheinung bezüglichen Versuch anzustellen. Mit Erlaubniß der Reichstelegraphenverwaltung wurde einer der sieben, mit Guttapercha isolirten Leiter des Kabels von Darmstadt nach Straßburg mit einer Stanniolhülle umkleidet, während die übrigen sechs Leiter unbekleidet blieben. Es stellte sich bei den nach der Legung ausgeführten Versuchen heraus, daß die Stanniolhülle die elektrostatische Ladung zwischen dem umkleideten und den übrigen Drähten ganz beseitigte, während die elektrodynamische Induction zwischen ihnen ganz unverändert geblieben war. Leider konnte der Versuch mit vollständig isolirter Stanniolhülle nicht angestellt werden, da eine solche Isolation nicht zu erreichen war.

Schon vor Ausführung der Indo-Europäischen Linie war unser Petersburger Geschäft von der russischen Regierung mit dem Bau und der Remonte mehrerer Telegraphenlinien im kaukasischen Rußland beauftragt worden und hatte aus diesem Grunde eine Filiale in Tiflis errichtet, deren Leitung meinem Bruder Walter übertragen wurde. Als sich diesem nach Vollendung der Regierungsbauten später keine hinreichende Beschäftigung mehr bot, brachte er uns im Jahre 1864 den Ankauf einer reichen Kupfermine des Kaukasus, zu Kedabeg bei Elisabethpol, in Vorschlag. Da der Bergwerksbetrieb in den Rahmen der geschäftlichen Thätigkeit unserer Firmen nicht hineinpaßte, gaben Bruder Karl und ich ihm privatim das zum Ankauf und Betriebe erforderliche, ziemlich niedrig veranschlagte Kapital.

Das Kupferbergwerk Kedabeg ist uralt; es wird sogar behauptet, daß es eins der ältesten Bergwerke sei, aus denen bereits in prähistorischer Zeit Kupfer gewonnen wurde. Dafür spricht schon seine Lage in der Nähe des großen Goktscha-Sees und des von dem westlichen Ufer desselben aufsteigenden Berges Ararat, eine Gegend, die ja vielfach als die Wiege der Menschheit betrachtet wird; eine Sage erzählt sogar, das schöne Thal des Schamchorflusses, welches zum Waldreviere des Bergwerks gehört, sei der Ort des biblischen Paradieses gewesen. Jedenfalls zeugt für das Alter des Bergwerksbetriebes die Unzahl alter Arbeitsstätten, die den Gipfel des erzführenden Berges krönen, ferner das Vorkommen gediegenen Kupfers und endlich der Umstand, daß in der Nähe Kedabegs ausgedehnte prähistorische Grabfelder liegen, deren Erforschung Rudolf Virchow großes Interesse zugewendet hat.

Das Bergwerk hat eine wirklich paradiesisch schöne Umgebung mit gemäßigtem Klima; es liegt etwa 800 Meter hoch über der großen kaukasischen Steppenebene, die sich vom Fuße des als Goktscha-Kette bezeichneten Ausläufers des kleinen Kaukasus bis an das kaspische Meer hinzieht. Der Betrieb desselben kam, als der uralte, auf die Verarbeitung der zu Tage tretenden Erze gerichtete Pingenbau nicht weiter fortgesetzt werden konnte, in die Hände der Griechen, deren schräge, treppenförmig niedergetriebene Schachte, aus denen sie auf dem Rücken Erze und Wasser hinaustrugen, zur Zeit der Uebernahme durch Bruder Walter noch im Betriebe waren. Der Bergbau nach modernen Principien wurde von uns mit sehr sanguinischen Erwartungen, wie das bei derartigen Unternehmungen gewöhnlich der Fall ist, unter Leitung eines jüngeren preußischen Berg- und Hüttenmannes, des Dr. Bernoulli, begonnen. Es zeigte sich aber bald, daß bedeutende Schwierigkeiten zu überwinden waren und große Geldsummen aufgewendet werden mußten, um einen lohnenden Betrieb des Werkes herbeizuführen. Dies ist auch erklärlich, wenn man sich vorstellt, daß das Werk etwa 600 Kilometer vom schwarzen Meere entfernt liegt und mit demselben damals weder durch Eisenbahnen noch ordentliche Straßen in Verbindung stand, daß alle für das Bergwerk und die zu erbauende Kupferhütte erforderlichen Materialien bis auf die feuerfesten Steine, die es im Kaukasus noch nicht gab, aus Europa bezogen werden mußten, und daß für das Leben einer europäischen Kolonie in dieser paradiesischen Wüste, in der Erdhöhlen als menschliche Wohnungen dienten, alle Kulturbedingungen erst zu schaffen waren.

Kein Wunder, daß die Höhe der Geldsummen, die das Bergwerk verschluckte, über alle Erwartung groß wurde, so daß sich uns Brüdern bald die Frage aufdrängte, ob wir die Unternehmung fortsetzen oder wieder aufgeben sollten. Um eine Entscheidung zu treffen, entschloß ich mich im Herbst des Jahres 1865, selbst nach dem Kaukasus zu reisen und mich durch den Augenschein über die Sachlage zu unterrichten. Ich zähle diese kaukasische Reise zu den angenehmsten Erinnerungen meines Lebens. Ein stilles Sehnen nach den Urstätten menschlicher Kultur hatte ich stets empfunden, und Bodenstedts glühende Schilderungen der üppigen kaukasischen Natur hatten dieses Sehnen nach dem Kaukasus geleitet und längst den Wunsch in mir rege gemacht, ihn kennen zu lernen. Für die Reise sprach noch, daß ich durch den nach so schweren Leiden erfolgten Tod meiner geliebten Frau geistig und körperlich sehr angegriffen war und einer Auffrischung dringend bedurfte.

So reiste ich denn Anfang October 1865 über Pest nach Basiasch, wo ich mich auf einem der schönen Donaudampfer nach

Tschernowoda einschiffte, um von da über Küstendsche zu Schiff nach Constantinopel zu fahren. Auf dem Schiff interessirte es mich, mit dem berühmten Omer Pascha, dem damaligen türkischen Seraskier zusammenzutreffen. Da er sich nach Unterhaltung sehnte, wurden wir bald näher miteinander bekannt; ihm gefielen meine Havannah-Cigarren und mir sein Tschibuk, den er mir durch seinen Sklaven stets von Neuem stopfen ließ. Omer Pascha war früher Sergeant in der österreichischen Armee gewesen, dann zu den Türken übergegangen, hatte ihren Glauben angenommen und sich im Kriege mit Rußland schnell emporgeschwungen. Die Einnahme von Montenegro, das bis dahin für unüberwindlich gegolten, brachte ihn schließlich an die Spitze des türkischen Heeres. Er kam eben von einer längeren Reise nach Wien und Paris zurück. Meinen Versuchen, ihn zu Erzählungen seiner Kriegsthaten zu bringen, wich er leider immer aus. Die Erinnerungen an die Siege, die er in Wien und Paris über die Damen des Ballets und der Oper errungen hatte, schienen ihm angenehmer zu sein als die seiner Kriegsthaten. Nur über den von ihm erwarteten künftigen Krieg des Orients gegen den Westen Europas äußerte er sich und zwar sehr sanguinisch. Ein gewaltiges türkisches Reiterheer, so meinte er, würde den Occident wie in früheren Zeiten überfluthen und jeden Widerstand niederreiten. Für einen türkischen Generalissimus kam mir diese Anschauung doch etwas kindlich vor. Von der öffentlichen Meinung in der Türkei schien er sich recht abhängig zu fühlen, wie sich bei einem keinen Reiseunfall offenbarte, den wir zu bestehen hatten. Die Maschine unsres Schiffes hatte beim Passiren des eisernen Thores Schaden gelitten, und wir waren gezwungen in Orsova zu übernachten, um denselben repariren zu lassen. In Folge dessen kamen wir mit einiger Verspätung in Küstendsche an und erfuhren zu unserm Schrecken, daß der zweimal wöchentlich von dort nach Constantinopel gehende Dampfer die Ankunft unsres Zuges nicht abgewartet hatte. Die Aussicht, mehrere Tage in dem traurigen Orte liegen zu bleiben, war uns Allen, insbesondere auch dem Seraskier, höchst unangenehm. Unter meiner Führung ging daher eine Deputation der Reisegesellschaft zu ihm und bat, er möge die Dampfschiffahrtsgesellschaft veranlassen, einen vorhandenen kleinen Dampfer dem bereits abgegangenen mit uns nachzusenden. Er lehnte dies indessen aus nicht recht verständlichen Gründen ab. Mir persönlich sagte er aber später, er könnte das seiner Stellung wegen nicht, denn wenn die Dampfschiffsgesellschaft seiner Aufforderung nicht Folge leistete, so würden alle Paschas im ganzen Türkenreiche sagen „Haha! Omer Pascha hat etwas befohlen, aber man hat ihm nicht gehorcht, haha!“ — dem dürfe er sich nicht aussetzen.

Der Bosporus, das Marmarameer, die süßen Wasser, das unvergleichlich schön gelegene Constantinopel — das Alles ist so oft schön beschrieben und mit Andacht gelesen worden, daß ich besser davon schweige. Trotz der Herrlichkeit und Großartigkeit seiner Lage, die auf den ersten Blick verräth, daß es an einem für die Weltherrschaft prädisponirten Platze liegt, macht Constantinopel mit dem gegenüberliegenden Pera von der See aus betrachtet keinen eigentlich freundlichen oder erhebenden Eindruck. Niemand wird sagen „ich habe Constantinopel gesehen und kann nun sterben!“. Die überall, oft in größeren Gruppen zwischen den Häusern hervorragenden dunkeln Cypressen, mit denen der Türke seine Grabstätten schmückt, mögen es sein, die dem Anblick der Stadt trotz der herrlichen Umgebung etwas Düsteres verleihen, es mag auch der geistige Wiederschein der trüben Geschichte der Stadt sein oder die Ahnung, daß der Kampf um Constantinopel dereinst Europa in Flammen setzen wird — kurz, der Anblick Constantinopels erregt wohl unsre Bewunderung, aber er entzückt uns nicht wie der Neapels oder mancher anderen schön gelegenen Stadt. Auch die hervorragenden Bauwerke, wie die Gebäude des alten Serails am goldenen Horn und selbst die Hagia Sophia, haben nichts Anregendes oder Erfreuliches, wenn sie auch durch ihre Masse imponiren. Die Kuppel der alten Sophienkirche ragt zwar mächtig über das Häusermeer empor, doch man sieht auch nur die Kuppel mit ihren von weitem unförmlich aussehenden, schmucklosen Pfeilern.

Die Sophia ist ohne Rücksicht auf den äußeren Anblick ganz auf die Schönheit des Inneren berechnet. Diese Schönheit ihres Inneren ist dafür aber auch über alle Begriffe groß und erhaben. Es hat niemals ein Bauwerk oder irgend ein Kunstwerk, ja kaum eine der hervorragendsten Naturschönheiten einen so überwältigenden Eindruck auf mich gemacht wie die Kuppel der Sophia von innen gesehen. Man vergißt bei ihrem Anblicke ganz die schwere Last der Decke, die den weiten, unten quadratischen Raum überspannt, und empfängt den Eindruck, als sei die Kuppel ein über dem großen, oben offenen Raume gewichtlos schwebendes, ganz schwach gewölbtes Spitzentuch, das nur mit den feinen Ausläufern der Spitzenzacken die Rundung berührt. Diese Täuschung wird dadurch erzeugt, daß die Kuppel auf einer Menge kurzer und schmaler Pfeiler ruht, zwischen denen das blendende Licht eintritt und die Basis der Pfeiler als Spitzen erscheinen läßt. Ich habe mich dem Zauber, den diese schwebende Decke auf mich ausübte, nur schwer entziehen können und muß gestehen, daß die hochgewölbte Peterskuppel mit ihrer schweren Auflage und massiven Symmetrie später keinen besonderen Eindruck auf mich gemacht hat. Man wundert sich in der Peterskirche, daß sie so viel größer ist, als sie scheint, während die Hagia Sophia umgekehrt größer erscheint, als sie in Wirklichkeit ist, und so den Beschauer selbst zur Bewunderung dieser erhabenen und in keiner Weise bedrückenden Größe hinreißt.

Es freute mich während meines Aufenthaltes in Constantinopel verschiedene der Instructionsofficiere anzutreffen, die schon unter Friedrich Wilhelm III. zur Reorganisation der türkischen Armee dahin gesandt waren, und unter ihnen einige zu finden, die ich aus meiner Militärzeit noch kannte. Diese Officiere waren ohne Ausnahme Christen und gute Deutsche geblieben, während die mit ihnen nach Constantinopel gegangenen Unterofficiere zum Theil Muhammedaner geworden und in Folge dessen bereits zu höheren Rangstufen in der Armee erhoben waren. Ein solcher Renegat begegnete mir in Trapezunt, wohin ich mit dem nach Poti gehenden Dampfer weiter reiste, nachdem ich mich nur wenige Tage in Constantinopel aufgehalten hatte. Ich besuchte daselbst den preußischen

Konsul, Herrn von Herford, der mir von Berlin her wohlbekannt war. Dieser hielt es für passend, daß ich dem dortigen Pascha, der mit der Specialmission des Baues einer Chaussee nach Persien betraut war, einen Besuch abstattete. Auf die Anfrage, ob der Pascha geneigt wäre, uns zu empfangen, kam die Antwort, derselbe sei augenblicklich in seinem Harem damit beschäftigt, Sklavinnen zu besichtigen, die ihm zum Kauf angeboten wären, er wolle uns aber nach Verlauf einer Stunde in seiner Reitbahn empfangen. Als der Konsul mich ihm dort vorstellte, kam mir der schlanke, blonde Mann, der noch im kräftigsten Alter stand, etwas bekannt vor. Dem Pascha mußte es mit mir ähnlich ergehen; er blickte mich längere Zeit forschend an und fragte dann, ob ich früher preußischer Officier gewesen sei und in Magdeburg in Garnison gestanden habe. Als ich beides bejahte, fragte er, ob ich mich daran erinnerte, vor etwa zwanzig Jahren einmal den Auftrag gehabt zu haben, den Blitzableiter eines in den Festungswerken gelegenen Pulvermagazins zu besichtigen; er sei der Pionier-Sergeant gewesen, der mich hingeführt hätte. Mir war die Sache nur dunkel in Erinnerung, ich mußte aber das gute Physiognomie-Gedächtniß des Paschas bewundern. Als der Konsul darauf des großen technischen Werkes gedachte, das der Pascha auszuführen habe, schlug dieser vor, einen Ritt auf der neuen Chaussee mit ihm soeben zum Kauf gebrachten arabischen Pferden zu machen, ein Vorschlag, dem ich mit Vergnügen zustimmte. Es war ein herrlicher Ritt, den wir auf den edlen Thieren in schneller Gangart, erst am Ufer des Meeres, dann in einem reizenden Thale mit üppiger Vegetation auf dem Reitwege der wirklich schön gebauten Straße machten. Als etwa eine Stunde so vergangen war, verengte sich das Thal, und die Chaussee schien mit ihm eine scharfe Wendung auszuführen. Da mäßigte der Pascha den Lauf seines Rosses und meinte, der Abend sei schon weit vorgeschritten und er müsse umkehren, da noch Geschäfte abzuwickeln seien. Vielleicht war der Sklavinnenkauf noch nicht ganz abgeschlossen, wie der Konsul mir zuflüsterte. Mich überkam aber eine große Neugier zu sehen, wie sich das Terrain hinter der Wendung des

Thales entwickeln würde, und ich rief dem Pascha zu, ich möchte nur noch um die Ecke einen Blick werfen, weil die schöne Landschaft mich interessirte. Als ich nun in gestrecktem Galopp diese Ecke erreichte, fand ich zu meinem großen Erstaunen, daß die Chaussee dort zu Ende war. Natürlich kehrte ich sofort um und hatte in wenigen Minuten die auf dem Rückwege begriffene Gesellschaft wieder eingeholt. Der Pascha sah mich offenbar mit einigem Mißtrauen an, doch ich war so erfüllt von der schönen Aussicht, die ich hinter der Ecke genossen hätte, daß er sich bald wieder beruhigte und sehr freundlich von mir als altem Bekannten Abschied nahm. Der Konsul fragte mich aber später, ob ich auch das Ende der Chaussee gesehen, die Fortsetzung habe der Pascha in die Tasche gesteckt!

Trapezunt ist herrlich gelegen am Fuße des längs der ganzen Küste ziemlich steil und zerrissen abfallenden armenischen Hochplateaus. Die Schönheit seiner Lage wird durch die außerordentliche Ueppigkeit des Baum- und Pflanzenwuchses, die dem Ganzen seinen Charakter giebt, noch ungemein erhöht. Vielleicht würde ich indeß von der Stadt in noch höherem Grade entzückt worden sein, hätte nicht Bodenstedts begeisterte Schilderung meine Erwartungen allzu hoch gespannt. Von Trapezunt ging die Reise am folgenden Tage bei schönstem Wetter weiter an dem steilen, schön geformten Ufer entlang. Wir fuhren an Cerasunt, der berühmten Kirschenstadt vorüber, von deren Höhen die Zehntausend Xenophons das wogende Meer erblickt und ihr Thalatta gerufen haben. In Batum erreichte unser Schiff das Endziel seiner Fahrt; von dort wurden wir in einem kleinen Küstendampfer nach dem hafenlosen Poti übergeführt.

Batum hat einen zwar nur kleinen, aber durchaus sicheren und selbst bei schlechtem Wetter leicht zugänglichen Hafen und eine sehr schöne Lage mit bewaldetem, bergigem Hinterlande, während Poti an der Mündung des Rion, des Phasis der Alten, in einer weiten, sumpfigen Ebene liegt und gar keinen geschützten Hafen sondern nur eine Rhede besitzt, die des flachen Wassers wegen bei windigem Wetter von den Schiffen gemieden werden muß. Dreimal hat die russische Regierung bereits den kostspieligen Versuch gemacht, einen Hafendamm daselbst ins Meer zu treiben, um den Schiffen einigen Schutz zu gewähren, aber alle diese Versuche sind vergeblich gewesen. Die böse Welt behauptet, den ersten, hölzernen Damm hätte der Bohrwurm, den zweiten, aus Cement gefertigten hätte das Seewasser, und den dritten, aus Granit erbauten hätten die Generale gefressen. Wenn auch die letztere Behauptung nur als ein schlechter Witz anzusehen ist, denn in Wirklichkeit verhinderten die großen Kosten des Steindammes den Weiterbau, so illustriren diese wiederholten Mißerfolge doch die für Rußland gegebene Nothwendigkeit, den einzigen brauchbaren Hafen der Küste, Batum, zu erwerben, weil daran die Kulturentwickelung des ganzen kaukasischen Besitzes hing. Schon der alleinige Erwerb Batums würde für Rußland ein hinreichendes Aequivalent der Kosten des letzten türkischen Krieges gewesen sein.

In Poti empfing mich mein Bruder Walter, in dessen Begleitung ich nun die Reise nach Tiflis fortsetzte, die damals und auch noch drei Jahre später, als ich zum zweiten Male nach Kedabeg reiste, mit großen Beschwerden verknüpft war. Man fuhr zunächst mit einem Flußdampfer den Rion hinauf bis Orpiri, einem Orte, der ausschließlich von einer russischen, aus lauter bartlosen Männern bestehenden Sekte bewohnt wurde, die aus dem ganzen russischen Reiche dorthin geschafft war. Abgesehen von dem interessanten Gewirre der verschiedenartigsten Nationalitäten und Sprachen an Bord des Schiffes war die einzige Merkwürdigkeit, welche die Fahrt auf dem Rion bot, der Anblick eines wirklich undurchdringlichen, sumpfigen Urwaldes auf beiden Ufern des Flusses.

Von Orpiri fuhren wir zu Wagen nach Kutais, dem alten Kolchis, das am Abhange eines den großen mit dem keinen Kaukasus verbindenden Gebirgszuges an der Grenze der Rionebene in freundlicher, schöner Umgebung gelegen ist. Hoch über Kutais thront ein von Alters her berühmtes Kloster, Namens Gelati, das für eines der ältesten der Christenheit gehalten wird und auf einem schon in grauer Vorzeit geheiligten Orte erbaut sein soll. Auf meiner zweiten Reise besuchte ich es und fand mich für die Mühen eines anstrengenden Rittes, der mich zu dem einige tausend Fuß hoch liegenden Kloster hinaufführte, reich belohnt. Das jetzt größtentheils in Trümmer zerfallene, auf einem herrlichen Aussichtspunkte gelegene Kloster ist besonders berühmt durch einen kleinen Tempel, welcher auf vier Granitsäulen ruht, deren jede einem eigenen Baustile angehört. Dieser Tempel soll aus einer uralten Zeitperiode stammen, wie man überhaupt das Alter vieler Baureliquien im Kaukasus nicht wie in Europa nach Jahrhunderten, sondern nach Jahrtausenden rechnet. Mag dies auch vielfach übertrieben sein, so deutet doch alles, was man sieht und hört, darauf hin, daß man sich im Kaukasus auf einem der Ursitze menschlicher Kultur befindet.

Heute ist Kutais Eisenbahnstation, und man fährt bequem in einem Tage von Poti oder Batum nach Tiflis. Damals war man glücklich, wenigstens eine neue Chaussee über das Suram-Gebirge zu haben, wodurch die früher sehr beschwerliche Reise wesentlich erleichtert wurde. Der Uebergang über den Suram war dafür außerordentlich romantisch und bot ganz entzückende Partien. Das Unterholz des Waldes und der Waldblößen besteht hier durchgängig aus Rhododendron und der baumartigen, gelbblühenden Azalie des Kaukasus, beides Pflanzen, die während der Blüthezeit einen bezaubernd schönen Anblick gewähren und die Luft mit betäubendem Dufte erfüllen. Denkt man sich dazu schroffe, oft mehrere Hundert Meter fast senkrecht aufstrebende Felswände, die vielfach von unten bis oben mit mächtigem, altem Epheu berankt sind, so kann man sich einen Begriff von den Reizen dieser Landschaft machen. Dagegen hat die grusinische Hochebene, in die man nach Ueberschreitung des Surams gelangt, und in der die Straße nach Tiflis, fast beständig dem Laufe des Kur folgend, weiterführt, keine besonderen Schönheiten; sie ist steinig, vielfach zerklüftet und arm an Vegetation. Doch wird man durch die immer wieder auftauchende Ansicht der Kette von Schneehäuptern des großen Kaukasus, die schon vom Meere aus einen so herrlichen Anblick gewährt, mit der sterilen Umgebung versöhnt.

Das vom Kur in tief eingeschnittenem Flußbette durchströmte Tiflis liegt nach Norden an eine steil abfallende Bergwand angelehnt, die wohl hauptsächlich Schuld daran ist, daß es im Sommer ganz unerträglich heiß in der Stadt wird. Daher besitzt auch jeder Bewohner von Tiflis, der es irgend ermöglichen kann, für die heiße Zeit eine zweite, einige Tausend Fuß höher gelegene Wohnung, die er nur verläßt, um Geschäftsbesuche in der Stadt zu machen. Eigentlich besteht Tiflis aus zwei ganz verschiedenen Städten, der oberen, europäischen und der unteren, asiatischen Stadt, die beide durch scharfe Grenzen von einander geschieden sind. Das europäische Tiflis nennt sich gern und mit Stolz „das asiatische Paris" oder beansprucht doch diesen Ehrentitel unmittelbar hinter Kalkutta. In der That sieht es ganz europäisch aus und wird auch überwiegend von Russen und Westeuropäern bewohnt; in diesem Theile liegen die kaiserliche Residenz, das Theater und sämmtliche Regierungsgebäude. Die angrenzende Stadt ist dagegen nach Ansehen und Bevölkerung wirklich rein asiatisch. Der Grund, weshalb Tiflis ein uralter Kultursitz geworden ist, wird wohl in den berühmten Thermen zu suchen sein, die für den Orientalen eine noch höhere Bedeutung haben als für den Occidentalen.

Von Tiflis führte unser Weg auf ziemlich guter Chaussee weiter nach Axtapha, wo die Straße nach Baku über Elisabethpol von der zum Goktscha-See und nach Persien sich trennt und die große, bis zum kaspischen Meere sich erstreckende Steppe ihren Anfang nimmt. Der hohen Temperatur wegen wollten wir unsre Reise von dort am frühen Morgen fortsetzen und bestellten die Pferde zu drei Uhr früh. Der Posthalter widersetzte sich dem aber energisch, da eine Räuberbande die Gegend unsicher machte. Es ist der russischen Regierung bis auf den heutigen Tag nicht gelungen, das Räuberunwesen im Kaukasus ganz auszurotten. Die Tataren der Steppe und der angrenzenden Berglandschaften können trotz harter Strafen nicht davon lassen. Noch jetzt, im Sommer 1890, wo ich mich rüste, mit meiner Frau und jüngsten Tochter eine dritte Reise nach Kedabeg zu machen, erhalte ich die Nachricht, daß eine Räuberbande in der Umgegend unsres Bergwerks ihr Unwesen treibe und zu umfassenden Maßregeln gegen sie Veranlassung gegeben habe.

Dieses immer von Neuem wieder auftauchende kaukasische Räuberthum hat seine tiefere Begründung in den Lebensgewohnheiten und Anschauungen der Bevölkerung eines Landes, in welchem das Waffentragen noch den Stolz des Mannes bildet. Das Räubern wird dort mehr als unerlaubter Sport denn als gemeines Verbrechen betrachtet. Wie Ritter im Mittelalter es mit ihrer Würde für vereinbar hielten, dem Krämer auf der Landstraße seine Waaren fortzunehmen und die Bürger der Städte zu brandschatzen, so sehnt sich der kaukasische Tatar darnach, als freier Mann auf schnellem Roß durch Wälder und Steppe zu streichen und mit Gewalt zu nehmen, was ihm in den Weg kommt. Es ist in Kedabeg, wo die Tataren zu den besten und zuverlässigsten Arbeitern gehören, vielfach vorgekommen, daß Grubenarbeiter, die Jahre lang fleißig und — da die muselmännische Sekte der Schiiten, der sie angehören, nur einen Festtag im Jahre und keinen Sonntag hat — fast ohne Unterbrechung gearbeitet hatten, plötzlich verschwanden, wenn sie Geld genug erspart, um sich Waffen und ein Pferd zu beschaffen. Bisweilen kehrten sie nach längerer Zeit wieder zurück. Man wußte, daß sie in der Zwischenzeit Räuberei getrieben, doch hinderte sie das nicht, wieder tüchtige Arbeiter zu werden, wenn sie bei der Räuberei Unglück gehabt oder die Lust daran verloren hatten.

Die Warnungen des Posthalters zu Axtapha vermochten uns nicht zurück zu halten, wir setzten vielmehr in der kühlen, sternklaren Nacht mit schnellen Pferden unsre Reise fort und vertrauten dabei auf unsre guten Revolver, die wir zur Vorsicht schußfertig in der Hand hielten. Mein Bruder Walter aber, den die Neuheit der Lage nicht mehr so wie mich munter erhielt, konnte der Müdigkeit nicht lange widerstehen und schlief bald den Schlaf des Gerechten. Plötzlich ertönte vom Bock unsres niedrigen, federlosen Leiterwagens, auf dem der Diener meines Bruders neben dem Kutscher saß, der laute Aufschrei: „Räuber!“ Gleichzeitig sah ich im Halbdunkel eine weiße Gestalt gerade auf uns zu galoppiren. Mein Bruder erwachte in Folge des Geschreis und schoß, ohne sich weiter zu besinnen, seinen Revolver auf die schon dicht vor unsern Pferden befindliche und selber laut schreiende Gestalt ab, glücklicherweise ohne sie zu treffen. Wie sich bald herausstellte, war es kein Räuber, sondern ein Armenier, der sich von Räubern verfolgt wähnte und Schutz suchend auf uns losgejagt war. Die Armenier gelten im Kaukasus allgemein für sehr schlaue und gewandte Geschäftsleute, die wenig Muth haben und es vielleicht aus diesem Grunde lieben, sich auf Reisen möglichst kriegerisch auszustatten. Wie es schien, bestand die Räuberbande, die unsern Armenier erschreckt hatte, nur in seiner Einbildung. Seine Unvorsichtigkeit hätte ihm aber leicht übel bekommen können, und das wäre ganz seine eigene Schuld gewesen, da es nach Landesbrauch eine gebotene Vorsichtsregel ist, Reisenden, denen man begegnet, niemals in schneller Gangart zu nahen.

Kurz nach diesem aufregenden Vorfalle wurden wir durch eine merkwürdige Naturerscheinung erfreut. Es tauchte plötzlich am Horizonte der unbegrenzten Steppe gerade vor uns eine glänzende Lichterscheinung auf; sie strahlte in prachtvollem, vielfarbigem Lichte, unterschied sich von einem Meteor aber dadurch, daß sie unbeweglich an derselben Stelle des Himmels verharrte. Wir zerbrachen uns den Kopf über die Ursache der Erscheinung, die wir nur der einer Fallschirmrakete mit Buntfeuer vergleichen konnten. Sie wurde aber bald schwächer und schrumpfte nach kurzer Zeit zur Größe eines hellen Sternes zusammen. Es war die aufgehende Venus, welche durch die Steppennebel und das Dunkel, in das die Erde in jenen südlichen Gegenden selbst kurz vor Sonnenaufgang noch gehüllt ist, so merkwürdig vergrößert und gefärbt erschien.

Wir übernachteten in der schwäbischen Kolonie Annenfeld, die am Fuße eines steilen Bergabhanges, der zum Bergwerk Kedabeg hinaufführt, nahe dem Kur in sehr fruchtbarer, aber nicht gesunder Gegend liegt oder vielmehr lag, denn die Kolonie hat später den Ort verlassen und sich etwa fünfhundert Fuß höher am Abhange des Gebirges ein neues Dorf erbaut. Es giebt im Kaukasus eine ganze Anzahl solcher schwäbischen Kolonien, ich glaube sechs oder sieben; auch Tiflis gehört dazu. Sie verdanken ihren Ursprung streng gläubigen Lutheranern aus Schwaben, die in den ersten Jahrzehnten unseres Jahrhunderts in verschiedenen Zügen ihr

teten. Der russischen Regierung lag aber damals [illegible] Einwanderung tüchtiger deutscher Ackerbauer in den Kaukasus, sie hielt daher die Kolonnen dort an und veranlaßte sie, unter ihrem Geleit eine Commission nach Jerusalem vorauszuschicken, die erst prüfen sollte, ob dort auch wirklich passendes Land für sie zu haben sei. Als diese nach längerer Frist zurückkehrte, konnte sie nur davon abrathen, den Marsch nach dem gelobten Lande fortzusetzen, und da die russische Regierung den Leuten freigebig große, schöne Landstrecken überwies, so blieben die Schwaben dort und sind auch immer die alten Schwaben geblieben, die sie zur Zeit ihrer Auswanderung gewesen sind. Es ist überraschend, in diesen schwäbischen Niederlassungen ganz unvermittelt die unverfälschte altschwäbische Sitte und Sprache anzutreffen. Man glaubt plötzlich in ein Schwarzwalddorf versetzt zu sein, so sehen Häuser, Straßen und Bewohner dieser Kolonien aus. Es wurde mir zwar schwer, ihre Sprache zu verstehen, da ich sie noch nicht studirt hatte, wie es jetzt nach zwanzigjähriger Ehe mit einer Schwäbin einigermaaßen der Fall ist, ich hörte aber von einem echten Schwaben, daß auch er sie nur mit Mühe verstehe, da es der im Anfange des Jahrhunderts gesprochene, und nicht der heutige, durch den Einfluß der Zeit wesentlich veränderte Dialekt sei. Gleich der Sprache haben die Leute auch alle ihre Sitten und Gebräuche beibehalten, so wie sie bei ihrer Auswanderung bestanden. Sie sind gleichsam versteinert und wehren sich erbittert gegen jede Aenderung.

Es scheint aber, als ob diese Unveränderlichkeit der Volkssitten und Sprachen eine allgemeine Eigenschaft des Kaukasus sei, der ein wahres Völkermosaik darstellt. Außer den größeren, scharf von einander getrennten Völkerschaften giebt es daselbst noch eine Menge ganz kleiner, die besondere, nur schwer zugängliche Gebirgsthäler bewohnen und Sprache wie Sitten, die seit undenklichen Zeiten ganz verschieden von denen aller benachbarten Völker gewesen sind, treu bewahrt haben. Ferner existiren im Kaukasus noch zahlreiche russische Kolonien, die von Sekten gebildet werden; welche der erstrebten Glaubenseinheit wegen aus ganz Rußland dorthin transportirt und in besonderen Ansiedelungen vereinigt sind. Auch diese haben nach mehr als einem halben Jahrhundert Sprache, Glauben und Sitten noch völlig unverändert beibehalten. Die verbreitetsten dieser Sekten sind die der Duchaboren und Malakaner, die sich wie die der Schwaben auf bestimmten, eigenthümlich ausgelegten biblischen Aussprüchen aufgebaut haben. Es sind lauter tüchtige Arbeiter und ordentliche Leute, wenn sie nicht gerade von ihrem Fanatismus ergriffen sind. Die Malakaner sind fast ohne Ausnahme Handwerker, vorzugsweise Tischler, die Duchaboren dagegen gute Landwirthe und Fuhrleute. Die Nachbarschaft einer Duchaboren-Kolonie ist für Kedabeg stets von unschätzbarem Werthe gewesen. Nur eine Zeit im Jahre versagen die Leute gänzlich; dann zieht ihre Königin von einer Kolonie zur andern und feiert mit ihnen religiöse Feste, die aber auf irdische Glückseligkeit ein recht hohes Gewicht zu legen scheinen, vielleicht nur, um den Gläubigen einen schwachen Begriff von der erhofften, unendlich größeren jenseitigen zu geben.

Von Annenfeld führt ein steiler, nicht sehr gebahnter Weg nach Kedabeg hinauf. In etwa tausend Meter Höhe erreicht derselbe eine wellige, von keinen Bergzügen durchbrochene, fruchtbare Ebene, die früher von schönen Wäldern aus Steineichen, Linden, Buchen und anderen Laubhölzern bedeckt war. Seit die Herrschaft der Perser aufgehört hat, deren Kulturspuren man namentlich an den Trümmern ausgedehnter Bewässerungsanlagen noch vielfach erkennt, sind die Waldungen hier wie in den meisten hochgelegenen Ebenen des Landes schon gänzlich ausgerottet, weil die Hirten der Steppe im heißen Sommer, wenn das Gras verdorrt, und auch im Winter, wenn die Steppe mit Schnee bedeckt ist, ihre Heerden auf die Berge treiben, um sie mit Hülfe der Wälder zu ernähren. Sie fällen zu dem Zwecke einfach Bäume und lassen das Vieh die Knospen und Zweigspitzen fressen. Auf diese Weise vernichtet eine einzige Heerde oft Quadratwerste üppigen

Waldes. Unserer Hüttenverwaltung hat es daher auch stets die größten Schwierigkeiten bereitet, diese verwüstenden Heerden an der Zerstörung unserer Waldungen zu hindern, auf deren Erhaltung der Hüttenbetrieb in Ermangelung von Steinkohlen oder anderem Brennmaterial allein angewiesen war.

Das Hüttenwerk liegt an einem kleinen Gebirgsbache, welcher unterhalb Kedabegs in schroffem Durchbruche den Bergrücken durchschneidet, der Kedabeg von dem paradiesisch schönen Schamchorthale trennt. In dem Durchbruchsthale liegen die Trümmer einer kleinen armenischen Festung, während das Schamchorthal etwa in der Höhe von Kedabeg ein altes armenisches Kloster birgt, das damals noch von einigen Mönchen bewohnt wurde. Gegenwärtig ist der Anblick Kedabegs, wie man ihn empfängt, wenn man aus dem Thale heraufkommend die letzte Berglehne überschritten hat und an einem alten Kirchhofe, der am Wege liegt, vorüber gegangen ist, ein sehr überraschender. Es ist das ganz europäische Bild einer romantisch gelegenen, kleinen Fabrikstadt, das sich dem Blicke darbietet, mit gewaltigen Oefen und großen Gebäuden, darunter ein christliches Bethaus, eine Schule und ein europäisch eingerichtetes Wirthshaus; auch eine über einen hohen Viaduct führende Eisenbahn ist vorhanden, welche die ungefähr dreißig Kilometer entfernte Hüttenfiliale Kalakent mit Kedabeg und dem benachbarten Erzberge verbindet. Dieser merkwürdige Anblick einer modernen Kulturstätte mitten in der Widniß hat Kedabeg förmlich zu einer Wallfahrtsstätte für die Landesbewohner bis tief nach Persien hinein gemacht. Damals, als ich es zum ersten Male besuchte, war das Aussehen Kedabegs freilich noch ein ganz anderes. Außer dem hölzernen Direktorialgebäude, das sich auf einer dominirenden Höhe dem Auge zeigte, waren nur wenige Hütten- und Verwaltungsgebäude sichtbar. Die Arbeiterwohnungen waren nur durch Rauchstellen an den Bergabhängen kenntlich, denn sie bestanden sämmtlich aus Erdhöhlen.

Erdhöhlen dienen im östlichen Kaukasien fast ausschließlich als Wohnungen. Es sind eigentlich Holzhäuser, die in einer Grube aufgebaut und darauf mit einer meterdicken Erdschicht überdeckt werden, so daß das Ganze wie ein großer Maulwurfshügel aussieht. Inmitten der Decke ist ein Schlot vorgesehen, der dem Rauch einen Abzug aus dem einzigen inneren Raume gewährt und zugleich der einzige Lichtspender außer dem Eingange ist. Uebrigens werden derartige Erdhöhlen auch ganz elegant ausgeführt. Bei einem Besuche, den ich einem benachbarten „Fürsten" — so nennen sich die größeren Landbesitzer der Gegend — in Begleitung meines Bruders und des Hüttendirektors abstattete, wurden wir in einen ziemlich geräumigen, saalartigen Raum geführt, dessen Fußboden mit schönen Teppichen belegt war, während die inneren Wände in coulissenartig aufgehängten persischen Teppichen bestanden. Dem Divan gegenüber befand sich die Feuerstelle, über ihr die Deckenöffnung. Hinter den Teppichen war es lebendig, und man hörte hin und wieder Frauen- und auch Kinderstimmen. Der Fürst empfing uns mit großer Ceremonie und nöthigte uns auf den Divan, während er selbst sich vor demselben niederließ. Nach einer kurzen, verdolmetschten Unterhaltung, die sich in orientalischen Höflichkeitsformeln bewegte, wollten wir wieder aufbrechen, begegneten dabei aber sehr ernstem Widerstande. Bald nach unserm Eintritte hatten wir das Blöken eines Schafes gehört und gleich vermuthet, daß es uns zu Ehren geschlachtet werden sollte. In der That ließ der Fürst uns mit sehr ernster Miene sagen, wir würden ihn doch hoffentlich nicht so kränken, sein Haus zu verlassen, ohne seine Gastfreundschaft genossen zu haben. Wir mußten also geduldig abwarten, bis das „Schischlick" fertig war, welches darauf vor unsern Augen bereitet wurde. Es geschah diese Zubereitung in der üblichen, sehr primitiven Weise. Das Fleisch des frisch geschlachteten Hammels wurde in etwas über walnußgroße Würfel zerschnitten, die dann mit Zwischenlagen von Fettscheiben aus dem Fettschwanze des Hammels auf einen eisernen Ladestock gereiht wurden. Unterdessen war zwischen zwei Steinen ein Holzfeuer angemacht, und als von ihm nur noch glühende Kohlen geblieben, wurden die vorbereiteten Ladestöcke über die Steine gelegt und häufig gedreht. In wenigen Minuten war nun die Mahlzeit fertig, und jeder Gast zog sich nach Bedürfniß von dem ihm präsentirten, garnirten Ladestock Würfel ab. Ein solches Schischlick ist, wenn der Hammel nicht zu alt und namentlich ganz frisch geschlachtet ist, sehr zart und wohlschmeckend; es bildet bei tatarischen und grusinischen Mahlzeiten stets die Grundlage oder was man bei unsern Diners die „pièce de résistance“ nennt.

So wie unterirdische Fürstensitze baut man auch große unterirdische Stallungen im Kaukasus. Ich hatte solche schon während der Reise auf einer der Poststationen kennen gelernt, wo ich durch Wiehern und Pferdegetrampel unter mir darauf aufmerksam wurde, daß ich auf einem Pferdestalle promenirte. Man rühmt die Kühle der unterirdischen Behausungen im Sommer und ihre Wärme im Winter, und es hat der Hüttendirektion zu Kedabeg viel Mühe gekostet, die asiatischen Arbeiter an Steinhäuser zu gewöhnen. Als dieses schließlich mit Hülfe der Frauen gelang, war damit denn auch die schwierige Arbeiterfrage gelöst. Da nämlich die Leute dort nur sehr geringe Lebensbedürfnisse haben, so liegt kein Grund für sie vor, viel zu arbeiten. Haben sie sich soviel Geld verdient, um ihren Lebensunterhalt für etliche Wochen gesichert zu haben, so hören sie auf zu arbeiten und ruhen. Es gab dagegen nur das eine Mittel, den Leuten Bedürfnisse anzugewöhnen, deren Befriedigung bloß durch dauernde Arbeitsleistung zu ermöglichen war. Die Handhabe dazu bildete der dem weiblichen Geschlechte angeborene Sinn für angenehmes Familienleben und seine leicht zu erweckende Eitelkeit und Putzsucht. Als einige einfache Arbeiterhäuser gebaut und es gelungen war, einige Arbeiterpaare darin einzuquartieren, fanden die Frauen bald Gefallen an der größeren Bequemlichkeit und Annehmlichkeit der Wohnungen. Auch den Männern behagte es, daß sie nicht mehr fortwährend Vorkehrungen für die Regensicherheit ihrer Dächer zu treffen brauchten. Es wurde nun weiter dafür gesorgt, daß die Frauen sich allerlei kleine Einrichtungen beschaffen konnten, die das Leben im Hause gemüthlicher und sie selbst für ihre Männer anziehender machten. Sie hatten bald Geschmack an Teppichen und Spiegeln gefunden, verbesserten ihre Toilette, kurz sie bekamen Bedürfnisse, für deren Befriedigung die Männer nun sorgen mußten, die sich selbst ganz wohl dabei befanden. Das erregte den Neid der noch in ihren Höhlen wohnenden Frauen, und es dauerte gar nicht lange, so trat ein allgemeiner Zudrang zu den Arbeiterwohnungen ein, der allerdings dazu nöthigte, für alle ständigen Arbeiter Häuser zu bauen.

Ich kann nur dringend rathen, bei unsern jetzigen kolonialen Bestrebungen in gleicher Richtung vorzugehen. Der bedürfnißlose Mensch ist jeder Kulturentwickelung feindlich. Erst wenn Bedürfnisse in ihm erweckt sind und er an Arbeit für ihre Befriedigung gewöhnt ist, bildet er ein dankbares Object für sociale und religiöse Kulturbestrebungen. Mit letzteren zu beginnen wird immer nur Scheinresultate geben.

Als ich drei Jahre später Kedabeg wieder besuchte, fand ich aus der Troglodytenniederlassung bereits eine ganz ansehnliche Ortschaft europäischen Aussehens entstanden. Das Gros der Arbeiter war freilich noch nomadisirend, ist dies aber auch bis auf den heutigen Tag geblieben. Es sind Leute, die nach Beendigung der Ernte namentlich aus Persien kommen, fleißig im Bergwerke oder in der Hütte arbeiten, aber weiter ziehen, wenn sie das nöthige Geld verdient haben oder die Heimath ihrer bedarf. Jedoch ist ein fester Arbeiterstamm vorhanden, der den Fortgang der nothwendigen Arbeiten zu jeder Zeit sicher stellt. Die Beamten des Werkes waren stets fast ohne Ausnahme Deutsche, unter ihnen ein keiner Theil aus den russischen Ostseeprovinzen. Die Geschäftssprache ist deshalb immer die deutsche gewesen. Es ist spaßhaft anzuhören, wenn Tataren, Perser und Russen die etwas corrumpirten deutschen Namen von Geräthschaften und Operationen und dabei auch die in den Hüttenwerken des Harzes gebräuchlichen Scheltworte radebrechen.

Der an geschwefeltem Kupfererz reiche Berg liegt in der Nähe von Kedabeg und ist durch eine sogenannte Schleppbahn mit ihm verbunden. Außerdem ist, wie schon erwähnt wurde, eine schmalspurige Eisenbahn von uns erbaut, die tief hinein in die Holz und Holzkohlen liefernden Wälder im Flußthale des wilden Kalakentbaches zu der schön gelegenen Hüttenfiliale Kalakent und von dort weiter bis zum Holzflößplatze am Schamchor führt. Viele Jahre lang hat diese Gebirgsbahn den großen Bedarf an Brennmaterial gesichert, aber so sorgsam auch die abgeholzten Strecken stets forstmäßig wieder bepflanzt wurden, schließlich drohte doch Mangel an Holz den Betrieb des Hüttenwerkes zum Stillstand zu bringen. Indeß die Noth selbst ist in der Regel der beste Helfer aus der Noth; das bewährte sich auch hier. Es gelang uns in neuerer Zeit, wie ich glaube zuerst in der Welt, die Kohlen für den Hüttenbetrieb durch das Rohmaterial des Petroleums, die Naphtha, und durch das Masut, den Rückstand der Petroleumdestillation, zu ersetzen. Diese Brennstoffe werden von Baku auf der Tifliser Bahn, die jetzt schon seit einer Reihe von Jahren besteht, bis zur Schamchorstation am Fuße des Gebirges geführt. Mit ihrer Hülfe wird das geröstete Erz in großen, runden Flammenöfen von sechs Meter Durchmesser geschmolzen und auf Kupfer verarbeitet. Eine elektrische Raffinir-anstalt zu Kalakent verwandelt das so gewonnene Rohkupfer in chemisch reines Kupfer, wobei zugleich das in ihm enthaltene Silber als Nebenproduct gewonnen wird. Da es aber schwer ist, im Winter und während der Regenzeit Masut und Naphtha auf den dann grundlosen Wegen von der Bahnstation den Berg hinauf nach Kedabeg zu schaffen, so wird jetzt eine Röhrenleitung aus nahtlosen Mannesmann-Stahlröhren erbaut, durch welche das Masut den etwa tausend Meter hohen Bergabhang aus der Ebene hinaufgepumpt werden soll. Ich hoffe, diese Anlage noch in diesem Herbste persönlich in Thätigkeit zu sehen. Ferner werden jetzt die nöthigen Einrichtungen getroffen, um nach einem von mir ausgearbeiteten neuen Verfahren die ärmeren, bisher eine Verarbeitung nicht lohnenden Erze auf rein elektrischem Wege ohne Anwendung von Brennmaterial in raffinirtes Kupfer zu verwandeln. Zu dem Zwecke müssen im benachbarten Schamchorthale große Turbinenanlagen hergestellt werden, welche über tausend Pferdekräfte zum Betriebe von Dynamomaschinen, die den erforderlichen elektrischen Strom erzeugen, zu liefern haben. Dieser Strom soll über den etwa achthundert Meter hohen Bergrücken, der Kedabeg vom Schamchor trennt, fortgeleitet werden, um direct am Fuße des Erzberges das Kupfer aus dem Erzpulver zu extrahiren und galvanisch niederzuschlagen. Ist auch diese, bis in die Details theoretisch und praktisch schon vollständig ausgearbeitete Anlage fertig, so wird im fernen Kaukasus ein Hüttenwerk existiren, das an der Spitze der wissenschaftlichen Technik steht und mit ihrer Hülfe die Ungunst seiner Lage siegreich zu überwinden vermag.

Es ist begreiflich, daß uns in Folge der in Kedabeg erzielten Resultate von allen Seiten Anträge zugingen, aufgefundene Erzlager zu erwerben. Obwohl mein Bruder Karl dazu ebensowenig geneigt war wie ich selbst, weil uns Kedabeg schon Sorgen genug machte, so ließ es sich doch einflußreichen Leuten nicht immer abschlagen, die angebotenen Lager einer Besichtigung zu unterziehen. Als ich nach dem Tode meines Bruders Walter, der durch einen unglücklichen Sturz mit dem Pferde ganz plötzlich sein Leben einbüßte, im Herbst des Jahres 1868 zum zweiten Mal nach Kedabeg reiste, wurde ich auf diese Weise zu zwei Touren in den großen Kaukasus veranlaßt. Von diesen war namentlich eine Expedition von Suchum-Kalé nach der Cibelda für mich ungemein interessant.

Der 18 000 Fuß hohe Elbrus, der höchste Berg Europas, wenn man als die natürliche Grenze dieses Erdtheils den Kamm des hohen Kaukasusgebirges annimmt, ist von wenigen Punkten aus in seiner ganzen Höhe zu sehen, da er von einem hohen Ringgebirge umgeben wird. Der Zwischenraum, der ihn von diesem Ringgebirge trennt, ist nur an wenigen Stellen zugänglich und in sich wieder durch mehrere radiale Gebirgsrücken, die jeden menschlichen Verkehr unmöglich machen, in verschiedene Theile zerschnitten. Unter diesen ist die Cibelda eine natürliche, uneinnehmbare Festung, die von einigen Menschen gegen ganze Heere vertheidigt werden kann. Als der übrige Kaukasus schon lange in russischen Händen war und die Tscherkessen, die sich nicht unter das russische Joch beugen wollten, längst nach der Türkei ausgewandert waren, blieb die Cibelda noch unbesiegt im Besitz ihrer wenig zahlreichen, einen besonderen Stamm bildenden Bevölkerung. Die Russen hatten alle scheinbar uneinnehmbaren Naturfestungen des westlichen Kaukasus durch Erbauung von Straßen erobert, die ihnen bequemen Zugang in die zu unterwerfenden Ländertheile verschafften. Die Cibelda widerstand aber auch dem Angriffe durch den militärischen Wegebau, jedoch vermochten der Hunger und verlockende Anerbietungen der russischen Regierung die Bewohner schließlich dazu, freiwillig ihre Festung zu räumen, worauf sie sich ebenfalls zur Auswanderung nach Kleinasien entschlossen.

Es war etwa ein Jahr seit dieser Auswanderung vergangen, als der General Heymann, Gouverneur von Suchum-Kalé, an meinen Bruder Otto, der geschäftlich an Walters Stelle getreten und auch an seiner Statt zum deutschen Konsul ernannt war, die Aufforderung richtete, ein kupfer- und silberhaltiges Erzlager in der Cibelda untersuchen zu lassen. Als ich mit Bruder Otto und meinem Sachverständigen, dem neu engagirten Direktor Dannenberg, den in seine neue Thätigkeit einzuführen der Hauptzweck meiner Reise war, im September 1868 nach Suchum-Kalé kam, wiederholte der General seinen Wunsch und versprach, uns die Reise nach der Cibelda möglichst leicht und sicher zu machen. Ich konnte der Versuchung nicht widerstehen, auf diese Weise gleichsam in das Herz des hohen Kaukasus zu gelangen, das, wie man uns sagte, noch von keinem Westeuropäer betreten war. Es wurde daher unter Führung eines jungen russischen Kapitäns, der den Auszug der Bevölkerung der Cibelda geleitet hatte, eine kleine militärische Expedition ausgerüstet, die uns zu dem Erzlager führen sollte.

Suchum-Kalé, das heißt die „Festung Suchum“, liegt höchst romantisch an einer kleinen, felsigen Meeresbucht zu Füßen des hohen, den Elbrus umgebenden Ringgebirges. Seine Umgebung ist paradiesisch schön, vor allem durch ihre Vegetation, deren Ueppigkeit jeder Beschreibung trotzt. Schon in dem Orte selbst wurde meine Bewunderung durch eine lange Allee von Trauerweiden erregt, die unsern höchsten Waldbäumen an Höhe nichts nachgaben und dabei ihre dichten Zweige von der kuppelförmigen Spitze bis auf den Boden hinabhängen ließen. Leider ist diese prächtige Baumallee im Jahre 1877 dem russisch-türkischen Kriege zum Opfer gefallen. Der Weg, den unsere gut berittene Expedition einschlug, führte gleich hinter der Stadt in dem Thale eines kleinen Gebirgsflusses mit gleichmäßig üppigem Baumwuchse aufwärts. An den gewaltigen Eichen und Kastanien fiel mir auf, daß sie vielfach, besonders an sonnigen Stellen, eine ganz braune Umhüllung hatten, die kein grünes Blatt mehr an ihnen entdecken ließ. Es war wilder Hopfen, der sie bis zum höchsten Wipfel hinauf bekleidete und ihnen durch seine gerade reifen, großen Dolden die Färbung verlieh. Da ich den großen Werth des Hopfens kannte, schlug ich dem General Heymann nach der Rückkehr vor, diesen Hopfen doch durch seine Soldaten einsammeln zu lassen und zunächst eine Probe zur Untersuchung nach Deutschland zu schicken. Der General that dies auch, aber die Prüfung fiel leider, wie ich hier gleich bemerken will, sehr ungünstig aus; es war mir nicht bekannt gewesen, daß wilder Hopfen keinen Bitterstoff besitzt, dieser den Dolden der weiblichen Hopfenpflanzen vielmehr nur dann erhalten bleibt, wenn alle männlichen Pflanzen sorgfältig fern gehalten werden, was bei dem wilden Hopfen natürlich nie der Fall ist.

Unser Reitpfad führte uns den ganzen Tag durch gleich schöne, von keiner menschlichen Kultur berührte Landschaften in die Höhe. Dabei wurden wir oft durch entzückende Fernsichten auf das sich allmählich vor uns erhebende, schneebedeckte Hochgebirge und auf den glänzenden Spiegel des zu unsern Füßen liegenden Meeres erquickt. Gegen Abend erreichten wir eine der kleinen befestigten russischen Lagerstätten, deren Vorschiebung auf den neu hergestellten Communicationswegen das Mittel war, durch welches die russische Kriegsmacht schließlich den Widerstand der tapfern Tscherkessen brach.

Am nächsten Morgen setzten wir mit Sonnenaufgang unsern Ritt fort und näherten uns nun dem Hochgebirge. Dabei hatten wir vielfach Gelegenheit, den kühnen Straßenbau der Russen zu bewundern; es waren da Hindernisse besiegt, die auf den ersten Anblick ganz unübersteiglich erschienen. Wir gelangten ohne große Mühe bis zur Grenze des schon mit dem Namen Tsibelda bezeichneten Landstriches, der das Vorland der eigentlichen Hochburg dieses Namens bildet. Zu diesem gab es nur einen einzigen Eingang eine tiefe Bergspalte entlang, in deren Grunde ein wilder Gebirgsfluß seinen tosenden Lauf nahm. Die Spalte wurde auf der Seite, von der wir kamen, durch eine sicher über tausend Fuß hohe, fast senkrecht stehende und wohl über eine Werst lange Felswand begrenzt. Etwa in halber Höhe hatte sich in ihr ein horizontal verlaufender Absatz gebildet, der gerade so breit war, daß er zur Noth als Reitpfad dienen konnte. Dieser Pfad war der einzige Zugang zur Cibelda, ihn mußten wir also passiren. Der Officier ritt voran, nachdem er uns den Rath ertheilt hatte, nicht in den Abgrund, sondern immer auf den Kopf des Pferdes zu blicken und dieses ganz frei gehen zu lassen. Wir erreichten in tiefem Schweigen glücklich etwa die Mitte des Engpasses; an der Kante des Weges hatte sich etwas Vegetation festgesetzt, wodurch der Blick von der gähnenden Tiefe abgelenkt wurde. Da bemerkte ich plötzlich, wie das Pferd meines Vordermannes, des Officiers, vorn ganz niedrig wurde, und gleichzeitig sah ich, wie dieser sich an der Seite der Felswand ruhig aus dem Sattel schwang. Auch das Pferd verlor seine Ruhe nicht, sondern erhob sich wieder und setzte neben dem Officier seinen Weg fort. Ich hielt es unwillkürlich für gerathen, es ebenso zu machen wie mein Vordermann, und ließ mich auch an der Seite der Felswand vom Pferde gleiten. Als ich die gefährliche Stelle glücklich passirt hatte, wo das Pferd des Officiers, durch die Vegetation irre geführt, den Fehltritt gethan hatte, sah ich mich mit Besorgniß nach meinem mir folgenden Bruder um, nahm aber zu meiner Beruhigung wahr, daß nicht nur er, sondern die ganze Kolonne der Reiter unserm Beispiele bereits gefolgt war. Auf diese Weise erreichten wir Alle wohlbehalten das Ende des Engpasses und erholten uns bald darauf in einer zauberhaft schönen, nach dem tiefen und ziemlich breiten Flußthale hin offenen Grotte, deren Wände und Decke von zarten Moosen bekleidet waren, bei einem guten Mahle von den überstandenen Mühen und Schrecken.

Von hier ab hörte jeder Weg auf, und es war mir ganz

räthselhaft, wie unser Führer in dem prächtigen Urwalde, den wir nun passiren mußten, sich zurecht zu finden vermochte. Die Formation des Bodens war auf der folgenden Strecke eine sehr eigenthümliche. Es waren mächtige, von Osten nach Westen verlaufende, wellenförmige Erhebungen von vielleicht siebenhundert Fuß Höhe, die wir wiederholt überschreiten mußten. Ihre südlichen Abhänge waren mit herrlichen Bäumen, meist Eichen, Kastanien und Walnußbäumen bestanden, deren Kronen eine so vollständige Decke bildeten, daß die Plage der Lianen und andrer Schlinggewächse unter ihr nicht zur Entwicklung kommen konnte. Die Bäume hatten ganz gewaltige Dimensionen. Wohl noch nie hatte hier eines Menschen Hand den natürlichen Verlauf des Wachsthums beeinflußt, und so standen alte, verdorrte Baumriesen neben üppig grünenden, während Bäume einer jüngeren Generation die am Boden liegenden, wohl durch Stürme gefällten mächtigen Baumstämme beschatteten. Es kostete oft viel Mühe, eine solche Baumleiche, die gerade den Weg versperrte, zu umgehen, denn Krone und Wurzelwerk bildeten an ihren Enden wirksame Verhaue. Manche dieser niedergeworfenen Stämme waren so dick, daß ein Reiter zu Roß nur eben über sie fortsehen konnte. Hin und wieder waren sie glücklicherweise hohl gelagert, so daß wir unter ihnen hindurchreiten konnten.

Ein ganz anderes Bild bot sich uns, wenn wir den Gipfel eines solchen Bergrückens überschritten hatten und auf seinem nördlichen Abhange wieder hinunter mußten. Hier hatte die Sonne nicht die Macht gehabt, den Boden zu trocknen. Der ganze Abhang war trotz seiner Steilheit sumpfig, so daß die Hufe der Pferde in dem zähen Erdreich stecken blieben und wir mehrfach genöthigt waren, abzusteigen und unsern Pferden zu helfen. Auch wucherten hier zahllose Schlinggewächse, die uns zu großen Umwegen zwangen, und die von uns gesuchten Stellen, welche zu großer Feuchtigkeit wegen von Schlingpflanzen frei waren, trugen eine Vegetation schilfartiger Pflanzen von solcher Höhe, daß sie Roß und Reiter überragten. Einmal wurde der Boden so abschüssig, daß die Pferde nicht mehr weiter konnten. Ich mußte da die Findigkeit unsrer Russen bewir selbst ohne ein solches Hemmniß hinabglitten.

Bei dem nächsten Aufstiege machte ich die Entdeckung, daß der Schweif der kaukasischen Bergpferde bei schwierigen Bergtouren noch eine andere wichtige Rolle spielt. Wir mußten die besonders steile Höhe zu Fuß hinaufklimmen, um die schon sehr angestrengten Pferde zu schonen, die uns nothwendig noch vor Sonnenuntergang ans Ziel zu bringen hatten, und ich fand mich bald am Ende meiner Kräfte. In meiner Noth fiel mir ein, den Schweif des ganz munter neben mir den steinigen Pfad hinaufkletternden Pferdes zu ergreifen. Dem schien das ein bekanntes Verfahren zu sein; es verdoppelte seine Anstrengung, und ich gelangte ohne Mühe auf den Kamm des Berges, wo mich der Officier mit dem zustimmenden Rufe „Kaukasische Manier!“ empfing. Als ich mich nach meinen Hintermännern umsah, fand ich sie zu meiner Ueberraschung sämmtlich auch an den Schweifen ihrer Pferde hängen.

Bei sinkender Sonne erreichten wir endlich ein enges Felsenthor, das den Eingang in die eigentliche Naturfestung der Cibelda bildet. Als wir dasselbe passirt hatten, breitete sich vor uns ein Schauspiel von einer solchen Großartigkeit und Schönheit aus, daß es mich im ersten Augenblicke fast niederdrückte. Vor uns lag im hellen Abendsonnenglanze der mächtige, bis tief hinunter mit Schnee bedeckte Elbrus. Rechts und links neben ihm sah man eine Reihe weiterer Schneeberge, die sich namentlich zur Rechten zu einer langen Kette entwickelten. Tief unter uns lag ein noch zum Theil von der Sonne bestrahltes, felsiges Flußthal, das den Fuß des Elbrus begrenzte, dessen steiler, baumloser Abhang ohne sichtbare Unterbrechung in breiter Fläche zu ihm abstürzte. Der Anblick erinnerte mich etwas an den, welchen man von Grindelwald auf die sonnenbeleuchtete Hochalpenkette hat, nur thronte der mächtige Elbrus inmitten des Bildes, wie wenn zwei Jungfrauen aufeinander gethürmt wären.

Nachdem wir uns an dem überraschenden und unvergleichlich

schönen Anblicke gelabt hatten, durchzogen wir die ziemlich ausgedehnte Ebene, die sich vor uns ausbreitete und den Aul des ein Jahr zuvor ausgewanderten Stammes der Cibeldaer enthielt. Es war nicht leicht, auf der mit über mannshohen Klettenpflanzen dicht bewachsenen Ebene vorwärts zu kommen und den Weg zum Aul zu finden. Ein von Bären durch das Gesträuch gebrochener Weg kam uns dabei zu statten; von Bären mußte er herrühren, das konnte man aus den umherliegenden Kernen der Kirschlorbeerfrüchte schließen, die ein beliebtes Nahrungsmittel für die Bären der dortigen Gegend bilden. Die Holzhäuser des großen Aul standen noch ganz unversehrt, so wie ihre Bewohner sie vor einem Jahre verlassen hatten; nur von den Nahrung suchenden Bären waren einige Zerstörungen verursacht.

Als wir uns einquartiert hatten, mußten wir zunächst suchen, uns wieder ein menschliches Ansehen zu verschaffen, denn beim Durchbrechen der dichten Klettenvegetation, welche die ehemaligen Gärten des Aul fast undurchdringlich machte, war jeder Zoll unsrer Kleidung wie unsrer Bärte von einer Klettenschicht besetzt, so daß wir selbst braunen Bären ähnlicher sahen als Menschen. Das Entfernen der Kletten war eine außerordentlich mühsame und zum Theil schmerzhafte Arbeit.

Nach erquickender Nachtruhe in den verlassenen Wohnstätten untersuchte unser Bergmann die alte Kupfergrube, die er für nicht bauwürdig erklärte; wäre sie das aber auch in höchstem Maaße gewesen, ihre Lage hätte doch jeden Bergwerksbetrieb unmöglich gemacht. Mein Bruder Otto und ich hatten unterdessen die überwältigende Großartigkeit und erhabene Schönheit der Umgebung in vollen Zügen genossen. In der Morgenbeleuchtung erkannte man noch besser als am Abend die wilde Zerrissenheit der uns zugewandten Fläche des Elbrus mit ihren Eisfeldern und Gletschern, deren Anblicke die im Sonnenschein glänzenden Linien der an den Abhängen niederstürzenden Wasserläufe noch einen besonderen Reiz verliehen. Die Hochebene, auf der wir standen, fällt schroff zu dem Flußthale ab, das sie vom Elbrus trennt; auf den anderen Seiten ist sie rings von hohen Bergen umgeben, die dem Elbrus gegenüber im üppigsten Grün kaukasischer Vegetation prangten. Ein Rundgang an der dem Flusse zugekehrten Kante der Ebene bot immer wieder neue, von allen früheren ganz verschiedene Ansichten von einer Erhabenheit und Schönheit, die jeder Beschreibung spotten.

Die Rückreise nach Suchum-Kalé legten wir auf demselben Wege wie die Hinreise zur Cibelda zurück, aber in Folge der gemachten Erfahrungen mit geringeren Beschwerden. Leider mußte ich jetzt dem gefährlichen Klima dieses unvergleichlich schönen Landes meinen Tribut zollen. Schon in dem russischen Fort, in dem wir wieder übernachteten, fühlte ich mich krank. Der junge Militärarzt, der uns begleitete, erkannte sofort, daß ich von dem gefährlichen Fieber jener Gegend befallen war, und wandte ohne Verzug die dort übliche Behandlung desselben auf mich an. Bevor noch das Fieber zum vollen Ausbruch gekommen war, erhielt ich eine gewaltige Dosis Chinin, die mir starkes Ohrensausen und andere unangenehme Empfindungen verursachte, das Fieber aber nur milde auftreten ließ, so daß ich die Reise vollenden konnte. Das Fieber ist in der Gegend von Suchum-Kalé ein dreitägiges; am dritten Tage bekam ich daher eine zweite, schon etwas schwächere Dosis mit der Anordnung, nach abermals drei Tagen eine dritte, noch schwächere zu nehmen. Damit war das Fieber in der That abgeschnitten, ich litt jedoch in der Folgezeit oft an unerträglichen Milzstichen, wie der Arzt es vorhergesagt hatte.

Ich hatte in früheren Jahren wiederholt am Wechselfieber gelitten und mußte dagegen Monate lang täglich kleine Chinindosen nehmen, die meiner Gesundheit empfindlich schadeten. Im Kaukasus, wo klimatische Fieber vielfach und in den verschiedensten Formen vorkommen, wendet man stets die geschilderte Behandlung mit dem besten Erfolge an. Es giebt freilich dort auch so bösartige Fieber, daß sie gleich bei dem ersten Anfalle zum Tode führen. Die Fieber erzeugenden Gegenden sind zwar in der Regel die sumpfigen und mit üppiger Vegetation bedeckten, doch gelten auch hochgelegene, trockene Grasflächen oft für ungesund. Ich habe auf meinen

Reisen die Beobachtung gemacht, daß solche Gegenden meist die Spuren alter, hochentwickelter Kultur tragen, wie es ja auch in der Umgebung von Rom und in der Dobrudscha der Fall ist, die in alten Zeiten als Kornkammer Roms bezeichnet wurde. Das Fieber tritt in solchen Gegenden besonders dann sehr stark auf, wenn der Boden aufgerührt wird. Die Fieberkeime müssen sich in dem fruchtbaren, gut gedüngten Boden, der später Jahrhunderte lang unbearbeitet blieb und durch eine Grasnarbe dem Luftzutritt entzogen war, nach und nach bilden, und es stellt sich danach die Malaria als eine Strafe der Natur für unterbrochene Bodenkultur dar. Dies in Verbindung mit der kaukasischen Fieberbehandlung brachte mich schon damals zu der Ueberzeugung, daß das klimatische Fieber auf mikroskopischen Organismen beruhte, die im Blute lebten, und deren Lebensdauer die des Zeitintervalles zwischen den Fieberanfällen wäre. Durch die starke Chinindosis kurz vor dem Anfall wird die junge ausschwärmende Brut dieser Organismen vergiftet. Auch für die merkwürdige Thatsache, daß Leute, die lange in einer Fiebergegend gelebt haben, meistens vor dem Fieber gesichert sind, diese Immunität aber verlieren, wenn sie mehrere Jahre in fieberfreien Gegenden zugebracht haben, glaubte ich eine Erklärung durch die Annahme zu finden, daß in Gegenden, wo die Fieberkeime dem Körper fortlaufend zugeführt würden, sich im Körper Lebewesen herausbildeten, welche von diesen Keimen lebten und daher zu Grunde gingen, wenn diese Nahrungsquelle lange Zeit versiegte. — Es war dies natürlich nur eine unerwiesene Hypothese, die von meinen medicinisch geschulten Freunden, denen ich sie damals mittheilte, wie du Bois-Reymond mit vollem Rechte auch nur als solche gewürdigt wurde. Es hat mich aber doch gefreut, daß in neuerer Zeit die bakteriologischen Studien großer Meister sich in der vor einem Vierteljahrhundert von mir angedeuteten Richtung bewegen. —

Unsere zweite Tour in den großen Kaukasus galt ebenfalls der Untersuchung eines in sehr unzugänglicher Gegend gelegenen Erzlagers, das einer grusinischen Fürstenfamilie gehörte. Wir reisten von Tiflis zunächst nach Tzarskie-Kolodzy, wo unsere Tifliser

Filiale ein Petroleumwerk betrieb, das nach Vollendung der Eisenbahn von Tiflis nach Baku wieder aufgegeben wurde. Von dort führte unser Weg in das durch den feurigen Kachetiner berühmte Weinland Kachetien, welches im Thale des Alasan liegt und durch einen tief in die Steppenebene hineinragenden Bergrücken vom Kurthale getrennt wird. Von der Höhe dieses Bergrückens hatten wir großartige Blicke auf den Kaukasus, der sich von dort als eine ununterbrochene Kette weißer Berghäupter, vom schwarzen bis zum kaspischen Meere reichend, darstellte.

Kachetien gilt als das Urland der Weinkultur, und es finden in dem Hauptorte des Landes uralte Dankfeste statt, die an die römischen Saturnalien erinnern. Hoch und Niedrig strömt dann aus ganz Grusinien in dem Festorte zusammen und bringt Gott Bacchus reichliche Trankopfer in Kachetiner Wein, wobei allgemeine Brüderlichkeit herrschen soll. Auch sonst rühmt man dem Kachetiner nach, daß er denen, die ihn dauernd trinken, lebensfrohe Heiterkeit zu eigen mache, und Kenner des Landes wollen namentlich die Bewohner von Tiflis überall an dieser Heiterkeit erkennen.

Wir legten den angenehmen und interessanten Ritt durch Kachetien unter Führung zweier Söhne der Fürstenfamilie zurück, die uns zur Besichtigung ihres Erzlagers eingeladen hatte. Am Fuße des Hochgebirges schloß sich der alte Fürst mit noch einigen Söhnen uns an. Merkwürdig war der Stammsitz der Familie, in welchem wir die Nacht zubrachten. Er bestand in einem am Fuße des Gebirges, aber noch in der Ebene gelegenen großen Holzhause, das auf etwa vier Meter hohen Pfosten aufgebaut war. Eine niedergelassene, bequeme Leiter bot die einzige Möglichkeit, in das Haus zu gelangen. Es war ein richtiger prähistorischer Pfahlbau, dessen System sich in der conservativen kaukasischen Luft bis in unsere Tage erhalten hat. Im Inneren des Hauses fanden wir einen großen, die ganze Breite des Gebäudes einnehmenden Saal, in welchem sich an der einen, mit vielen Fenstern versehenen Wand ein über zwei Meter breiter Tisch durch den ganzen Raum erstreckte. Dieser Tisch bildete das einzige in dem Saale sichtbare Möbel und hatte die verschiedenartigsten Zwecke zu erfüllen. Zum Mittagsmahle wurde auf ihn längs der Kante ein Teppich von etwa halber Tischbreite gedeckt, auf dem dann Speisen und Brotfladen aufgetragen wurden. Die großen, dünnen Brotfladen dienten nicht nur als Nahrungsmittel, sondern auch als Tischdecke und Serviette, sowie zum Reinigen der Eßgeräthschaften. Für uns Fremde wurden Stühle herbeigebracht; als wir uns darauf niedergelassen hatten, sprangen der alte Fürst und nach ihm seine Söhne auf den Tisch und kauerten sich uns gegenüber bei ihren Brottüchern nieder. Mit Messern und Gabeln waren nur wir Gäste versehen, die Fürsten speisten noch echt orientalisch mit den Fingern. Das Essen selbst war äußerst schmackhaft, namentlich das Filet-Schischlick hätte im feinsten Berliner Restaurant Furore gemacht. Während des Mahles kreiste fleißig Kachetinerwein in Büffelhörnern; störend war nur, daß die Sitte verlangte, das gefüllt überreichte Horn zu Ehren jeder Person, deren Gesundheit proponirt wurde, auch auszutrinken. Lange hielten wir nicht auf Massentrinken dressirten Europäer das nicht aus. — Eine zweite Bestimmung des großen Tisches im Saale lernten wir zur Nacht kennen; sämmtliche Lagerstätten, für uns sowohl wie für die Fürsten wurden auf ihm hergerichtet.

Am nächsten Morgen brachen wir in aller Frühe auf und stiegen nun am Abhange der großen Kaukasuskette in die Höhe. Schnell und unermüdlich brachten uns unsere Pferde auf dem felsigen Wege vorwärts. Als es zu dunkeln begann, waren wir dem Ziele nahe und bezogen ein Bivouak oder vielmehr eine Beiwacht, wie man lieber wieder sagen sollte, auf einem herrlichen Bergrücken zwischen zwei sich vereinigenden Gebirgsbächen. Unter dem schützenden Dache gewaltiger Baumriesen lagerten wir uns an einer Stelle, die freie Aussicht über das zu unsern Füßen sich ausbreitende Kachetien und die dahinterliegende Berglandschaft gewährte. Mit überraschender Geschicklichkeit erbauten die Trabanten der Fürsten eine Hütte aus Zweigen über unserer Lagerreihe, den Blick über die Ebene freilassend, und machten es uns so bequem, daß man gar nicht angenehmer ruhen konnte. Dann wurde schnell das Mahl bereitet, welches wir liegend verzehrten. Nach demselben lagerten sich die Fürsten und ihre Begleiter uns gegenüber und begannen ein landesübliches Zechgelage mit einer Art Glühwein aus edlem Kachetiner, wobei ein Jeder der Fürsten mich und meinen Bruder Otto mit einigen, wahrscheinlich sehr schmeichelhaften Worten hochleben ließ, in der Erwartung, daß auch wir unsere Hörner daraufhin leeren würden. Die Fürsten sprachen nur grusinisch, ein Dolmetscher übersetzte uns ins Russische, was sie sagten. Unsere deutschen Antworten verstand Keiner der Anwesenden, ein Umstand, von dem mein übermüthiger Bruder Otto einen etwas gefährlichen Gebrauch machte, indem er die Antwortreden, die ich ihm überließ, zwar mit äußerst verbindlichen Manieren in Stimme, Ton und Bewegungen, aber mit einem die Scene arg parodirenden Inhalte erwiederte, der uns sicher Dolchstöße eingetragen hätte, wenn seine Worte verstanden wären und wir uns nicht bemüht hätten, ihnen durch ernstes, hochachtungsvolles Mienenspiel einen guten Schein zu geben.

Als wir am folgenden Morgen unser Räuschchen in der erquickenden frischen Luft des Hochgebirges zwischen den rauschenden Bächen ohne irgend welchen unangenehmen Nachklang glücklich verschlafen hatten, besichtigten wir den Erzgang, der zwar reich aber noch nicht aufgeschlossen war und durch seinen beschwerlichen Zugang einer Ausbeutung unüberwindliche Hindernisse bot. Nachdem wir zu dieser Erkenntniß gekommen waren, wurde alsbald der Rückweg angetreten. Mit sinkender Sonne langten wir wieder bei dem Pfahlbaupalaste an und brachten noch eine Nacht unter seinem gastlichen Dache zu. Am nächsten Morgen verabschiedeten wir uns von unsern Fürsten und ritten durch das Thal von Kachetien zurück, in der Absicht, quer durch die Steppe direct nach Kedabeg zu reisen. Da Räuber in der Gegend hausten, gab uns der Distriktschef eine Sicherheitswache aus Leuten mit, die des Räuberhandwerks selbst verdächtig waren. Unter ihren gastlichen Schutz gestellt, reisten wir nach Landesbrauch vollkommen sicher.

Schwierigkeiten bereitete uns auf dem Wege der Uebergang

über den breiten und schnell strömenden Kur, dessen linkes Ufer wir zur Mittagszeit erreichten. Wir fanden einen einzigen keinen Nachen vor, der nur wenige Personen tragen konnte, entdeckten aber keine Ruder zu seiner Fortbewegung, die übrigens bei der schnellen Strömung auch nicht viel genutzt haben würden. Die von unsern Begleitern benutzte Uebergangsmethode war sehr interessant, und ich empfehle sie dem Herrn Generalpostmeister zur Aufnahme in die Beschreibung der Urzeit der Post. Die beiden besten Pferde wurden ins Wasser geführt, bis sie den Boden unter den Füßen verloren. Dann ergriffen zwei im Boote befindliche Tataren ihre Schwänze und ließen sich sammt dem Boote und etlichen Passagieren von den schwimmenden Pferden über den Strom ziehen. Als das Boot nach Absetzung der Passagiere auf dieselbe Weise zurückgebracht war, führten sie mit anderen Pferden eine zweite Gesellschaft über, und so ging es fort, bis nur noch Tataren zurückgeblieben waren. Zuletzt führten diese ihre Pferde ins Wasser und ließen sich an ihren Schwänzen hängend hinüberziehen.

Ich war mit meinem Bruder bis zuletzt mit unserer etwas bedenklichen Sauvegarde auf dem linken Ufer des Flusses zurückgeblieben. Unsere Beschützer hockten verdächtig zusammen und warfen uns Blicke zu, die uns nicht recht gefallen wollten. Cigarren, die wir ihnen anboten, wiesen sie stolz zurück — wie wir erst später erfuhren, weil sie als bigotte Schiiten aus der Hand ungläubiger Hunde Nichts annehmen durften. Es schien uns daher zweckmäßig, den Leuten Respekt vor unserer Wehrfähigkeit beizubringen. Wir richteten ein angeschwemmtes Brett als Ziel auf und schossen nach ihm mit unseren Revolvern, auf die wir gut eingeübt waren. Jeder Schuß traf ohne langes Zielen auf große Entfernung das Brett. Das interessirte unsere Begleiter sehr, und sie versuchten selbst, mit ihren langen, schön geputzten Steinschloßgewehren unser Ziel zu treffen, was ihnen aber nicht immer gelang. Darauf kam ihr Scheik zu mir und gab durch Zeichen zu verstehen, ich möchte ihm meinen Revolver zeigen und ihn auf die Erde legen, da er aus meiner Hand Nichts nehmen dürfe. Dies war ein kritischer Moment, doch auf Ottos Zureden entschloß ich mich dem Wunsche zu willfahren und legte den Revolver hin. Der Scheik nahm ihn auf, betrachtete ihn von allen Seiten und zeigte ihn kopfschüttelnd seinen Genossen. Darauf gab er ihn mir mit Dankesgeberden zurück, und unsere Freundschaft war von jetzt an besiegelt. Mißtrauen gegen die Erfüllung des heiligen Gastrechtes kann bei diesen Leuten sehr gefährlich werden, dagegen ist der Fall äußerst selten, daß das Vertrauen des Gastes getäuscht wird. Es ist allerdings vorgekommen, daß der Gast freundlich bewirthet und bis zur Grenze des Reviers sicher geleitet, dann aber auf fremdem Grund und Boden niedergeschossen wurde, doch gilt das nicht für anständig. Nach Ueberschreitung des Kur erreichten wir ohne weitere Abenteuer Kedabeg.

Auf allen unseren Touren im Gebirge hatten wir Gelegenheit gehabt, die Geschicklichkeit und Ausdauer der kleinen kaukasischen Bergpferde zu bewundern. Unermüdlich und ohne Fehltritt klettern sie mit ihren Reitern die steilsten und schwierigsten Gebirgspfade hinauf und hinunter; ohne sie wären die zerrissenen und vielfach zerklüfteten Bergländer kaum zu passiren. Es gilt im Kaukasus allgemein für sicherer, schwierige Bergtouren zu Pferde als zu Fuß zu machen. Daß es freilich auch Ausnahmen von dieser Regel giebt, dafür erlebte ich während meines zweiten Besuches von Kedabeg an mir selbst ein Beispiel. Das bis in den Dezember hinein immer heitere und schöne Herbstwetter ging unerwartet schnell in Regenwetter mit gelindem Schneefall über. Wir wollten gerade das Schamchorthal besuchen und benutzten den etwas beschwerlichen Reitweg dorthin, der den wilden Kalakentbach bis zum Schamchor hinunter begleitet. Als es aber stärker zu schneien anfing, fanden wir es gerathen umzukehren, um uns den Rückweg nicht ganz verschneien zu lassen. Es war erstaunlich, mit welcher Sicherheit unsere Pferde den schon ziemlich hoch mit Schnee bedeckten Bergpfad, der dicht neben dem tief eingeschnittenen Flußbette herlief, zu finden vermochten und stets die sicheren Stützpunkte des Terrains benutzten. Ich ritt unmittelbar hinter meinem Bruder Otto, als ich bemerkte, daß gerade an einer gefährlichen Stelle hart an der Kante des hier mehrere Meter tief senkrecht abfallenden Ufers unter der Last seines Pferdes ein Stein locker wurde. Einen Moment später trat mein Pferd auf denselben Stein, der sich dadurch ganz ablöste und meinen Absturz herbeiführte. Ich entsinne mich nur, einen Schrei der nachfolgenden Reiter gehört zu haben, und daß ich dann aufrecht mitten im Flußbette stand, mein Pferd neben mir. Nach Angabe meiner Gefährten soll sich das Pferd seitlich mit mir überschlagen haben und dann gerade auf seine Füße zu stehen gekommen sein. Es war jedenfalls ein merkwürdig glücklicher Ausgang.

Von den Heimreisen, für die ich beide Male den Weg über Constantinopel wählte, war namentlich die erste noch reich an besonderen Erlebnissen. Das schöne Wetter hielt bis Mitte Dezember stand; erst nachdem wir Kedabeg verlassen hatten, änderte es sich, und auf dem Rion überfiel uns ein fürchterliches Unwetter. Mit Mühe und Noth erreichten wir Poti, mußten dort aber erfahren, daß das Dampfschiff, welches uns weiter bringen sollte, bereits vorübergefahren wäre, da eine Einschiffung bei solchem Wetter unmöglich war. Wir, nämlich die ganze auf dem Flußdampfer angekommene Gesellschaft waren also gezwungen, in dem einzigen, höchst traurigen sogenannten Hotel des Ortes für eine Woche Unterkommen zu suchen. Es ist das wohl die unangenehmste Woche meines Lebens gewesen. Ein heftiger Sturm wüthete die ganze Nacht, nicht nur draußen sondern auch in meinem Zimmer. Wiederholt erhob ich mich, um Fenster und Thür zu untersuchen, fand jedoch Alles geschlossen. Am nächsten Morgen aber sah ich mein Zimmer voller Schneeflocken und entdeckte, daß sie durch weite Spalten im Fußboden eingedrungen waren. Die Häuser sind in Poti des sumpfigen Bodens halber auf Pfählen erbaut, dadurch fand dieses Wunder des Schneefalles im geschlossenen Zimmer seine Erklärung. Das Unwetter dauerte ohne Unterbrechung mehrere Tage, und was mir den Aufenthalt noch besonders unangenehm machte, war, daß ich mir eine heftige Bindegewebeentzündung des einen Auges zugezogen hatte. Diese schmerzhafte, durch keine ärztliche Hülfe gelinderte Entzündung, die enge, mit

Leuten aller Stände und Nationalitäten gefüllte Wirthsstube, dazu schlechte Verpflegung und Mangel an jeder Bedienung machten einem das Leben daselbst wirklich unerträglich.

Endlich kam der heißersehnte Dampfer in Sicht, und trotz heftigen Seeganges gelang es ihm auch, mich mit noch drei anderen Reisegefährten an Bord zu nehmen. Die Fahrt war bis zum Eingange in den Bosporus sehr stürmisch und stellte unsere Seefestigkeit auf eine harte Probe. Wir bestanden sie aber alle Vier zur großen Verwunderung des Kapitäns. Der Schiffsgesellschaft gehörte ein russischer General an, Konsul in Messina und, wie ich erst später erfahren sollte, Vater einer sehr liebenswürdigen Tochter, der jetzigen Frau meines Freundes Professor Dohrn in Neapel; ferner ein junger russischer Diplomat, der sich in der Folge zu hohen Posten aufgeschwungen hat, und endlich ein höchst origineller österreichischer Hüttenbesitzer, der seine lange Pfeife nie kalt werden ließ, wenn er nicht gerade aß oder schlief. Da auch der Kapitän ein sehr unterrichteter, kluger Mann war, so verging uns die ungewöhnlich lange Seefahrt doch schnell und angenehm trotz Sturm und Wogendrang.

In Trapezunt, wo wir auf einige Stunden vor Anker gingen, überstand ich wieder einen meiner vielen kleinen Unglücksfälle. Ich hatte einen Spaziergang auf das oberhalb der Stadt gelegene Plateau gemacht, um noch einmal die herrliche Aussicht von dort zu genießen, und kehrte auf der schönen neuen Chaussee, die auf der schroff abfallenden Seeseite ganz ohne Geländer war, wieder zur Stadt zurück. Da kam mir eine große, mit Getreidesäcken beladene Eselheerde entgegen. Unbedachter Weise stellte ich mich auf die geländerlose Seeseite, um die Heerde an mir vorüber zu lassen. Das ging anfangs auch recht gut, allmählich wurde die Heerde aber immer dichter und nahm schließlich die ganze Breite der Chaussee ein. Kein Abwehren und kein Schlagen half, die Thiere konnten beim besten Willen nicht ausweichen. Der Versuch, auf einen der Esel zu springen, mißlang, ich mußte den Eseln weichen und fiel am steilen Mauerwerk hinunter in Schmutz und Strauchwerk, wodurch zum Glück die Wucht des hohen Falles gemildert wurde. Nachdem ich gefunden hatte, daß ich ohne ernste Beschädigungen davongekommen war, arbeitete ich mich mühsam aus den Dornen und Nesseln heraus und vermochte erst nach langen vergeblichen Anstrengungen die Chaussee wieder zu erklimmen. Zum Glück fand ich in der Höhe einen kleinen Teich, in welchem ich meine Kleider und mich selbst waschen konnte. Die immer noch kräftige Sonne bewirkte einigermaaßen schnelles Trocknen, und so wurde es mir denn möglich, ohne Aufsehen zu erregen, durch die Stadt zu gehen und den Dampfer zu erreichen, der glücklicherweise meine Rückkehr abgewartet hatte.

Der starke Wind entwickelte sich auf der Weiterfahrt zum Sturm, so daß der Kapitän für sein altes Schiff fürchtete und im Hafen von Sinope Schutz suchte. Zweimal versuchte er an den folgenden Tagen die Reise fortzusetzen, wurde aber jedesmal in den sicheren Hafen zurückgetrieben. So hatte ich Gelegenheit, die Richtigkeit der Bezeichnung des schwarzen Meeres als des „ungastlichen", welche die alten Griechen ihm gegeben hatten, durch eigene Anschauung zu erfahren.

Im Hafen von Pera fand ich gerade einen österreichischen Lloyddampfer zur Abfahrt nach Triest bereit, wo wir am Sylvesterabend glücklich und ungehindert landeten; unterwegs, in Syra und Corfu, waren wir als Pestverdächtige behandelt worden und hatten die berüchtigte gelbe Pestflagge hissen müssen, weil die Cholera in Aegypten grassirte.

Mit diesen beiden kaukasischen Reisen betrachte ich meine eigentliche Reisezeit als abgeschlossen, denn die heutigen europäischen Reisen im bequemen Eisenbahncoupé oder Postwagen sind nur Spazierfahrten zu nennen. Auch die dritte Reise nach Kedabeg, zu der ich mich rüste, um Abschied fürs Leben vom Kaukasus zu nehmen, wird kaum noch etwas anderes sein.

Harzburg, im Juni 1891.

Noch erfüllt von den frischen Eindrücken und angenehmen Erinnerungen meiner dritten kaukasischen Reise, die ich im vorigen Herbst, wie in Aussicht genommen, mit meiner Frau und Tochter ausgeführt habe, will ich meine weiteren Aufzeichnungen mit ihrer Beschreibung zunächst fortsetzen. Es wird dadurch dem Gegensatze am besten Ausdruck verliehen werden, in welchem diese mit allen erdenklichen Bequemlichkeiten als Vergnügungsreise unternommene Fahrt zu meinen beiden ersten Reisen nach Kedabeg stand.

Wir fuhren Mitte September von Berlin nach Odessa. Ich versäumte dort natürlich nicht, die Station der Indo-Europäischen Linie zu besuchen, und setzte mich in telegraphische Verbindung mit dem Direktor der Compagnie, Herrn Andrews in London. Ein solcher unmittelbarer telegraphischer Verkehr nach langer Reise hat stets etwas ungemein Anregendes, ich möchte fast sagen Erhebendes. Es ist der Sieg des menschlichen Geistes über die träge Materie, der einem dabei ganz unmittelbar entgegentritt.

Von Odessa setzten wir unsere Reise nach der Krim fort, die ich selbst früher nur an den Haltestellen der zwischen Odessa und Poti verkehrenden Dampfer kennen gelernt hatte. Wir beschlossen das Schiff in Sebastopol zu verlassen und den Weg nach Jalta zu Wagen zurückzulegen. Die Fahrt wurde von prächtigem Wetter begünstigt und ließ uns mit Muße die herrliche Küstenlandschaft bewundern, die sich von dem anfangs steilen Abfalle der südlichen Hochebene der Krim bis zum Meere hinzieht. Vieles erinnerte uns hier an die Riviera, ja wir mußten manchen Orten der Krimküste sogar den Vorrang vor jener zuerkennen. Paradiesisch schön ist die Lage der Lustschlösser Livadia und Alupka, die der kaiserlichen Familie gehören, sowie die mancher anderen Niederlassung russischer Großen. Es fehlt aber das frisch pulsirende Leben der Riviera, welches bei dieser die landschaftlichen und klimatischen Reize so wesentlich unterstützt. Das Klima der südlichen Krimküste ist angenehm und fieberfrei, und die stets schneller und bequemer werdenden Communicationsmittel werden ihr daher wohl bald einen größeren Touristenverkehr zuführen. Dagegen kann man von dem Klima der noch unvergleichlich viel schöneren und großartigeren östlichen Küste des hohen Kaukasus nicht ebenso Rühmliches sagen, denn es herrschen dort fast überall bösartige Wechselfieber, und die Aussicht, daß die ärztliche Wissenschaft diese große Plage der Menschheit überwinden werde, scheint bisher noch gering zu sein.

Es war ein interessantes Zusammentreffen, daß mich auf dieser dritten Reise nach dem Kaukasus gerade in den Gegenden, wo sich mir vor so vielen Jahren schon die Theorie aufgedrängt hatte, nach welcher das klimatische Fieber durch kleinstes Leben im Blute hervorgerufen würde, die frohe Botschaft erreichte, durch Kochs neueste Entdeckung sei eine Hauptplage der Menschheit, die Schwindsucht, besiegt. Die Heilung sollte durch Einführung des durch die Schwindsucht erzeugenden Bakterien selbst erzeugten Giftes, als welches ihre Lebensproducte auftreten, in den Säftelauf der Kranken erfolgen. Die mitgetheilten Resultate ließen an der Richtigkeit des Factums nicht zweifeln, und wir Deutschen hörten mit Stolz allseitig unseren Landsmann als einen Wohlthäter der Menschheit preisen. Doch die Kochsche Annahme, daß die Lebensproducte der krankheiterregenden Bacillen das wirksame, tödtende Gift bilden sollten, erregte schon damals meine Bedenken. Man könnte sich wohl vorstellen, daß dies selbsterzeugte Gift die Fortentwicklung der Bacillen in den von ihnen in Besitz genommenen Körpertheilen hinderte und dadurch die wunderbare Erscheinung sich erklärte, daß nicht jede Infectionskrankheit zum Tode des von ihr Befallenen führt, aber es erschien mir undenkbar, daß eine minimale Menge solcher giftigen Lebensproducte einer beschränkten Anzahl von Bacillen in einem anderen Körper so gewaltige Wirkungen hervorbringen könnte, wie sie nachgewiesen sind. Nur der Lebensproceß vermöchte dies, bei welchem nicht die Masse der eingeführten Keime, sondern die Lebensbedingungen, die für sie bestehen, und die Zeit, die ihre Vermehrung erfordert, für die Größe der Wirkung entscheidend sind. Die Frage nach der Entstehung dieser Keime, welche ein den Bacillen, denen sie entstammen, feindliches Leben entwickeln, scheint mir ungezwungen nur zu beantworten, wenn man annimmt, daß die Krankheit erzeugenden Lebewesen selbst Infectionskrankheiten unterworfen sind, durch welche sie ihrerseits in der Lebensthätigkeit gehindert und schließlich getödtet werden. Man müßte dabei annehmen, daß das Leben, und zwar sowohl das animalische wie das vegetabilische, nicht an die von uns noch durch Mikroskope erkennbaren Dimensionen geknüpft sei, sondern daß es Lebewesen gebe, die zu den Mikroben und Bakterien ungefähr in demselben Größenverhältniß stehen, wie diese zu uns. Es stehen dieser Annahme keine naturwissenschaftlichen Bedenken entgegen, denn die Größe der Moleküle liegt jedenfalls tief unter der Grenze, welche den Aufbau solcher Lebewesen einer niederen Größenordnung noch gestattet. Der räthselhafte Selbstheilungsproceß, die nachfolgende Immunität, die sonst unerklärliche Wirkung der Einführung von Lebensproducten der Krankheit erzeugenden Bacillen in den Säftelauf eines von derselben Krankheit befallenen Körpers würden bei dieser Annahme selbstverständliche Folgen der eingetretenen Infection der Krankheitserreger selbst sein, und die Aufgabe wäre künftig die, eine solche Infection herbeizuführen und zur möglichst schnellen Entwicklung zu bringen, da ja auch diese secundären Krankheitserreger selbst schnell verlaufenden Infectionskrankheiten durch Mikroben einer noch niederern Größenordnung unterworfen sein könnten. Sind aber nicht die Lebensproducte, sondern die secundären Krankheitsträger der Bacillen das Heilmittel, so müssen die Bacillen erst recht krank werden, bevor ihr Inhalt als Heilmittel wirken kann. Vielleicht liegt hierin der Grund für die unbefriedigende Wirkung des Kochschen Tuberkulins, und diese Anregung gereicht dann der Forschung auf diesem für die gesammte Menschheit so ungemein wichtigen Gebiete zum Nutzen. —

In Tiflis trafen wir mit meinem Bruder Karl zusammen, der uns auf der Weiterreise nach Kedabeg und Baku und zurück bis Petersburg begleitete. Schon in Berlin hatte sich der Reichstagsabgeordnete Dr. Hammacher uns angeschlossen und blieb ebenfalls bis Petersburg unser treuer Reisegefährte. Tiflis erschien mir in den 23 Jahren, die seit meinem letzten Besuche verstrichen waren, äußerlich nicht sehr verändert, aber es hat den früheren vornehmen Anstrich verloren und kann sich heute nicht mehr rühmen, das asiatische Paris zu sein. Die Stadt war früher nicht nur großfürstliche Residenz, sondern auch Sitz des eingeborenen grusinischen Adels, der namentlich im Winter die Tifliser Geselligkeit beherrschte. Das ist jetzt anders geworden. Es residirt kein Großfürst mehr in Tiflis, und auch die vornehmen Grusiner sind fast ganz daraus verschwunden. Vor einem Vierteljahrhundert war die Stadt noch grusinisch, die besseren Grundstücke sowie auch die Stadtverwaltung waren in grusinischen Händen. Doch fing schon damals das Armenierthum an sich auszubreiten, und ganz allmählich ging der Grund und Boden in armenische Hand über. In früheren, kriegerischen Zeiten behaupteten die tapferen, kräftigen Grusiner den schlauen und geschäftsgewandten Armeniern gegenüber ihren Besitz und ihre gesellschaftliche Stellung. Das hörte aber auf, als unter russischer Herrschaft dauernder Friede und geordnete Rechtszustände eingetreten waren. Von der Zeit an stieg das armenische Element unaufhaltsam, und das grusinische mußte weichen. Jetzt ist so ziemlich der ganze städtische Besitz armenisch. Verschwunden sind die stolzen, in Waffenschmuck starrenden Gestalten der Grusiner von den Tifliser Straßen, der Armenier bewohnt ihre Paläste und regiert heute die Stadt.

Das Völkergemisch des Kaukasus ist überhaupt sehr geeignet, um Studien über den Einfluß des Zusammenlebens specifisch ver-

bewundern, die sich von dem anfangs steilen Abfalle der südlichen Hochebene der Krim bis zum Meere hinzieht. Vieles erinnerte uns hier an die Riviera, ja wir mußten manchen Orten der Krimküste sogar den Vorrang vor jener zuerkennen. Paradiesisch schön ist die Lage der Lustschlösser Livadia und Alupka, die der kaiserlichen Familie gehören, sowie die mancher anderen Niederlassung russischer Großen. Es fehlt aber das frisch pulsirende Leben der Riviera, welches bei dieser die landschaftlichen und klimatischen Reize so wesentlich unterstützt. Das Klima der südlichen Krimküste ist angenehm und fieberfrei, und die stets schneller und bequemer werdenden Communicationsmittel werden ihr daher wohl bald einen größeren Touristenverkehr zuführen. Dagegen kann man von dem Klima der noch unvergleichlich viel schöneren und großartigeren östlichen Küste des hohen Kaukasus nicht ebenso Rühmliches sagen, denn es herrschen dort fast überall bösartige Wechselfieber, und die Aussicht, daß die ärztliche Wissenschaft diese große Plage der Menschheit überwinden werde, scheint bisher noch gering zu sein.

Es war ein interessantes Zusammentreffen, daß mich auf dieser dritten Reise nach dem Kaukasus gerade in den Gegenden, wo sich mir vor so vielen Jahren schon die Theorie aufgedrängt hatte, nach welcher das klimatische Fieber durch kleinstes Leben im Blute hervorgerufen würde, die frohe Botschaft erreichte, durch Kochs neueste Entdeckung sei eine Hauptplage der Menschheit, die Schwindsucht, besiegt. Die Heilung sollte durch Einführung des durch die Schwindsucht erzeugenden Bakterien selbst erzeugten Giftes, als welches ihre Lebensproducte auftreten, in den Säftelauf der Kranken [illegible] heilten Resultate ließen an der Richtigkeit des Factums n[illegible] n, und wir Deutschen hörten mit Stolz all[illegible] [illegible] nann als einen Wohlthäter der Menschheit [illegible] chsche Annahme, daß die Lebensproducte der [illegible] Bacillen das wirksame, tödtende Gift bilden [illegible] damals meine Bedenken. Man könnte sich [illegible] rzeugte Gift die Fortentwicklung [illegible] Besitz genommenen Körpertheilen [illegible] bare Erscheinung sich erklärte.

[illegible] [illegible] in kriegerisch bewegten sowie in friedlichen Zeiten zu machen. Auffallend ist es, daß im Kaukasus das jüdische Element den Einheimischen gegenüber nicht als widerstandsfähig erwiesen hat. Juden giebt es dort zwar in ziemlicher Anzahl, sie sind aber sämmtlich Fuhrleute und gelten allgemein für Grobiane, die gern von ihrer überlegenen Körperkraft Gebrauch machen. Den Handel haben sie ganz verloren. Die Russen sind meist kluge und gewandte Geschäftsleute, können indessen, wie sie selbst zugeben, gegen Armenier und Griechen nicht aufkommen. Den Ruf der größten Raffinirtheit in allen geschäftlichen Beziehungen besitzt im Kaukasus wie im ganzen Orient der Grieche, doch sind die Armenier dem immer nur einzeln auftretenden Griechen überall da überlegen, wo sie in Masse auftreten.

Als wir unsere Reise nach einigen Tagen mit der Eisenbahn fortsetzten, fanden wir am Fuße des Kedabeger Hochplateaus eine neue Eisenbahnstation, Dalliar, von der die Straße nach Kedabeg über die neue schwäbische Kolonie Annenfeld hinaufführt. Hier trafen wir die schon erwähnte Rohrleitung im Bau, durch welche die mit der Bahn von Baku nach Dalliar geschaffte Naphtha tausend Meter hoch nach Kedabeg hinaufgepumpt werden soll. Die Arbeiten für die Rohrlegung sowie für die Einrichtung der Pumpstation waren im besten Gange, doch mußten wir die Hoffnung aufgeben, die Anlage noch vor Eintritt des Winters in Betrieb zu sehen.

Unsere Wagenfahrt von Dalliar nach Kedabeg gestaltete sich zum großen Ergötzen meiner Damen zu einem echt orientalischen Schauspiele. Die Begs der Umgegend hatten von der Ankunft der Besitzer des von ihnen angestaunten Hüttenwerkes gehört und ließen es sich nicht nehmen, uns mit ihren Hintersassen festlich zu empfangen und nach Kedabeg zu geleiten. Diese Gesellschaft erneuerte und vergrößerte sich auf dem etwa vierzig Kilometer langen Wege fortwährend; sie umschwärmte auf ihren behenden kaukasischen Bergpferden, meist in starkem Galopp bergauf wie bergab unsere Wagen und bot in ihrem kaukasischen Kostüm und Waffenschmuck ein höchst anziehendes Schauspiel. Im Vorbeijagen machten

schiedener Menschenracen in kriegerisch bewegten sowie in friedlichen Zeiten zu machen. Auffallend ist es, daß im Kaukasus das jüdische Element sich dem armenischen gegenüber nicht als widerstandsfähig erwiesen hat. Juden giebt es dort zwar in ziemlicher Anzahl, sie sind aber sämmtlich Fuhrleute und gelten allgemein für Grobiane, die gern von ihrer überlegenen Körperkraft Gebrauch machen. Dem Handel haben sie ganz entsagt. Die Russen sind meist kluge und gewandte Geschäftsleute, können indessen, wie sie selbst zugeben, gegen Armenier und Griechen nicht aufkommen. Den Ruf der größten Raffinirtheit in allen geschäftlichen Beziehungen besitzt im Kaukasus wie im ganzen Orient der Grieche, doch sind die Armenier dem immer nur einzeln operirenden Griechen überall da überlegen, wo sie in Masse auftreten.

Als wir unsere Reise nach einigen Tagen mit der Eisenbahn fortsetzten, fanden wir am Fuße des Kedabeger Hochplateaus eine neue Eisenbahnstation, Dalliar, von der die Straße nach Kedabeg über die neue schwäbische Kolonie Annenfeld hinaufführt. Hier trafen wir die schon erwähnte Rohrleitung im Bau, durch welche die mit der Bahn von Baku nach Dalliar geschaffte Naphtha tausend Meter hoch nach Kedabeg hinaufgepumpt werden soll. Die Arbeiten für die Rohrlegung sowie für die Einrichtung der Pumpstation waren im besten Gange, doch mußten wir die Hoffnung aufgeben, die Anlage noch vor Eintritt des Winters in Betrieb zu sehen.

Unsere Wagenfahrt von Dalliar nach Kedabeg gestaltete sich zum großen Ergötzen meiner Damen zu einem echt orientalischen Schauspiele. Die Begs der Umgegend hatten von der Ankunft der Besitzer des von ihnen angestaunten Hüttenwerkes gehört und ließen es sich nicht nehmen, uns mit ihren Hintersassen festlich zu begrüßen und nach Kedabeg zu geleiten. Diese Gesellschaft erneuerte und vergrößerte sich auf dem etwa vierzig Kilometer langen Wege fortwährend; sie umschwärmte auf ihren behenden kaukasischen Bergpferden, meist in starkem Galopp bergauf wie bergab unsre Wagen und bot in ihrem kaukasischen Kostüm und Waffenschmuck ein höchst anziehendes Schauspiel. Im Vorbeijagen machten die Leute die halsbrecherischesten Reiterkunststücke, wobei sie ihre Gewehre abschossen, so daß unser Zug mehr den Eindruck einer kriegerischen Begegnung als den eines friedlichen Empfanges erweckte. In der Nähe Kedabegs gesellte sich noch die ganze Bevölkerung des Ortes mit den Arbeitern der Grube und Hütte hinzu. Im Direktionsgebäude wurden wir von den Damen unseres Direktors, des Herrn Bolton, empfangen und auf das bequemste untergebracht. Wir profitirten während unseres Aufenthaltes etwas von dem einige Wochen zuvor stattgehabten Besuche des jungen Kronprinzen von Italien, der in Begleitung der russischen Großen des Kaukasus unser Berg- und Hüttenwerk besichtigt hatte. Zur Aufnahme und Bewirthung dieser Gäste waren natürlich außergewöhnliche Veranstaltungen getroffen, die sich namentlich auf Vorkehrungen für ein bequemes Befahren der Grube und Beschaffung eines improvisirten Salonwagens für unsere Eisenbahn erstreckt hatten. Wiederholt unternahmen wir in diesem auf der romantisch gelegenen, oft bedenklich kühn über Abgründe geführten Bahn die Fahrt nach dem Vorwerke Kalakent und dem Schamchor.

Trotz des oft etwas belästigenden Hüttenrauches genossen wir bei herrlichem Herbstwetter in vollen Zügen die Reize der schönen Umgebung Kedabegs. Zu den besonderen Genüssen war eine Bärenjagd zu zählen, die wir in dem sogenannten Paradiese abhielten. Diesen Namen führt eine kleine, von den Flüssen Schamchor und Kalakent begrenzte Hochebene, die herrlich gelegen und mit vielen wilden Obstbäumen bestanden ist. Der große Obstreichthum lockt im Herbste die Bären der Umgegend dorthin, und schon öfter hatten die Beamten unsres Hüttenwerkes erfolgreiche Bärenjagden in dieser Jahreszeit veranstaltet.

Wir übernachteten in der Filialhütte Kalakent und zogen bei Sonnenaufgang zur Jagd in die benachbarten Berge, die schon während der Nacht von unserem Hüttenförster mit einer Treiberkette umstellt waren. Es war ein wundervoll schöner Morgen, und der lautlose Marsch auf den einsamen Jagdwegen war in steter Erwartung der Bären nicht ohne Reiz. Nach längerer, in größter Spannung verbrachter Zeit hörte man ganz in der Ferne den Zuruf der Treiber von der Höhe der Berglehne erschallen, deren Fuß wir besetzt hielten. Sonst vernahm man in der allgemeinen Stille nur das herbstliche Fallen der Blätter, ein Geräusch, das ich bis dahin nur aus Romanen gekannt hatte. Ich war auf einem schmalen Bergwege zwischen Bruder Karl und Dr. Hammacher postirt. Mein Gewehr bestand in einer Büchsflinte, von der ein Lauf mit Kugel, der andere mit grobem Schrot geladen war. Aehnlich mangelhaft war die Bewaffnung meiner Jagdgenossen. Allmählich kam das Geräusch der Treiber näher, doch von Bären war lange nichts zu sehen und zu hören. Plötzlich machte uns der Förster durch Zeichen auf ein leichtes Geräusch vor uns aufmerksam und gab gleich darauf einen Schuß in der angedeuteten Richtung ab. Der Bär wich links ab, ohne getroffen zu sein; ein von Dr. Hammacher abgegebener Schuß hatte ebensowenig Erfolg. Dann krachte auf meiner anderen Seite ein Schuß meines Bruders und gleich darauf noch ein zweiter. Ich glaubte schon keine Aussicht mehr zu haben, noch zu Schuß zu kommen, als auf einmal ganz in meiner Nähe eine große braune Bärin, begleitet von einem Jungen, unsere Lichtung kreuzte. Ich gab meinen Kugelschuß auf die Bärin ab, wobei das Junge vor Schreck in die Kniee fiel, was den Glauben erweckte, ich hätte auf dieses geschossen. Mutter und Kind liefen aber ruhig den Berg hinab. Es glaubte natürlich Jeder von uns seinen Bären angeschossen zu haben, und das Gelände wurde eifrig nach den Blessirten abgesucht. Man entdeckte auch Blutspuren, doch weder jetzt noch nachher war von unseren angeschossenen Bären etwas zu sehen. Auch in dem weiteren Treiben wurde kein Bär erlegt, überhaupt kam nur noch ein einziger zum Vorschein und zwar dicht vor den Treibern. Diese und der Bär schienen gleich großen Schreck zu bekommen und stoben nach entgegengesetzten Richtungen auseinander, wobei die Treiber ein wahres Todesgeschrei ausstießen.

Eine der schönsten Touren in der weiteren Umgegend Kedabegs führt das Thal des Kalakentbaches oberhalb des Ortes Kalakent hinauf zur Höhe des Gebirges, das den großen Goktscha-See einfaßt. Von der Paßhöhe aus sieht man den gewaltigen See vor sich liegen, während die Bergketten des armenischen Hochlandes den Hintergrund der herrlichen Rundschau bilden. Meine Reisegefährten, die den anstrengenden Ritt bis zu diesem Aussichtspunkte nicht scheuten, hatten das Glück, eine ganz klare Fernsicht zu genießen, die ihnen die Schneekuppen des großen und die des kleinen Ararat in voller Klarheit zeigte.

Nachdem Bruder Karl und ich an den großen Fortschritten, die unser entlegenes Besitzthum in den letzten Jahren gemacht, hinlänglich Freude gehabt, und unsre Begleiter die Reize der umliegenden Waldgebirge durch ausgedehnte Ritte zur Genüge erforscht hatten, setzten wir die Reise nach Baku fort, um den von Alters her heiligen ewigen Feuern einen Besuch zu machen und die Quellen des zu ihnen gehörigen, jedenfalls viel größeren Segen stiftenden modernen Feuerträgers, des Petroleums, kennen zu lernen. Wir hatten dazu ganz besonders Veranlassung, da wir es ja nur der Naphtha, der Mutter des Petroleums, zu danken hatten, daß wir Kedabeg in munterem und hoffnungsvollem Betriebe fanden.

Die Reise führte über Elisabethpol, die Gouvernementsstadt von Kedabeg, in deren Nähe Helenendorf, die größte der schwäbischen Kolonien, liegt. Als die biedern Schwaben von unserer Anwesenheit in Kedabeg erfuhren, schickten sie ihren Ortsvorsteher mit einer Einladung an uns, auch Helenendorf zu besuchen. Natürlich nahmen wir sie an und wurden bei unserm Eintreffen in Elisabethpol von einer Bauerndeputation empfangen und in schneller Fahrt nach der etliche Meilen entfernten Ortschaft geleitet. Dort war die ganze Einwohnerschaft bemüht, den deutschen Landsleuten und namentlich ihrer schwäbischen Landsmännin Aufmerksamkeiten zu erweisen. Wir mußten Kirche, Schule und Wasserleitung besichtigen und hatten aufrichtige Freude an der alten, echt deutschen Ordnung, die allen entgegenwirkenden Einflüssen des Landes und Klimas getrotzt hat. Helenendorf ist die blühendste und wohlhabendste aller schwäbischen Kolonien im Kaukasus und verdankt dies zum Theil wohl dem gesunden Klima und der guten Lage in schöner, bergiger und wohlbewässerter Gegend. Seinen Bewohnern gebührt das Verdienst, deutsches Fuhrwerk im Kaukasus eingeführt zu haben. Neuerdings hat sich die Kolonie auf den Weinbau gelegt und stellt aus den einheimischen Trauben durch moderne Weinpflege ausgezeichnete Produkte her.

Die Eisenbahnfahrt durch die eintönige Steppe von Elisabethpol nach Baku bietet nicht viel Bemerkenswerthes. Die Vegetation ist sehr dürftig mit Ausnahme der Stellen, die an Wasserläufen liegen oder künstliche Bewässerung haben, von der freilich meist nur noch Spuren früheren Daseins zurückgeblieben sind. Nicht der Boden hat in solchen Gegenden Werth, sondern das Wasser, das ihm zugeführt werden kann. Die fortschreitende Kultur wird in dieser Hinsicht ja noch viel thun können, aber würden die Flüsse auch ihres ganzen Wassers beraubt, um die Felder zu befruchten, so würde dies doch nur einem keinen Theile der großen Steppenflächen Rußlands zu Gute kommen. Es fehlt an der nöthigen Regenmenge; ob diese sich im Laufe historischer Zeiten absolut vermindert hat, wie aus manchen Erscheinungen geschlossen werden könnte, oder ob nur ihre Vertheilung eine andere geworden ist, läßt sich bis jetzt nicht entscheiden.

Die uns auffallende große Zahl von hölzernen, dreißig bis fünfzig Fuß hohen Aussichtsthürmen in ganz ebener Gegend, die nicht die mindeste Aussicht darbot, erklärte sich dadurch, daß die Bewohner in der schlimmsten Fieberzeit die Nächte auf diesen Thürmen zubringen, um dem Fieber zu entgehen.

Einen eigenthümlichen Anblick gewährte gegen Ende der Fahrt eine ganze Stadt von ähnlichen, noch viel höheren und scheinbar nahe aneinander stehenden Holzthürmen, die den Gipfel eines nahen Höhenzuges krönten. Genauere Betrachtung durch ein Fernrohr ergab, daß es hohe Bohrthürme waren, wie man sie zur Ausführung von Tiefbohrungen zu erbauen pflegt. Es war das große Quellgebiet der Naphtha, die von dort durch zahlreiche Rohrleitungen der benachbarten „schwarzen Stadt" Baku, — nämlich dem neueren Theile derselben, welcher die zahlreichen Petroleumdestillationen enthält — zur Verarbeitung zugeführt wird. Merkwürdig ist, daß dicht neben einander liegende, zum Theil über tausend Fuß tiefe Bohrlöcher oft ganz verschiedene Resultate geben. Häufig entsteht beim Erreichen der Petroleum führenden Schicht eine Fontaine, in der die Naphtha über hundert Fuß hoch emporgeschleudert wird. Man hebt dann schnell im benachbarten Erdreich eine Vertiefung aus, um die hervorsprudelnde Naphtha zu sammeln. Die Ergiebigkeit der Quelle nimmt aber bald ab; nach wenigen Wochen pflegt sie überhaupt nicht mehr zu „schlagen", wie man in Baku sagt, und die Naphtha muß nun aus der Tiefe des Bohrlochs heraufgepumpt werden. Die Bohrthürme läßt man daher gleich stehen, um sie später als Pumpthürme zu benutzen. Es ist schwer zu erklären, wie es kommt, daß in ganz geringem Abstande von einem Bohrloche, bei dem die Spannkraft der Gase, welche das Petroleum anfangs emporbrückte, schon ganz absorbirt ist, eine neue mächtige Springquelle entstehen kann, da man doch annehmen muß, daß die sämmtlichen Quellen einer einzigen Lagerstelle der Naphtha entspringen. Ueberhaupt ist die Entstehungsgeschichte des Petroleums noch in Dunkel gehüllt und deshalb auch nicht zu sagen, ob dasselbe eine bleibende Stelle im Felde menschlicher Kultur behaupten wird. Welch großen Einfluß die Naphthaquellen von Baku auf Leben und Industrie in Rußland bereits ausüben, erkennt man schon an den langen Reihen von Reservoirwagen für den Transport von Petroleum und Masut, die man auf allen russischen Eisenbahnen antrifft. Da die Wälder Rußlands fast überall sehr stark gelichtet und Kohlen nur am Don in Menge vorhanden sind, so haben Masut und Rohpetroleum als billige und leicht transportirbare Brennmaterialien schnell große Bedeutung erlangt. Ein großer Theil der russischen Lokomotiven und Flußdampfer wird schon jetzt mit Petroleum geheizt, und für manchen russischen Industriezweig ist dieses wie für unsere Kedabeger Kupfergewinnung ein Retter in der Noth geworden.

Die alte Stadt Baku liegt schön am steil aufsteigenden Ufer des kaspischen Meeres. Außer dem Quellgebiete der Naphtha mit den sehr modernisirten ewigen Feuern, der „schwarzen Stadt", und einer Reihe von interessanten architektonischen Erinnerungen an die Zeit, wo sie Residenz der persischen Chane war, bietet die

Stadt dem Fremden wenig Reize. Doch kann er sich bei günstigem Wetter das Vergnügen machen, das kaspische Meer in Brand zu stecken, wenn er auf einem eisernen Dampfer zu einer Stelle nicht weit von der Küste hinausfährt, an der brennbare Gase vom Meeresboden aufsteigen. Diese lassen sich bei ruhigem Wetter anzünden und bilden dann oft längere Zeit ein Flammenmeer um das Schiff.

Die Rückreise machten wir zu Lande über Moskau und Petersburg. Beim Uebergange über den großen Kaukasus führte sie uns in der Einsattelung am Fuße des Kasbek durch großartig schöne, wilde Gebirgsthäler. Will man ihre Schönheit recht genießen, so thut man aber besser, in umgekehrter Richtung zu reisen, denn das wilde Terekthal, das den nördlichen Abhang des Gebirges bildet, wird beim Bergabfahren so schnell durchlaufen, daß man kaum Zeit hat, die Reize der Umgebung zu genießen, auch hindern daran die unangenehm kurzen Wendungen der in schnellster Fahrt durchmessenen, sonst wundervollen Straße. Von Wladikawkas, dem Anfangspunkte des russischen Eisenbahnnetzes, fuhren wir ohne Unterbrechung in drei Tagen bis Moskau. Leider entgingen uns bei dem trüben Wetter des ersten Tages die schönen Ansichten des großen Kaukasus, insbesondere der großartige Anblick des Elbrus. Interessant waren die zahlreichen Hünengräber zu beiden Seiten der Straße; sie zeigen, daß während langer Zeitabschnitte relativ hohe Kultur an den nördlichen Abhängen des Kaukasus geherrscht haben muß und hier vielleicht der Ausgangs- und Stützpunkt der Völkerstämme zu suchen ist, die zu verschiedenen Zeiten Europa überfluthet haben.

Ich widerstehe der Versuchung, Moskau zu beschreiben, und will nur hervorheben, daß man dort das Gefühl hat, ganz in Rußland, d. h. im Grenzlande europäischer und asiatischer Kultur zu sein. Man hat diese Empfindung lebhafter, wenn man, wie wir diesmal, aus Asien kommt und daher ein lebendiges Gefühl für asiatisches Leben und Wesen mitbringt. In bestimmte Worte ist sie kaum zu fassen. „In Asien“, sagte eine meiner Reisegefährtinnen, „sind Schmutz und Lumpen gar nicht abstoßend, hier sind sie es schon". Es ist dies in der That ganz charakteristisch für den Uebergang von der asiatischen zur europäischen Kultur. Der Asiate zeigt trotz Schmutz und Lumpen immer einen gewissen Grad männlicher Würde, der dem Europäer in Lumpen ganz abgeht.

Der eigentliche Russe, der Großrusse, bildet eine richtige Uebergangsstufe zwischen Asiaten und Europäern und ist daher auch der richtige und erfolgreiche Träger europäischer Kultur nach Osten. Der umgekehrte Weg, von dem die panslavistisch gefärbten Russen jetzt vielfach träumen, die Auffrischung des „faulen Westens" durch asiatische Naturkraft, hat wohl keine große Aussicht, jemals realisirt zu werden. Es läßt sich zwar nicht leugnen, daß eine Gefahr für den Bestand der europäisch-amerikanischen Kulturentwickelung darin liegt, daß Europa der willige Lehrmeister Asiens in der Beschaffung und Benutzung der Machtmittel geworden ist, die es seiner Technik verdankt. Bei der großen Fähigkeit der Asiaten, nachzuahmen und das Erlernte nützlich anzuwenden, und bei der stets fortschreitenden Kunst, der räumlichen Entfernung durch Verbesserung der Communicationsmittel die trennende Kraft zu nehmen, könnte allerdings einmal das kleine Europa einer neuen, kulturzerstörenden Invasion von Asien her ausgesetzt sein, aber der erste, vernichtende Stoß würde dann die Zwischenländer, namentlich Rußland treffen, wie die Geschichte ja schon wiederholt gezeigt hat. Uebrigens wird diese Gefahr erst eintreten können, wenn der naturwissenschaftlich-technische Fortschritt Europas einmal zum Stillstand kommt, so daß es den großen Vorsprung in seiner technischen Entwickelung verliert, der seine Kultur am sichersten vor jedem Einbruch barbarischer Völker schützt. Nur selbstmörderische innere Kämpfe könnten dahin führen, denn in geistiger Kraft und erfinderischer Begabung ist Europas Bevölkerung den Asiaten weit überlegen und wird dies auch wohl in Zukunft bleiben.

In Moskau war es schon recht winterlich kalt, in Petersburg begann bereits die Schlittenbahn und die Newa ging mit Eis, so daß wir uns nach der ohne langen Aufenthalt erfolgten Rückkehr noch an dem milderen Klima der Heimath erfreuen konnten.

Ich bin wie in den beiden vergangenen Jahren Ende Juni hierher nach Harzburg gegangen, um der Niederschrift dieser Erinnerungen abermals einige Wochen zu widmen, und gedenke nicht eher von hier fortzugehen, als ich damit zu Ende gekommen bin. Wiederholt habe ich in Charlottenburg versucht, diese einmal begonnene Arbeit fortzusetzen, aber es hat nicht gelingen wollen, den Blick dort, wo alles nach vorwärts drängt, dauernd nach rückwärts zu wenden. Es ist eben die Gewöhnung, welche uns die stärksten Fesseln anlegt. Niemals habe ich die Gedanken und Pläne, die mich gerade beschäftigten, vollständig verdrängen können, und vielfach hat mir dies den Genuß der Gegenwart verkümmert, denn ich vermochte mich ihm immer nur vorübergehend ganz hinzugeben. Andererseits gewährt aber ein solches, halb träumerisch grübelndes, halb thatkräftig fortstrebendes Gedankenleben auch große Genüsse. Es bereitet uns mitunter sogar vielleicht die reinsten und erhebendsten Freuden, deren der Mensch fähig ist. Wenn ein dem Geiste bisher nur dunkel vorschwebendes Naturgesetz plötzlich klar aus dem es verhüllenden Nebel hervortritt, wenn der Schlüssel zu einer lange vergeblich gesuchten mechanischen Combination gefunden ist, wenn das fehlende Glied einer Gedankenkette sich glücklich einfügt, so gewährt dies dem Erfinder das erhebende Gefühl eines errungenen geistigen Sieges, welches ihn allein schon für alle Mühen des Kampfes reichlich entschädigt und ihn für den Augenblick auf eine höhere Stufe des Daseins erhebt. Freilich dauert der Freudentaumel in der Regel nicht lange. Die Selbstkritik entdeckt gewöhnlich bald einen dunkel gebliebenen Fleck in der Entdeckung, der ihre Wahrheit zweifelhaft macht oder sie wenigstens eng begrenzt, sie deckt einen Trugschluß auf, in dem man befangen war oder, und das ist leider fast die Regel, sie führt zu der Erkenntniß, daß man nur Altbekanntes in neuem Gewande gefunden hat. Erst wenn die strenge Selbstkritik einen gesunden Kern übrig gelassen hat, beginnt die regelrechte, schwere Arbeit der Ausbildung und Durchführung der Erfindung und dann der Kampf für ihre Einführung in das wissenschaftliche oder technische Leben, in dem die meisten schließlich zu Grunde gehen. Das Entdecken und Erfinden bringt daher Stunden höchsten Genusses, aber auch Stunden größter Enttäuschung und harter, fruchtloser Arbeit. Das Publikum beachtet in der Regel nur die wenigen Fälle, wo glückliche Erfinder mühelos auf eine nützliche Idee gefallen und durch ihre Ausbeutung ohne viel Arbeit zu Ruhm und Reichthum gelangt sind, oder die Klasse der erwerbsmäßigen Erfindungsjäger, die es sich zur Lebensaufgabe machen, nach technischen Anwendungen bekannter Dinge zu suchen und sich dieselben durch Patente zu sichern. Aber nicht diese Erfinder sind es, welche der Entwickelung der Menschheit neue Bahnen eröffnen, die sie voraussichtlich zu vollkommeneren und glücklicheren Zuständen führen werden, sondern die, welche — sei es in stiller Gelehrtenarbeit, sei es im Getümmel technischer Thätigkeit — ihr ganzes Sein und Denken dieser Fortentwickelung um ihrer selbst willen widmen. Ob Erfindungen durch richtige Beurtheilung und Benutzung der obwaltenden Verhältnisse des praktischen Lebens zur Ansammlung von Reichthum führen oder nicht, hängt vielfach vom Zufall ab. Leider wirken aber die Beispiele mit glücklichem Erfolge sehr anreizend und haben ein Heer von Erfindern anwachsen lassen, das ohne die nöthigen Kenntnisse und ohne Selbstkritik sich aufs Entdecken und Erfinden stürzt und daran meist zu Grunde geht. Ich habe es stets als eine Pflicht betrachtet, solche verblendeten Erfinder von dem gefährlichen Wege abzuwenden, den sie betreten hatten, und es hat mich dies immer viel Zeit und Mühe gekostet. Leider haben meine Bemühungen aber nur selten Erfolg gehabt, und nur gänzliches Mißlingen und bitterste, selbstverschuldete Noth bringt diese Erfinder bisweilen zur Erkenntniß ihres Irrthums.

Es sind namentlich zwei Erfindungsgedanken, welche schon unzählige, zum Theil recht gut beanlagte und sogar auf ihrem eigenen Thätigkeitsgebiete hervorragend tüchtige Leute irre geführt und auch häufig zu Grunde gerichtet haben. Dies sind die Erfindungen des sogenannten perpetuum mobile d. h. einer selbstthätig Arbeitskraft leistenden Maschine und die der Flugmaschine und des lenkbaren Luftschiffs. Man sollte glauben, daß die Erkenntniß des Naturgesetzes der Erhaltung der Kraft schon so in das Volksbewußtsein übergegangen sei, daß die Hervorbringung von Arbeitskraft aus Nichts für ebenso naturwidrig gelten müßte wie die Erzeugung von Materie, doch es scheinen immer Generationen vorübergehen zu müssen, bevor eine neue Grundwahrheit allgemein als solche anerkannt wird. Ist Jemand einmal von dem unseligen Wahne ergriffen, daß er den Weg gefunden habe, allein durch mechanische Combinationen Arbeitsmaschinen herzustellen, so ist er einer meist unheilbaren geistigen Krankheit verfallen, die jeder Belehrung und selbst der schmerzlichsten Erfahrung trotzt. Aehnlich ist es mit den Bestrebungen, Flugmaschinen und lenkbare Luftballons herzustellen. Die Aufgabe selbst liegt ja für jeden mechanisch etwas geschulten Geist sehr einfach. Es ist unzweifelhaft, daß wir Flugmaschinen nach dem Vorbilde der fliegenden Thiere herstellen können, wenn erst die Grundbedingung dafür erfüllt ist, welche darin besteht, daß wir Maschinen haben, die so leicht und kräftig sind wie die Bewegungsmuskeln der fliegenden Thiere und keines viel größeren Brennmaterialverbrauches bedürfen als diese. Ist erst eine solche Maschine erfunden, so kann jeder geschickte Mechaniker eine Flugmaschine bauen. Die Erfinder fangen aber immer am verkehrten Ende an und erfinden Flugmechanismen, ohne die Kraft zur Bewegung derselben zu haben. Noch schlimmer steht es mit den lenkbaren Luftschiffen. Die Aufgabe, solche herzustellen, ist im Princip längst gelöst, denn jeder Luftballon kann durch einen passenden Bewegungsmechanismus, der in der Gondel angebracht ist, bei windstillem Wetter langsam in beliebiger Richtung fortbewegt werden. Dies kann aber nur langsam geschehen, weil einmal hinlänglich leichte Kraftmaschinen noch fehlen, um den voluminösen Ballon in größerer Geschwindigkeit durch die Luft oder gegen den Wind zu treiben, und weil zweitens das Material des Ballons einen starken Gegendruck der Luft gar nicht ertragen würde, wenn man auch solche Maschinen besäße. Die längliche Form, welche die Erfinder dem Ballon geben, damit er die Luft besser durchschneide, vermehrt sein Gewicht bei gleichem tragenden Volumen und ist daher ohne Werth. Ebenso die Anbringung von schiefen Ebenen, welche das Tragen des Gewichtes erleichtern sollen.

Außer diesen beiden Problemen giebt es noch eine Menge anderer, an welche Erfinder Zeit und Geld verschwenden, da sie nicht übersehen, daß der Technik die Mittel zu ihrer Durchführung zur Zeit noch fehlen.

Ich nehme nach diesen Abschweifungen den Faden meiner Lebenserinnerungen bei meinem Rücktritte von der politischen Thätigkeit wieder auf.

Der Krieg von 1866 hatte die Hindernisse niedergeworfen, welche der ersehnten Einheit Deutschlands entgegenstanden, und hatte zugleich den inneren Frieden in Preußen wiederhergestellt. Dem nationalen Gedanken war dadurch ein neuer Halt gegeben, und die bis dahin unbestimmten, gleichsam tastenden Bestrebungen der deutschen Patrioten erhielten jetzt eine feste Grundlage und bestimmte Richtung. Zwar schied die Maingrenze Deutschland noch immer in eine nördliche und südliche Hälfte, doch zweifelte Niemand daran, daß ihre Beseitigung nur eine Frage der Zeit wäre, wenn sie nicht durch äußere Gewalt befestigt würde. Daß Frankreich den Versuch dazu machen würde, erschien als gewiß, aber die Zuversicht war gewachsen, daß Deutschland auch diese Prüfung glücklich bestehen werde. Als Folge dieses großen Umschwunges der Volksstimmung ergab sich das allgemeine Bestreben, das Errungene schnell zu befestigen, das Gefühl der Zusammengehörigkeit von Nord und Süd trotz Mainlinie zu kräftigen und sich auf die kommenden Kämpfe vorzubereiten.

Diese gehobene Stimmung machte sich durch erhöhte Thätigkeit auf allen Gebieten des Lebens geltend und blieb auch nicht ohne Rückwirkung auf unsere geschäftlichen Arbeiten. Magnetelektrische Minenzünder, elektrische Distanzmesser, elektrische Schiffssteuerung, um mit Sprengladung ausgerüstete Boote ohne Bemannung feindlichen Schiffen entgegenzusteuern, sowie zahlreiche Verbesserungen der Militärtelegraphie waren Kinder dieser bewegten Zeit.

Ich will hier nur auf eine in diese Zeit fallende, nicht militärische Erfindung näher eingehen, da sie die Grundlage eines großen neuen Industriezweiges geworden ist und fast auf alle Gebiete der Technik belebend und umgestaltend eingewirkt hat und noch fortdauernd einwirkt, ich meine die Erfindung der dynamo-elektrischen Maschine.

Bereits im Herbst des Jahres 1866, als ich bemüht war die elektrischen Zündvorrichtungen mit Hülfe meines Cylinderinductors zu vervollkommnen, beschäftigte mich die Frage, ob man nicht durch geschickte Benutzung des sogenannten Extrastromes eine wesentliche Verstärkung des Inductionsstromes hervorbringen könnte. Es wurde mir klar, daß eine elektromagnetische Maschine, deren Arbeitsleistung durch die in ihren Windungen entstehenden Gegenströme so außerordentlich geschwächt wird, weil diese Gegenströme die Kraft der wirksamen Batterie beträchtlich vermindern, umgekehrt eine Verstärkung der Kraft dieser Batterie hervorrufen müßte, wenn sie durch eine äußere Arbeitskraft in der entgegengesetzten Richtung gewaltsam gedreht würde. Dies mußte der Fall sein, weil durch die umgekehrte Bewegung gleichzeitig die Richtung der inducirten Ströme umgekehrt wurde. In der That bestätigte der Versuch diese Theorie, und es stellte sich dabei heraus, daß in den feststehenden Elektromagneten einer passend eingerichteten elektromagnetischen Maschine immer Magnetismus genug zurückbleibt, um durch allmähliche Verstärkung des durch ihn erzeugten Stromes bei umgekehrter Drehung die überraschendsten Wirkungen hervorzubringen.

Es war dies die Entdeckung und erste Anwendung des allen dynamo-elektrischen Maschinen zu Grunde liegenden dynamo-elektrischen Princips. Die erste Aufgabe, welche dadurch praktisch gelöst wurde, war die Construction eines wirksamen elektrischen Zündapparates ohne Stahlmagnete, und noch heute werden Zündapparate dieser Art allgemein verwendet. Die Berliner Physiker, unter ihnen Magnus, Dove, Rieß, du Bois-Reymond, waren äußerst überrascht, als ich ihnen im Dezember 1866 einen solchen Zündinductor vorführte und an ihm zeigte, daß eine kleine elektromagnetische Maschine ohne Batterie und permanente Magnete, die sich in einer Richtung ohne allen Kraftaufwand und in jeder Geschwindigkeit drehen ließ, der entgegengesetzten Drehung einen kaum zu überwindenden Widerstand darbot und dabei einen so starken elektrischen Strom erzeugte, daß ihre Drahtwindungen sich schnell erhitzten. Professor Magnus erbot sich sogleich, der Berliner Akademie der Wissenschaften eine Beschreibung meiner Erfindung vorzulegen, dies konnte jedoch der Weihnachtsferien wegen erst im folgenden Jahre, am 17. Januar 1867, geschehen.

Meine Priorität in der Aufstellung des dynamo-elektrischen Princips ist später, als sich dieses bei seiner weiteren Entwickelung als so überaus wichtig herausstellte, von verschiedenen Seiten angefochten worden. Zunächst wurde Professor Wheatstone in England fast durchgehends als gleichzeitiger Erfinder anerkannt, weil er in einer Sitzung der Royal Society am 15. Februar 1867, in der mein Bruder Wilhelm meinen Apparat vorführte, gleich darauf einen ähnlichen Apparat zeigte, der sich von dem meinigen nur durch ein anderes Verhältniß der Drahtwindungen des feststehenden Elektromagnetes zu denen des gedrehten Cylindermagnetes unterschied. Demnächst trat Herr Varley mit der Behauptung auf, er hätte schon Anfang des Herbstes 1866 einen eben solchen Apparat bei einem Mechaniker in Bestellung gegeben, auch später eine „provisional specification“ darauf eingereicht. Es ist aber schließlich doch meine erste vollständige theoretische Begründung des Princips in den gedruckten Verhandlungen der Berliner Akademie und die derselben vorhergegangene praktische Ausführung als für mich entscheidend angenommen. Auch ist der von mir dem Apparat gegebene Name „dynamo-elektrische Maschine“ allgemein üblich geworden, wenn ihn auch die Praxis vielfach in „der Dynamo“ corrumpirt hat.

Schon in meiner Mittheilung an die Berliner Akademie hatte ich hervorgehoben, daß die Technik jetzt das Mittel erworben hätte, durch Aufwendung von Arbeitskraft elektrische Ströme jeder gewünschten Spannung und Stärke zu erzeugen, und daß dies für viele Zweige derselben von großer Bedeutung werden würde. Es wurden von meiner Firma auch sogleich große derartige Maschinen gebaut, von denen eine auf der Pariser Weltausstellung von 1867 ausgestellt wurde, während eine zweite im Sommer desselben Jahres von Seiten des Militärs zu elektrischen Beleuchtungsversuchen bei Berlin benutzt wurde. Diese Versuche fielen zwar ganz befriedigend aus, es stellte sich aber der Uebelstand heraus, daß die Drahtwindungen der Anker sich schnell so stark erhitzten, daß man das erzeugte elektrische Licht nur kurze Zeit ohne Unterbrechung leuchten lassen konnte. Die in Paris ausgestellte Maschine kam garnicht zur Prüfung, da in dem meiner Firma zugewiesenen Raume keine Krafttransmission vorhanden war und die Jury, der ich selbst angehörte, die Ausstellungen ihrer Mitglieder, die „hors concours“ waren, keiner Prüfung unterzog. Um so mehr Aufsehen erregte eine von einem englischen Mechaniker ausgestellte Imitation meiner Maschine, die von Zeit zu Zeit ein kleines elektrisches Licht erzeugte. Durch den mir beim Schluß der Ausstellung ertheilten Orden der Ehrenlegion glaubte man mich hinlänglich anerkannt zu haben.

In späterer Zeit, als die Dynamo-Maschine nach wesentlichen Verbesserungen, namentlich durch Einführung des Pacinottischen Ringes und des von Hefnerschen Wickelungssystemes, die weiteste Anwendung in der Technik gefunden, und Mathematiker wie Techniker Theorien derselben entwickelten, da schien es fast selbstverständlich und kaum eine Erfindung zu nennen, daß man durch gelegentliche Umkehr der Drehungsrichtung einer elektromagnetischen Maschine zur dynamo-elektrischen gelangte. Dem gegenüber läßt sich sagen, daß die nächstliegenden Erfindungen von principieller Bedeutung in der Regel am spätesten und auf den größten Umwegen gemacht werden. Uebrigens konnte man nicht leicht zufällig zur Erfindung des dynamo-elektrischen Princips gelangen, weil elektromagnetische Maschinen nur bei ganz richtigen Dimensionen und Windungsverhältnissen „angehen“, d. h. bei umgekehrter Drehung ihren Elektromagnetismus fortlaufend selbstthätig verstärken.

In diese Zeitperiode fällt auch meine Erfindung des Alkoholmeßapparates, der ein äußerst schwieriges Problem sehr glücklich löste und daher seiner Zeit viel Aufsehen erregte. Die Aufgabe bestand darin, einen Apparat herzustellen, der fortlaufend und selbstthätig die Menge des absoluten Alkohols registrirt, der in dem ihn durchströmenden Spiritus enthalten ist. Mein Apparat löste diese Aufgabe so vollständig, daß er die auf die gebräuchliche Normaltemperatur reducirte Alkoholmenge ebenso genau angab, wie sie durch die exactesten wissenschaftlichen Controlmessungen nur bestimmt werden konnte. Die russische Regierung verwendet diesen Apparat seit fast einem Vierteljahrhundert als Grundlage für die Erhebung der hohen Abgabe, welche auf die Erzeugung von Spiritus gelegt ist, und viele andere Staaten Europas haben ihn später auch für diesen Zweck adoptirt. Abgesehen von einigen wichtigen praktischen Verbesserungen, die von meinem Vetter Louis Siemens herrühren, wird der Apparat noch jetzt in der ursprünglichen Form als ein wesentliches Fabrikationsobjekt von einer in Charlottenburg dazu errichteten Specialfabrik hergestellt. Eine Nachahmung desselben ist bisher nirgends erfolgreich gewesen, obschon er nicht durch Patentirung geschützt ist.

Der große Umfang, den die Firma Siemens & Halske nach und nach annahm, verlangte natürlich eine entsprechende Organisation der Verwaltung und die Beihülfe tüchtiger technischer und administrativer Beamten. Mein Jugendfreund William Meyer, der seit dem Jahre 1855 die Stellung eines Oberingenieurs und Prokuristen in der Firma bekleidete, hatte durch sein bedeutendes Organisationstalent nicht nur dem Berliner Geschäft, sondern auch dessen Filialen in London, Petersburg und Wien äußerst werthvolle Dienste geleistet. Leider erkrankte er nach elfjähriger Thätigkeit im Geschäft an schwerem Leiden und starb nach längerem Siechthum, tief von mir als persönlicher Freund und treuer Mitarbeiter betrauert.

Nicht lange darauf, im Jahre 1868, zog sich mein alter Freund und Socius Halske aus der Firma zurück. Die günstige Entwickelung des Geschäfts — es wird dies Manchem auf den ersten Blick nicht recht glaublich erscheinen — war der entscheidende Grund, der ihn dazu veranlaßte. Die Erklärung liegt in der eigenartig angelegten Natur Halskes. Er hatte Freude an den tadellosen Gestaltungen seiner geschickten Hand, sowie an allem, was er ganz übersah und beherrschte. Unsere gemeinsame Thätigkeit war für beide Theile durchaus befriedigend. Halske adoptirte stets freudig meine constructiven Pläne und Entwürfe, die er mit merkwürdigem mechanischen Taktgefühl sofort in überraschender Klarheit erfaßte, und denen er durch sein Gestaltungstalent oft erst den rechten Werth verlieh. Dabei war Halske ein klardenkender, vorsichtiger Geschäftsmann, und ihm allein habe ich die guten geschäftlichen Resultate der ersten Jahre zu danken. Das wurde aber anders, als das Geschäft sich vergrößerte und nicht mehr von uns Beiden allein geleitet werden konnte. Halske betrachtete es als eine Entweihung des geliebten Geschäftes, daß Fremde in ihm anordnen und schalten sollten. Schon die Anstellung eines Buchhalters machte ihm Schmerz. Er konnte es niemals verwinden, daß das wohlorganisirte Geschäft auch ohne ihn lebte und arbeitete. Als schließlich die Anlagen und Unternehmungen der Firma so groß wurden, daß er sie nicht mehr übersehen konnte, fühlte er sich nicht mehr befriedigt und entschloß sich auszuscheiden, um seine ganze Thätigkeit der Verwaltung der Stadt Berlin zu widmen, die ihm persönliche Befriedigung gewährte. Halske ist mir bis zu seinem, im vorigen Jahre eingetretenen Tode ein lieber, treuer Freund geblieben und hat bis zuletzt stets reges Interesse für das von ihm mitbegründete Geschäft bewahrt. Sein einziger Sohn nimmt als Prokurist heute lebhaften Antheil an der Leitung des jetzigen Geschäftes.

Der Nachfolger Meyers wurde der frühere Leiter des hannöverschen Telegraphenwesens, Herr Karl Frischen, der nach der Annexion Hannovers in den Dienst des norddeutschen Bundes übergetreten war und mehrere Jahre hindurch die früher von Meyer bekleidete Stellung als Obertelegrapheningenieur der Staatstelegraphenverwaltung inne gehabt hatte. Das Geschäft gewann in Herrn Frischen eine hervorragende technische Kraft, die sich bereits durch viele eigene Erfindungen hervorgethan hatte.

Ferner kam der Firma jetzt zu statten, daß sich unter ihren jüngeren Beamten, die ihre Schule im Dienste derselben gemacht hatten, tüchtige Verwaltungsbeamte und Constructeure herausgebildet hatten. Ich will unter ihnen nur Herrn von Hefner-Alteneck nennen, dem seine Leistungen als Vorstand unseres Constructionsbureaus einen Weltruf eingetragen haben.

Unterstützt von so tüchtigen Mitarbeitern konnte ich mich mehr und mehr auf die obere Leitung des Geschäftes beschränken und die Details mit vollem Vertrauen den Beamten überlassen. So erhielt ich größere Muße, mich mit wissenschaftlichen und solchen socialen Aufgaben zu beschäftigen, die mir besonders am Herzen lagen.

Mein häusliches Leben erfuhr eine vollständige Umgestaltung durch meine am 13. Juli 1869 erfolgte Wiederverheirathung mit Antonie Siemens, einer entfernten Verwandten, dem einzigen Kinde des verdienten und in der landwirthschaftlichen Technik wohlbekannten Professors Karl Siemens in Hohenheim bei Stuttgart. Ich habe in Tischreden und bei ähnlichen Veranlassungen oft scherzhaft gesagt, daß diese Verheirathung mit einer Schwäbin als eine politische Handlung zu betrachten sei, da die Mainlinie nothwendig überbrückt werden müßte und dies zunächst am besten dadurch geschähe, daß möglichst viele Herzensbündnisse zwischen Nord und Süd geschlossen würden, denen die politischen dann von selbst bald nachfolgen würden. Ob mein Patriotismus hierbei nicht wesentlich durch die liebenswürdigen Eigenschaften dieser Schwäbin, die wieder warmen Sonnenschein in mein etwas verdüstertes, arbeitsvolles Leben gebracht hat, beeinflußt worden ist, will ich hier nicht näher untersuchen.

Am 30. Juli 1870, als die telegraphische Nachricht in Charlottenburg eintraf, Kaiser Napoleon habe die deutsche Grenze bei Saarbrücken überschritten und der folgenschwere Krieg zwischen Deutschland und Frankreich sei damit eröffnet, schenkte meine Frau mir ein Töchterchen, dem zwei Jahre später noch ein Sohn folgte. Der Tochter gab ich den Namen Hertha in Folge eines Gelübdes, sie so zu nennen, wenn das deutsche Kriegsschiff dieses Namens, auf das die französische Flotte in allen Meeren Jagd machte, sich nicht fangen lassen würde. Meine vier älteren Kinder waren zur Zeit der Kriegserklärung Frankreichs im Bade Helgoland und mußten mit der ganzen Badegesellschaft eiligst flüchten, um nicht durch die Blockade an der Rückkehr gehindert zu werden. Als ein Beweis der tiefen, muthigen Bewegung, die das ganze deutsche Volk ergriffen hatte, kann eine Depesche meines ältesten, damals sechszehn Jahre alten Sohnes Arnold aus Kuxhaven gelten, des Inhaltes „ich muß mit“. Das ging zum Glück nicht, da vor vollendetem siebzehnten Jahre Niemand ins preußische Heer aufgenommen wird.

Der Krieg gegen Frankreich ging wie der von 1866 schnell, mit gewaltigen, für Deutschland siegreichen Kämpfen vorüber. Das freudige Bewußtsein, daß das ganze Deutschland zum ersten Male im Laufe seiner Geschichte brüderlich unter denselben Fahnen kämpfte und siegte, ließ die schweren Opfer, mit denen die ruhmvoll errungenen Siege erkauft werden mußten, erträglicher erscheinen und milderte die tiefe Trauer und das Leid, welches der Krieg im Gefolge hatte. Es war eine große, erhebende Zeit, die bei Allen, welche sie erlebten, unvergeßliche Eindrücke hinterlassen hat, und die auch in den kommenden Generationen das Gefühl dankbarer Verehrung nicht erlöschen lassen wird, welches die Nation den großen leitenden Männern schuldet, die ihre schmachvolle Zersplitterung und Uneinigkeit beendeten und sie einig und mächtig machten.

Obwohl ich der politischen Thätigkeit seit dem Jahre 1866 gänzlich entsagt hatte, wendete ich den öffentlichen Angelegenheiten doch fortgesetzt rege Theilnahme zu. Eine Frage, der ich schon früher besonderes Interesse gewidmet hatte, war die des Patentwesens. Es war mir längst klar geworden, daß eines der größten Hindernisse der freien und selbstständigen Entwicklung der deutschen Industrie in der Schutzlosigkeit der Erfindungen lag. Zwar wurden in Preußen sowohl wie auch in den übrigen größeren Staaten

Deutschlands Patente auf Erfindungen ertheilt, aber ihre Ertheilung hing ganz von dem Ermessen der Behörde ab und erstreckte sich höchstens auf drei Jahre. Selbst für diese kurze Zeit boten sie nur einen sehr ungenügenden Schutz gegen Nachahmung, denn es lohnte sich nur selten, in allen Zollvereinsstaaten Patente zu nehmen, und dies war auch schon aus dem Grunde gar nicht angängig, weil jeder Staat seine eigene Prüfung der Erfindung vornahm und manche der kleineren Staaten überhaupt keine Patente ertheilten. Die Folge hiervon war, daß es als ganz selbstverständlich galt, daß Erfinder zunächst in anderen Ländern, namentlich in England, Frankreich und Nordamerika, ihre Erfindungen zu verwerthen suchten. Die junge deutsche Industrie blieb daher ganz auf die Nachahmung der fremden angewiesen und bestärkte dadurch indirect noch die Vorliebe des deutschen Publikums für fremdes Fabrikat, indem sie nur Nachahmungen und auch diese großentheils unter fremder Flagge auf den Markt brachte.

Ueber die Werthlosigkeit der alten preußischen Patente bestand kein Zweifel; sie wurden in der Regel auch nur nachgesucht, um ein Zeugniß für die gemachte Erfindung zu erhalten. Dazu kam, daß die damals herrschende absolute Freihandelspartei die Erfindungspatente als ein Ueberbleibsel der alten Monopolpatente und als unvereinbar mit dem Freihandelsprincip betrachtete. In diesem Sinne erging im Sommer 1863 ein Rundschreiben des preußischen Handelsministers an sämmtliche Handelskammern des Staates, in welchem die Nutzlosigkeit, ja sogar Schädlichkeit des Patentwesens auseinandergesetzt und schließlich die Frage gestellt wurde, ob es nicht an der Zeit wäre, dasselbe ganz zu beseitigen. Ich wurde hierdurch veranlaßt, an die Berliner Handelskammer, das Aeltestencollegium der Berliner Kaufmannschaft, ein Promemoria zu richten, welches den diametral entgegengesetzten Standpunkt einnahm, die Nothwendigkeit und Nützlichkeit eines Patentgesetzes zur Hebung der Industrie des Landes auseinandersetzte und die Grundzüge eines rationellen Patentgesetzes angab.

Meine Auseinandersetzung fand den Beifall des Collegiums, obschon dieses aus lauter entschiedenen Freihändlern bestand; sie wurde einstimmig als Gutachten der Handelskammer angenommen und gleichzeitig den übrigen Handelskammern des Staates mitgetheilt. Von diesen schlossen sich diejenigen, welche ein zustimmendes Gutachten zur Abschaffung der Patente noch nicht eingereicht hatten, dem Berliner Gutachten an, und in Folge dessen wurde von der Abschaffung Abstand genommen.

Dieser günstige Erfolg ermuthigte mich später zur Einleitung einer ernsten Agitation zur Einführung eines Patentgesetzes für das deutsche Reich auf der von mir aufgestellten Grundlage. Ich sandte ein Circular an eine größere Zahl von Männern, bei denen ich ein besonderes Interesse für die Sache voraussetzen konnte, und forderte auf, einen „Patentschutzverein“ zu bilden, mit der Aufgabe, ein rationelles deutsches Patentgesetz zu erstreben. Der Aufruf fand allgemeinen Anklang, und kurze Zeit darauf trat der Verein unter meinem Vorsitze ins Leben. Ich gedenke gern der anregenden Verhandlungen dieses Vereins, dem auch tüchtige juristische Kräfte wie Professor Klostermann, Bürgermeister André und Dr. Rosenthal angehörten. Das Endresultat der Debatten war ein Patentgesetzentwurf, der im wesentlichen auf der in meinem Gutachten von 1863 aufgestellten Grundlage ruhte. Diese bestand in einer Voruntersuchung über die Neuheit der Erfindung und darauf folgender öffentlicher Auslegung der Beschreibung, um Gelegenheit zum Einspruche gegen die Patentirung zu geben; ferner Patentertheilung bis zur Dauer von fünfzehn Jahren mit jährlich steigenden Abgaben und vollständiger Publikation des ertheilten Patentes; endlich Einsetzung eines Patentgerichtes, das auf Antrag jederzeit die Nichtigkeit eines Patentes aussprechen konnte, wenn die Patentfähigkeit der Erfindung nachträglich mit Erfolg bestritten wurde.

Diese Grundsätze gewannen allmählich auch beim Publikum Beifall, und selbst die Freihandelspartei strenger Observanz fand sich durch die volkswirthschaftliche Grundlage der Patentertheilung beruhigt, die darin lag, daß der Patentschutz als Preis für die sofortige und vollständige Veröffentlichung der Erfindung erschien, wodurch die neuen, der patentirten Erfindung zu Grunde liegenden Gedanken selbst industrielles Gemeingut wurden und auch auf anderen Gebieten befruchtend wirken konnten. Es dauerte aber doch noch lange, ehe die Reichsregierung sich entschloß, gesetzgeberisch in der Angelegenheit vorzugehen. Ich vermuthe, daß eine Eingabe, die ich als Vorsitzender des Patentschutzvereins an den Reichskanzler richtete, bei der Entscheidung für den Erlaß eines Reichspatentgesetzes wesentlich mitgewirkt hat. In dieser Eingabe betonte ich den niederen Stand und das geringe Ansehen der deutschen Industrie, deren Produkte überall als „billig und schlecht" bezeichnet würden, und wies gleichzeitig darauf hin, daß ein neues festes Band für das junge deutsche Reich erwachsen würde, wenn Tausende von Industriellen und Ingenieuren aus allen Landestheilen in den Reichsinstitutionen den lange ersehnten Schutz für ihr geistiges Eigenthum fänden.

Im Jahre 1876 wurde eine Versammlung von Industriellen sowie von Verwaltungsbeamten und Richtern aus ganz Deutschland zusammenberufen, welche ihren Berathungen den Gesetzentwurf des Patentschutzvereins zu Grunde legte und ihn auch im wesentlichen als Grundlage beibehielt. Der aus diesen Berathungen hervorgegangene Gesetzentwurf wurde vom Reichstage mit einigen Modifikationen angenommen und hat in der Folgezeit außerordentlich viel dazu beigetragen, die deutsche Industrie zu kräftigen und ihren Leistungen Achtung im eigenen Lande wie im Auslande zu verschaffen. Unsere Industrie ist seitdem auf dem besten Wege, die Charakteristik „billig und schlecht", die Professor Reuleaux den Leistungen derselben auf der Ausstellung in Philadelphia 1876 noch mit Recht zusprach, fast in allen ihren Zweigen abzustreifen.

Ich will jetzt meine Mittheilungen über die Entwicklung der von uns begründeten Geschäfte da fortsetzen, wo ich die Wandlungen beschrieb, welche unser Londoner Haus nach den unglücklichen Kabelunternehmungen zwischen Spanien und Algerien im Jahre 1864 durchzumachen hatte. Die seit jener Zeit vom Berliner Geschäfte getrennte Firma „Siemens Brothers" hatte sich unter Bruder Wilhelms Leitung schnell und regelmäßig entwickelt, sowohl als Fabrikations- wie als Unternehmungsgeschäft. Da Wilhelm gleichzeitig auch in dem privatim von ihm betriebenen Ingenieur-Geschäft große Erfolge hatte und seine Zeit und Kräfte dadurch sehr in Anspruch genommen waren, so wurde in ihm Ende der sechsziger Jahre der Wunsch rege, daß Bruder Karl die specielle Leitung des Londoner Telegraphen-Geschäftes übernehmen möchte. Karl ging darauf ein, da er seit dem Ablaufen der russischen Remonteverträge keinen großen Wirkungskreis mehr in Rußland fand.

In dieselbe Zeit fiel auch der Entschluß Halskes, sich aus der Berliner Firma zurückzuziehen, und wir drei Brüder beschlossen daher eine gänzliche Umformung der geschäftlichen Verbindung unserer verschiedenen Firmen. Es wurde ein Gesammtgeschäft gebildet, welches sie alle umfaßte. Jede Firma behielt ihre selbstständige Verwaltung und Rechnungsführung, ihr Gewinn und Verlust wurde aber auf das Gesammtgeschäft übertragen, dessen Inhaber und alleinige Theilnehmer wir drei Brüder waren. Das Petersburger Geschäft wurde einem tüchtigen Beamten unterstellt, während Karl zur Uebernahme der speciellen Leitung der Londoner Firma nach England ging.

Wie großartig sich das jetzt „Siemens Brothers & Co.“ genannte Londoner Haus in der nun folgenden Periode entwickelte, ist in dem schon erwähnten Buche des Herrn Pole über meinen Bruder Wilhelm ausführlich dargestellt. Ich beschränke mich daher hier auf einige Mittheilungen über meine und meines Bruders Karl persönliche Mitwirkung dabei.

Als Karl im Jahre 1869 nach London übersiedelte, war die Fabrik in Charlton bereits in voller Thätigkeit als mechanische Werkstätte zur Anfertigung von elektrischen Apparaten aller Art; auch ein Umkabelungswerk war mit ihr verbunden, in welchem schon ansehnliche Kabellinien hergestellt waren. Der bei den Prüfungen der englischen Regierungskabel von mir aufgestellte Grundsatz, daß ein Kabel nur dann Garantie der Dauer geben könnte, wenn es in allen Stadien seiner Fabrikation mit wissenschaftlicher Gründlichkeit und Schärfe geprüft würde, hatte gute Früchte getragen, und das damals ausgearbeitete System der Kabelprüfungen hatte sich in der Folge vorzüglich bewährt.

Der ausgezeichnete Erfolg der Malta-Alexandria-Linie, die wir nach diesem System für die englische Regierung prüften, hatte unsern technischen Credit in England wesentlich gehoben, und vielleicht aus diesem Grunde machte uns die einzige Fabrik, welche damals in England nach meiner Methode nahtlos mit Guttapercha umpreßte Drähte herstellte, Schwierigkeiten bei der Lieferung von gereinigter Guttapercha, die wir von ihr bezogen. Wir entschlossen uns daher, selbst eine Guttaperchafabrik anzulegen, und führten dies auch mit bestem Erfolge durch. Auf diese Weise wurde es uns erst möglich, selbst große Kabelanlagen zu übernehmen und damit das Monopol des inzwischen gebildeten großen Kabelringes zu brechen, der darauf ausging, die gesammte submarine Telegraphie zu monopolisiren. In der That gelang es meinen Brüdern eine Gesellschaft ins Leben zu rufen, die uns die Anfertigung und Legung eines unabhängigen, directen Kabels zwischen Irland und den Vereinigten Staaten in Auftrag gab. Das erforderliche Kapital wurde auf dem Continente zusammengebracht, da der englische Markt uns durch die übermächtige Concurrenz verschlossen war.

Bruder Wilhelm bewies sein großes Constructionstalent durch den Entwurf eines eigens für Kabellegungen bestimmten großen Dampfers, der von uns „Faraday" getauft wurde. Bruder Karl übernahm das Kommando desselben bei der Legung des Kabels. Ich hielt Karl für besonders befähigt zu dieser Aufgabe, da er ruhig überlegend, dabei ein guter Beobachter und entschieden in seinen Entschlüssen war. Ich selbst ließ es mir nicht nehmen, auf dem mit dem Tiefseekabel befrachteten Faraday bis zum Ausgangspunkte der Legung Ballinskellig Bai an der Westküste Irlands mitzufahren und dort die Leitung der Operationen der Landstation während der Legung zu übernehmen.

Es war ziemlich günstiges Wetter, und alles ging gut von statten. Der schwierige steile Abfall der irischen Küste zu großer Meerestiefe war glücklich überwunden und den elektrischen Prüfungen zufolge der Zustand des Kabels untadelhaft. Da trat plötzlich ein kleiner Isolationsfehler ein, so klein, daß nur außerordentlich empfindliche Instrumente, wie wir sie anwendeten, ihn constatiren konnten. Nach bisheriger Kabellegungspraxis würde man diesen Fehler unberücksichtigt gelassen haben, da er ohne jeden Einfluß auf die telegraphische Zeichenbildung war. Doch wir wollten eine ganz fehlerfreie Kabelverbindung herstellen und beschlossen daher, das Kabel bis zu dem Fehler, der noch dicht hinter dem Schiffe liegen mußte, wieder aufzunehmen. Dies ging auch zunächst trotz der großen Meerestiefe von 18000 Fuß ganz gut von statten, wie uns vom Schiffe fortlaufend telegraphirt wurde. Plötzlich flog aber die Skala unseres Galvanometers aus dem Gesichtsfelde — das Kabel war gebrochen! Gebrochen in einer Tiefe, aus der das Ende wieder aufzufischen ganz unmöglich erschien.

Es war ein harter Schlag, der unser persönliches Ansehen wie unsern geschäftlichen Credit schwer bedrohte. Die Nachricht durchlief noch in derselben Stunde ganz England und wurde mit sehr verschiedenen Empfindungen aufgenommen. Niemand glaubte an die Möglichkeit, aus so großer Tiefe ein abgerissenes Kabelende wieder aufzufischen, und auch Bruder Wilhelm rieth telegraphisch, das verlegte Kabel aufzugeben und die Legung von neuem zu beginnen. Ich war aber überzeugt, daß Karl, ohne den Versuch der Auffischung gemacht zu haben, nicht zurückkehren würde, und beobachtete ruhig die steten Schwankungen der Skala des Galvanometers, um Anzeichen zu finden, die auf Bewegung des Kabelendes durch den Suchanker hindeuteten. Solche Anzeichen traten auch häufig ein, ohne weitere Folgen zu haben, und es vergingen zwei bange Tage ohne irgend welche Nachricht von dem Schiffe. Auf einmal heftige Spiegelschwankung! Das Ende des Kupferdrahtes mußte metallisch berührt sein. Dann mehrere Stunden lang schwaches, regelmäßiges Zucken des Spiegelbildes der Skala, woraus ich auf stoßweises Heben des Kabelendes durch die Ankerwinde schloß. Doch stundenlange, darauf folgende Ruhe ließ die Hoffnung wieder sinken. Da wiederum starke Spiegelschwankung durch Schiffsstrom, die mit nicht enden wollendem Jubel des Stationspersonals begrüßt wurde. Das Unglaubliche war gelungen. Man hatte aus einer Tiefe, die

die Höhe des Montblanc über dem Meeresspiegel übertraf, in einer einzigen Operation das Kabel gefunden und, was noch viel mehr sagen will, ungebrochen zu Tage gebracht. Es mußten viele günstige Verhältnisse zusammentreffen, um dies möglich zu machen. Guter, sandiger Meeresgrund, gutes Wetter, zweckmäßige Einrichtungen für das Suchen und Heben des Kabels und ein gutes, leicht lenkbares Schiff mit einem tüchtigen Kapitän fanden sich hier glücklich zusammen und machten mit Hülfe von viel Glück und Selbstvertrauen das unmöglich Erscheinende möglich. Bruder Karl bekannte mir aber später, daß er während des ununterbrochenen Niederlassens des Suchankers, der sieben Stunden brauchte, um den Meeresgrund zu erreichen, was ihm erst eine klare Anschauung von der Größe der bekannten Meerestiefe gegeben habe, doch die Hoffnung auf guten Erfolg schon verloren hatte und dann selbst von diesem überrascht wurde.

Nach glücklich erfolgter Beseitigung des Fehlers und Wiederherstellung der Verbindung mit dem Lande ward die Legung einige Tage ohne Störung fortgesetzt. Dann meldete das Schiff rauhes Wetter, und bald darauf trat wieder ein keiner Fehler im Kabel auf, den man jedoch bis zur Erreichung flachen Wassers an der Newfoundland Bank liegen ließ, um ihn dann bei besserem Wetter aufzusuchen und zu beseitigen. Die Wiederaufnahme erwies sich hier aber als sehr schwierig, da der Meeresgrund felsig und das Wetter dauernd schlecht war. Es ging dabei viel Kabel verloren, und der Faraday mußte unvollendeter Sache nach England zurückkehren, um neues Kabel und Kohlen an Bord zu nehmen. Doch auch die folgende Expedition führte nur zur engen Begrenzung, aber noch nicht zur Beseitigung des Fehlers, und es bedurfte einer dritten, um die Kabelverbindung vollständig fehlerfrei herzustellen.

Diese unsre erste transatlantische Kabellegung war nicht nur für uns außerordentlich lehrreich, sondern führte überhaupt erst zur vollen Klärung und Beherrschung der Kabellegungen im tiefen Wasser. Wir hatten gezeigt, daß man auch bei ungünstigem Wetter und in schlechter Jahreszeit Kabel legen und repariren kann, und zwar auch bei großen Meerestiefen und mit einem einzigen, freilich gut eingerichteten und hinlänglich großen Schiffe. Die Kabelverluste, die wir bei den Reparaturen gehabt hatten, führte Bruder Karl auf die Unzweckmäßigkeit der Construction des Kabels zurück, welche die bei dem ersten gelungenen transatlantischen Kabel gewählte war. Es wurden bei dieser zur Verringerung des specifischen Gewichtes des Kabels Stahldrähte zur Umhüllung und zum Schutze des Leiters verwendet, welche mit Hanf oder Jute umsponnen waren. Diese drillten das Kabel bei starkem Zuge und bildeten dann auf dem Meeresboden Kabelwülste, die das Aufnehmen sehr erschwerten oder ganz verhinderten. Wir haben nach dem Vorschlage Karls später nur eine geschlossene Stahldrahthülle verwendet und dadurch alle Schwierigkeiten beseitigt, die unsre erste Tiefseekabellegung so sehr erschwerten.

Auf die weiteren technischen Verbesserungen der Kabellegungsmethode in tiefem Wasser, zu denen uns diese Legung führte, kann ich hier nicht eingehen. Ich will nur anführen, daß meine, schon bei der Legung des Cagliari-Bona Kabels im Jahre 1857 aufgestellte Legungstheorie sich vollständig bewährt hat. Ich habe diese Theorie, wie bereits erwähnt, in einer der Berliner Akademie der Wissenschaften und der Society of Telegraph Engineers and Electricians in London vorgelegten Abhandlung weiter entwickelt und mathematisch behandelt und glaube, daß sie damit so ziemlich ihren Abschluß gefunden hat.

Die Legung dieses unseres ersten transatlantischen Kabels führte für uns Brüder viele aufregende Momente mit sich, von denen einer mich in einem sehr ungünstigen Zeitpunkte traf und tief ergriff.

Ich war im Jahre 1874 von der Königlichen Akademie der Wissenschaften zu Berlin zu ihrem ordentlichen Mitgliede erwählt, eine Ehre, die bisher nur Gelehrten von Fach zu Theil geworden war, und beabsichtigte an dem dazu festgesetzten Tage meine observanzmäßige Antrittsrede in der Festsitzung der Akademie zu halten, als ich beim Fortgehen von Hause eine Depesche aus London bekam des Inhaltes, daß nach einer Kabelnachricht der Faraday zwischen [illegible] zerquetscht und mit seiner ganzen Besatzung untergegangen sei. Es erforderte nicht geringe Selbstbeherrschung von meiner Seite, niedergedrückt von dieser schrecklichen Kunde doch meinen nicht verschiebbaren Vortrag zu halten! Nur wenige intime Freunde hatten mir die gewaltige Erregung angesehen. Freilich hoffte ich vom ersten Augenblicke an, daß es ein Liebeswerk unsrer Gegner wäre, diese Schreckenskunde in Amerika, woher sie telegraphirt wurde, erdichten zu lassen. Und so stellte es sich bald heraus. Es war nirgends ein fester Anhalt für die Herkunft der Nachricht zu finden, und nach Verlauf etlicher banger Tage meldete sich der Faraday wohlbehalten aus Halifax; er war durch starken Nebel längere Zeit in offener See festgehalten.

Die glückliche Vollendung des amerikanischen Kabels hob das Londoner Geschäft mit einem Schlage auf eine viel höhere Stufe des englischen Geschäftslebens. Die Prüfung der elektrischen Eigenschaften des Kabels durch die höchste Autorität auf diesem Gebiete, durch Sir William Thomson, hatte ergeben, daß es durchaus fehlerfrei war und eine sehr hohe Sprechfähigkeit besaß. Von großer Bedeutung war es, daß der Kabelring, der sich unter Sir William Penders Auspicien gebildet hatte, jetzt durchbrochen war. Freilich wurde der Versuch gemacht, ihn wiederherzustellen, indem das von uns verlegte Kabel nachträglich dem Ringe eingefügt wurde. Dies gereichte uns aber zum Vortheil, denn es bildete sich bald eine andere und zwar eine französische Gesellschaft, welche ein „ringfreies" Kabel durch unsere Firma legen ließ. Auch dieses wurde nach kurzer Frist vom Globe, wie der Kabelring benannt war, angekauft, doch wurde hierdurch amerikanisches Kapital der Kabeltelegraphie zugeführt. Bruder Wilhelm erhielt im Jahre 1881 ein Kabeltelegramm, in welchem der bekannte Eisenbahnkönig Mr. Gould ein Doppelkabel nach Amerika bestellte, welches ganz wie das letzte von uns gelegte — das französische sogenannte Pouyer-Quertier Kabel — beschaffen sein sollte. Es ist ein Zeichen des hohen Ansehens, dessen sich unsre Firma auch jenseits des Oceans erfreute, daß Herr Gould es ablehnte, einen Abgesandten zum Kontraktabschlusse zu empfangen, „da er volles Vertrauen zu uns habe", und dies durch Anweisung einer hohen Anzahlung bekräftigte. Es war dies um so bemerkenswerther, da Mr. Gould als sehr vorsichtiger und scharfer Geschäftsmann in Amerika bekannt ist und es sich hier um viele Millionen handelte. Jedenfalls hatte er aber richtig speculirt, denn sein unbeschränktes Vertrauen nöthigte meine Brüder zur Stellung möglichst günstiger Bedingungen und zur besten Ausführung. Auch die Gouldschen Kabel sind nach etlichen Concurrenzkämpfen mit dem Globe vereinigt, doch wieder durchbrach Amerika das Kabelmonopol. Im Jahre 1884 bestellten die bekannten Amerikaner Mackay und Bennett bei Siemens Brothers zwei Kabel zwischen der englischen Küste und New-York, welche binnen Jahresfrist tadellos angefertigt und gelegt wurden und bis jetzt ihre Unabhängigkeit vom Kabelringe bewahrt haben.

Diese sechs transatlantischen Kabel sind sämmtlich durch den Dampfer Faraday gelegt, der sich dabei als ein ausgezeichnetes Kabellegungsschiff bewährt und als solches den concurrirenden Firmen zum Vorbilde gedient hat. Die Doppelschraube mit gegen einander geneigten Axen, welche bei ihm zuerst zur Anwendung kam, hat dem großen Schiffe von 5000 Tons Rauminhalt einen bis dahin unerreichten Grad von Beweglichkeit gegeben, der es möglich machte, die Kabellegungs- und Reparaturarbeiten in allen Jahreszeiten und auch bei ungünstigem Wetter auszuführen.

Bruder Karl war bereits im Jahre 1880 nach Petersburg zurückgekehrt, nachdem vorher auf seine Veranlassung das Londoner Geschäft in eine Art Familien-Aktiengesellschaft verwandelt war. Bruder Wilhelm ward leider schon im Jahre 1883 durch einen ganz unerwarteten, schnellen Tod uns und seiner rastlosen Thätigkeit entrissen. Als leitender Direktor der Londoner Firma wurde von uns unser langjähriger Beamter Herr Löffler eingesetzt, dem in neuerer Zeit ein jüngeres Familienmitglied, Herr Alexander Siemens, folgte.

Meine Ernennung zum ordentlichen Mitgliede der Berliner Akademie der Wissenschaften war nicht nur sehr ehrenvoll für mich, der ich nicht zur Klasse der Berufsgelehrten gehörte, sie hatte auch einen tiefgehenden Einfluß auf mein späteres Leben. Wie mein Freund du Bois-Reymond, der als präsidirender „Sekretarius" der Akademie meine Antrittsrede beantwortete, richtig hervorhob, gehörte ich nach Beanlagung und Neigung in weit höherem Maaße der Wissenschaft als der Technik an. Naturwissenschaftliche Forschung war meine erste, meine Jugendliebe, und sie hat auch Stand gehalten bis in das hohe Alter, dessen ich mich jetzt — erfreue kann ich wohl kaum sagen. Daneben habe ich freilich immer den Drang gefühlt, die naturwissenschaftlichen Errungenschaften dem praktischen Leben nutzbar zu machen. Ich drückte das auch in meiner Antrittsrede aus, indem ich den Satz entwickelte, daß die Wissenschaft nicht ihrer selbst wegen bestehe zur Befriedigung des Wissensdranges der beschränkten Zahl ihrer Bekenner, sondern daß ihre Aufgabe die sei, den Schatz des Wissens und Könnens des Menschengeschlechtes zu vergrößern und dasselbe dadurch einer höheren Kulturstufe zuzuführen. Es war bezeichnend, daß Freund du Bois in der Beantwortung meiner Rede mich schließlich willkommen hieß „im Kreise der Akademie, welche die Wissenschaft nur ihrer selbst wegen betriebe". In der That darf wissenschaftliche Forschung nicht Mittel zum Zweck sein. Gerade der deutsche Gelehrte hat sich von jeher dadurch ausgezeichnet, daß er die Wissenschaft ihrer selbst wegen, zur Befriedigung seines Wissensdranges betreibt, und in diesem Sinne habe auch ich mich stets mehr den Gelehrten wie den Technikern beizählen können, da der zu erwartende Nutzen mich nicht oder doch nur in besonderen Fällen bei der Wahl meiner wissenschaftlichen Arbeiten geleitet hat. Der Eintritt in den engen Kreis der hervorragendsten Männer der Wissenschaft mußte mich daher in hohem Maaße erheben und zu wissenschaftlichem Thun anspornen. Dazu kam noch, daß die Satzungen der Akademie einen wohlthätigen Zwang auf mich ausübten. Jedes Mitglied muß in einer feststehenden Reihenfolge der Akademie einen Vortrag halten, der dann in ihren Verhandlungen gedruckt wird. Da es sehr unangenehm war, sich dieser Verpflichtung zu entziehen, so zwang sie mich zum Abschluß und zur Publikation von Arbeiten, die ich unter anderen Umständen vielleicht anderen, interessanter erscheinenden nachgesetzt oder ganz unvollendet gelassen hätte. Während ich daher bis zu meiner Aufnahme in die Akademie nur selten zur Publikation einer wissenschaftlichen Arbeit kam und mich in der Regel mit der durch sie erworbenen Vermehrung meines Wissens begnügte, nicht ohne mich später darüber zu ärgern, wenn meine Resultate von Anderen ebenfalls gefunden und dann veröffentlicht wurden, mußte ich jetzt jährlich eine oder zwei Arbeiten abschließen und publiciren. Diesen Verhältnissen ist es auch zuzuschreiben, daß ich in meinen akademischen Vorträgen weniger Gegenstände meines Specialfaches, der elektrischen Technik, als Themata allgemein naturwissenschaftlichen Inhalts behandelte. Theils waren es vereinzelte Gedanken und Betrachtungen, die sich bei mir im Laufe des Lebens angesammelt hatten, welche jetzt zusammengefaßt und wissenschaftlich bearbeitet wurden, theils neue Erscheinungen, die mein besonderes Interesse erregten und mich zur speciellen Untersuchung veranlaßten. Ich werde auf diese rein wissenschaftlichen Publikationen am Schlusse dieser Erinnerungen noch einmal zurückkommen.

Obwohl ich mich seit meiner Aufnahme in die Akademie erheblich mehr als früher mit rein wissenschaftlichen Aufgaben beschäftigte, die in keiner Beziehung zu meinem geschäftlichen Berufe standen, versäumte ich deshalb nicht, diesem auch ferner die nöthige Zeit zu widmen. Die Oberleitung der Berliner Firma und die damit verbundenen technischen Arbeiten nahmen sogar gewöhnlich meine ganze Tagesarbeitszeit in Anspruch. Durch die große Vielseitigkeit und weite räumliche Ausdehnung, welche die Thätigkeit der Firma allmählich gewonnen hatte, wurde meine Aufgabe sehr erschwert, und wenn mir auch tüchtige Mitarbeiter einen wesentlichen Theil der Last abnahmen, blieb es doch für mich eine ruhelose, arbeitsvolle Thätigkeit.

Es war mir schon früh klar geworden, daß eine befriedigende Weiterentwicklung der stetig wachsenden Firma nur herbeizuführen sei, wenn ein freudiges, selbstthätiges Zusammenwirken aller Mitder Firma nach Maaßgabe ihrer Leistungen am Gewinne zu betheiligen. Da meine Brüder diese Anschauung theilten, so verschaffte sich dieser Grundsatz in allen unseren Geschäften Geltung. Festbegründet wurden dahingehende Einrichtungen bei der Feier des fünfundzwanzigjährigen Geschäftsjubiläums der Berliner Mutterfirma im Herbst des Jahres 1872. Wir bestimmten damals, daß regelmäßig ein ansehnlicher Theil des Jahresgewinnes zu Tantièmen für Beamte und Prämien für Lohnarbeiter, sowie zu Unterstützungen derselben in Nothfällen zurückgestellt werden sollte. Ferner schenkten wir den sämmtlichen Mitarbeitern der Firma ein Kapital von 60 000 Thalern als Grundstock für eine Alters- und Invaliditäts-Pensionskasse mit der Verpflichtung des Geschäftes, der von den Betheiligten direct gewählten Kassenverwaltung jährlich fünf Thaler für jeden Arbeiter und zehn Thaler für jeden Beamten zu zahlen, wenn diese ein Jahr lang ohne Unterbrechung im Geschäfte gearbeitet haben.

Diese Einrichtungen haben sich in den fast zwanzig Jahren ihres Bestehens außerordentlich bewährt. Beamte und Arbeiter betrachten sich als dauernd zugehörig zur Firma und identificiren die Interessen derselben mit ihren eigenen. Es kommt selten vor, daß Beamte ihre Stellung wechseln, da sie ihre Zukunft im Dienste der Firma gesichert sehen. Auch die Arbeiter bleiben dem Geschäft dauernd erhalten, da die Pensionshöhe mit der ununterbrochenen Dienstzeit steigt. Nach dreißigjährigem, continuirlichem Dienst tritt die volle Alterspensionirung mit zwei Dritteln des Lohnes ein, und daß dies von praktischer Bedeutung ist, beweist eine stattliche Zahl von Alterspensionären, die noch gesund und kräftig sind und neben ihrer Pension ihren Arbeitslohn unverkürzt weiter beziehen. Doch fast mehr noch als die Aussicht auf eine Pension bindet die mit der Pensionskasse verbundene Wittwen- und Waisen-Unterstützung die Arbeiter an die Firma. Es hat sich herausgestellt, daß diese Unterstützung ein noch dringenderes Bedürfniß ist als die Invaliditätspension, da den Arbeiter das unsichere Loos seiner Angehörigen nach seinem Tode in der Regel schwerer drückt als sein eigenes. Der alternde Arbeiter liebt fast immer seine Arbeit und legt sie ohne wirkliches, ernstes Ruhebedürfniß nicht gern nieder. Daher hat auch die Pensionskasse der Firma trotz liberaler Anwendung der Pensionsbestimmungen durch die Arbeiter selbst nur den kleineren Theil ihrer Einnahmen aus den Zinsen des Kassenkapitals und den Beiträgen der Firma für Pensionen verbraucht, der größere Theil konnte zu Wittwen- und Waisen-Unterstützungen, sowie zur Vermehrung des Kapitalstocks der Kasse verwendet werden, der dazu bestimmt ist, bei etwaiger Aufgabe des Geschäftes die Pensionsansprüche der Arbeiter sicher zu stellen.

Man hat dieser Einrichtung den Vorwurf gemacht, daß sie den Arbeiter zu sehr an die betreffende Arbeitsstelle binde, weil er bei seinem Abgange die erworbenen Anrechte verliere. Es ist dies ganz richtig, wenn die darin liegende Härte auch dadurch sehr gemildert wird, daß bei Arbeiterentlassungen wegen mangelnder Arbeit jeder entlassene Arbeiter einen Schein erhält, der ihm ein Vorrecht zum Wiedereintritt vor fremden Arbeitern giebt. Freilich die Freiheit zu streiken wird dem Arbeiter durch die Pensionsbestimmungen wesentlich beschränkt, denn bei seinem freiwilligen Austritte verfallen statutenmäßig seine Altersrechte. Es liegt aber auch im beiderseitigen Interesse, daß sich ein fester Arbeiterstamm der Fabrik bildet, denn nur dadurch wird diese befähigt, die Arbeiter auch in ungünstigen Zeiten zu erhalten und ihnen auskömmlichen Lohn zu zahlen. Jede größere Fabrik sollte eine solche Pensionskasse bilden, zu der die Arbeiter nichts beitragen, die sie aber trotzdem selber verwalten, natürlich unter Controle der Firma. Auf diese Weise ließe sich der Streik-Manie, welche die Industrie und besonders die Arbeiter selbst schwer schädigt, am besten entgegentreten.

Es ist allerdings etwas hart, daß die Bestimmungen der allgemeinen staatlichen Alterspension auf die bereits bestehenden oder noch zu gründenden Privatpensionskassen keine Rücksicht nehmen, die betreffenden Fabriken also doppelt für die Pensionirung ihrer Arbeiter zahlen müssen. Indessen ist das friedliche Verhältniß zwischen Arbeitgeber und Arbeitnehmer, welches durch die Privatpensionskassen gesichert wird, sowie eine ständige Arbeiterschaft von so großem Werthe, daß eine solche Mehrausgabe gut angebracht ist.

Der durch die beschriebenen Einrichtungen erzeugte Corpsgeist, der alle Mitarbeiter der Firma Siemens & Halske an diese bindet und für das Wohl derselben interessirt, erklärt zum großen Theil die geschäftlichen Erfolge, die wir erzielten.

Es führt mich dies auf die Frage, ob es überhaupt dem allgemeinen Interesse dienlich ist, daß sich in einem Staate große Geschäftshäuser bilden, die sich dauernd im Besitze der Familie des Begründers erhalten. Man könnte sagen, daß solche großen Häuser dem Emporkommen vieler kleineren Unternehmungen hinderlich sind und deshalb schädlich wirken. Es ist das gewiß auch in vielen Fällen zutreffend. Ueberall, wo der Handwerksbetrieb ausreicht, die Fabrikation exportfähig zu erhalten, wirken große concurrirende Fabriken nachtheilig. Ueberall dagegen, wo es sich um die Entwicklung neuer Industriezweige und um die Eröffnung des Weltmarktes für schon bestehende handelt, sind große centralisirte Geschäftsorgane mit reichlicher Kapitalansammlung unentbehrlich. Solche Kapitalansammlungen lassen sich heutigen Tages für bestimmte Zwecke allerdings am leichtesten in der Form von Aktiengesellschaften herbeiführen, doch können diese fast immer nur reine Erwerbsgesellschaften sein, die schon statutenmäßig nur die Erzielung möglichst hohen Gewinnes im Auge haben dürfen. Sie eignen sich daher nur zur Ausbeutung von bereits vorhandenen, erprobten Arbeitsmethoden und Einrichtungen. Die Eröffnung neuer Wege ist dagegen fast immer mühevoll und mit großem Risiko verknüpft, erfordert auch einen größeren Schatz von Specialkenntnissen und Erfahrungen, als er in den meist kurzlebigen und ihre Leitung oft wechselnden Aktiengesellschaften zu finden ist. Eine solche Ansammlung von Kapital, Kenntnissen und Erfahrungen kann sich nur in lange bestehenden, durch Erbschaft in der Familie bleibenden Geschäftshäusern bilden und erhalten. So wie die großen Handelshäuser des Mittelalters nicht nur Geldgewinnungsanstalten waren, sondern sich für berufen und verpflichtet hielten, durch Aufsuchung neuer

Verkehrsobjecte und neuer Handelswege ihren Mitbürgern und ihrem Staate zu dienen, und wie dies Pflichtgefühl sich als Familientradition durch viele Generationen fortpflanzte, so sind heutigen Tages im angebrochenen naturwissenschaftlichen Zeitalter die großen technischen Geschäftshäuser berufen, ihre ganze Kraft dafür einzusetzen, daß die Industrie ihres Landes im großen Wettkampfe der civilisirten Welt die leitende Spitze, oder wenigstens den ihr nach Natur und Lage ihres Landes zustehenden Platz einnimmt. Unsere staatlichen Einrichtungen beruhen fast überall noch auf dem mittelalterlichen Wehrsystem, wonach der Landbesitz fast ausschließlich als Träger und Erhalter der Staatskraft angesehen und geehrt wurde. Unsere Zeit kann diese Beschränkung nicht mehr als richtig anerkennen; nicht im Besitze — welcher Art er auch sei — ruhen heute und künftig die staatserhaltenden Kräfte, sondern in dem Geiste, der ihn beseelt und befruchtet. Wenn auch zuzugeben ist, daß ererbter Grundbesitz durch Tradition und Erziehung die Inhaber fester an den Staat bindet und daher staatserhaltender ist als häufig wechselnder Grund- und leicht beweglicher Kapitalbesitz, so genügt er heutigen Tages doch nicht mehr, um den Staat vor Verarmung und Verfall zu schützen. Dazu ist heute das zielbewußte Zusammenwirken aller geistigen Volkskräfte nöthig, deren Erhaltung und Fortentwicklung eine der wichtigsten Aufgaben des modernen Staates ist.

Wenn mir die Thatsache, daß ich meine Lebensstellung der eigenen Arbeit verdanke, auch stets eine gewisse Befriedigung gewährt hat, so habe ich doch immer dankbar anerkannt, daß mir der dahin führende Weg durch die Aufnahme in die preußische Armee und dadurch in den Staat des großen Friedrich geebnet wurde. Ich betrachte die Kabinetsordre Friedrich Wilhelm III., die mir den Eintritt in die preußische Armee gestattete, als die Eröffnung der einzigen für mich damals geeigneten Bahn, auf der meine Thatkraft sich entfalten konnte. Vielfach habe ich in meinem späteren Leben Gelegenheit gehabt zu erkennen, wie wahr der Ausspruch meines Vaters gewesen ist, daß trotz aller Unzufriedenheit mit der damaligen preußischen Politik der heiligen Alliance, doch Preußen der einzige feste Punkt in Deutschland und der einzige Ankergrund für die Wünsche deutscher Patrioten sei. Ich habe daher auch meine, ich kann wohl sagen angestammte Liebe zum deutschen Vaterlande stets in erster Linie Preußen zugewandt und bin ihm und seinen fünf Königen, unter deren Herrschaft ich lebte, immer treu und dankbar ergeben gewesen. Es waren nicht allein die Kenntnisse, die ich mir auf den preußischen Militärschulen erwerben konnte, und die dort erlangte geistige Ausbildung, welche mir das spätere Fortkommen im Leben erleichterten, es war auch die in Preußen so angesehene Lebensstellung als Officier, welche mich dabei wesentlich unterstützte.

Preußen war, wie ich schon an anderer Stelle hervorhob, bis zur Mitte dieses Jahrhunderts noch wesentlich Militär- und Beamtenstaat, nur mit dem Adel und ländlichen Grundbesitz waren besondere Ehrenrechte verknüpft. Eine eigentliche Industrie fehlte gänzlich, trotz aller Anstrengungen, die erleuchtete Beamte wie Beuth machten, um eine solche aus dem wenig entwickelten Handwerke heranzubilden. Da ferner der Handel des Landes sehr beschränkt war, so fehlte auch ein wohlhabender, gebildeter Mittelstand als Gegengewicht für Militär, Beamte und adligen Grundbesitz. Unter diesen Umständen war es in Preußen von großem Werthe, als Officier zur Hofgesellschaft zu gehören und in allen Gesellschaftskreisen Zutritt zu haben.

Es ist am preußischen Hofe gebräuchlich, daß diese Zugehörigkeit jedes, also auch des bürgerlichen Officiers zur Hofgesellschaft fortlaufend geübt wird. So wurde ich schon im Winter des Jahres 1838 als junger Officier der Artillerie- und Ingenieurschule zu großen Festen im königlichen Schlosse befohlen, und seit der Zeit, also über ein halbes Jahrhundert hindurch, war es mir häufig vergönnt, diese großen Schloßgesellschaften zu besuchen, die ein Spiegelbild der Berliner Gesellschaft darstellen und deutlich den gewaltigen Umschwung kund gaben, den Preußen und mit ihm ganz Deutschland während dieser Zeit durchgemacht hat. Auf diesen

Gesellschaften habe ich vielfach Gelegenheit gehabt, den Königlichen Herrschaften persönlich näher zu treten.

Wie schon erwähnt, hatte ich bereits in einer früheren Periode meines Lebens Ursache, dem Prinzen von Preußen für das Wohlwollen Dank zu schulden, mit dem er mich in Petersburg aus einer drückenden Lage befreite. Ich habe diesen Dank auch stets im Herzen getragen, kam aber leider durch die Politik dazu, den Monarchen erzürnen zu müssen, indem ich als Abgeordneter meiner damaligen Ueberzeugung gemäß gegen die Armeereorganisation stimmte. Als die Kriegserklärung gegen Oesterreich wirklich erfolgt war und die glänzenden Siege des reorganisirten preußischen Heeres die Zweckmäßigkeit der durch die Reorganisation bewirkten Verstärkung der Armee klar erwiesen hatten, war ich zwar eifrig bemüht, die nachtheiligen Folgen des parlamentarischen Widerstandes gegen die Reorganisation beseitigen zu helfen, und kämpfte erfolgreich für die Bewilligung der so großherzig von dem siegreich heimkehrenden Herrscher beantragten Indemnitätserklärung, doch glaubte ich kaum, je wieder auf das mir früher erwiesene Wohlwollen des Monarchen hoffen zu dürfen. Um so freudiger war ich überrascht, als mir nach dem Schluß der Pariser Weltausstellung von 1867 mit dem französischen croix d'honneur zugleich auch der preußische Kronenorden verliehen wurde.

Der Kaiser gab diesem erneuten Wohlwollen aber einige Jahre später einen noch weit entschiedeneren Ausdruck mit einer Herzensgüte, die kaum größer zu denken ist. Ich war bereits eine Reihe von Jahren Mitglied des Aeltestencollegiums der Berliner Kaufmannschaft und wurde nach dem herrschenden Brauche von dem Vorsitzenden des Collegiums zur Ernennung als Commerzienrath vorgeschlagen, ohne daß ich etwas davon wußte. Der Kaiser hatte die Ernennung auch vollzogen, und der Polizeipräsident war so freundlich, mich aufzusuchen und mir die erfreuliche Nachricht von dieser kaiserlichen Gnadenbezeugung persönlich zu überbringen. Mir sagte der Titel Commerzienrath aber nicht zu, da ich mich mehr als Gelehrten und Techniker wie als Kaufmann betrachtete und fühlte. Der Polizeipräsident, der mir das Unbemerkung, Premierlieutenant, **Doctor phil. honoris causa und Com**merzienrath vertrügen sich nicht, das mache ja Leibschmerzen! Der Polizeipräsident versprach mir schließlich, dem Kaiser die Bitte vorzutragen, meine Ernennung zum Commerzienrath nicht publiciren zu lassen, und verabredete mit mir einen Ort, wo ich ihn auf dem am demselben Abende stattfindenden Hofballe erwarten solle. Er kam denn auch dort mit heiterem Gesichte zu mir und berichtete, er habe dem Kaiser meine Bedenken wegen der Leibschmerzen mitgetheilt; der Kaiser habe sehr darüber gelacht und gemeint, er fühle selbst schon so etwas, ich solle mir nur eine andere Gnade dafür ausbitten, wenn er mich anreden würde. Dies war mir nun leider nicht möglich. Einen meiner Lebensrichtung mehr entsprechenden Titel gab es in Preußen für Nichtbeamte nicht, und dem Rathe des Präsidenten, mir einen höheren Orden zu erbitten, konnte ich unmöglich Folge leisten, da man einen solchen, wie ich ihm sagte, dankend annimmt, aber nicht darum bittet. Den Polizeipräsidenten verdroß diese Ablehnung, und da der Kaiser bald darauf an mir vorüberging, ohne mich anzureden, glaubte ich schon, mir aufs neue seine Ungnade zugezogen zu haben. Umsomehr erfreute, ja beschämte es mich fast, als mir der Polizeipräsident mittheilte, er habe dem Kaiser gesagt, daß ich nichts von ihm zu erbitten wüßte, und derselbe habe darauf erwiedert „dann stellen Sie ihn meiner Frau vor“.

In Folge einer Personenverwechslung fand diese Vorstellung damals nicht statt, und ich unterließ es auch später, mich auf dem üblichen Wege der Kaiserin vorstellen zu lassen, da es mir widerstrebte, mich an die hohen Herrschaften heranzudrängen, wie das ja so vielfach geschieht. Daß dies nicht unbemerkt geblieben war, erfuhr ich später durch die Kaiserin selbst. Während der Wiener Weltausstellung von 1873 ließ diese sich die deutschen Preisrichter vorstellen, zu denen auch ich gehörte. Nach Beendigung der Vorstellung rief sie mich noch einmal zu sich heran und sagte „Mit

Ihnen, Herr Siemens, habe ich noch ein Hühnchen zu pflücken, Sie drücken sich vor uns, das soll Ihnen aber künftig nicht mehr gelingen". In der That hat die hohe Frau mir späterhin oft Zeichen ihrer Anerkennung und Huld gegeben, indem sie unsere Fabriken besuchte oder mich zu Vorträgen über elektrische Themata aufforderte.

Einer dieser Vorträge, die ich im kaiserlichen Palais halten mußte, hatte dadurch eine besondere Bedeutung, daß der Großherzog von Baden mir am Tage vorher mit der Aufforderung, den Vortrag zu halten, ein ganz festes Programm für Umfang und Inhalt desselben übersandte, welches der Kaiser selbst ihm diktirt hatte. Das Thema lautete „Wesen und Ursache der Elektricität und ihre Anwendung im praktischen Leben". Es war nicht leicht, den theoretischen Theil des Programmes zu erfüllen, da unsere Kenntniß vom Wesen der Elektricität noch sehr gering ist, aber schon die Aufstellung eines solchen Programmes zeigt, welch tiefgehendes Interesse der Kaiser den Naturwissenschaften widmete, deren große Bedeutung für die weitere Entwicklung der menschlichen Kultur er vollständig erkannte.

Auch die Kronprinzlichen Herrschaften haben stets das regste Interesse an dem allmählichen Aufblühen und den wissenschaftlich-technischen Leistungen unseres Institutes an den Tag gelegt und unsere Fabriken häufig durch ihren Besuch geehrt. Dieser huldvollen und wohlwollenden Anerkennung meiner Bestrebungen verdanke ich auch die Aufnahme in die Liste der Gnadenerweise, die Kaiser Friedrich bei seiner Thronbesteigung vornahm. Ohne die übliche Vorfrage war ich in dieselbe aufgenommen und erfuhr meine Nobilitirung zu meiner großen Ueberraschung erst durch die Zeitungen.

Wenn ich auch durch meine wissenschaftlichen Arbeiten und meine geschäftliche Thätigkeit sehr in Anspruch genommen war, so verlor ich doch nie das Interesse an den Fragen des öffentlichen Lebens. Ich war ein thätiges Mitglied vieler wissenschaftlichen und technischen Gesellschaften, betheiligte mich sowohl geschäftlich wie persönlich an den großen Ausstellungen und wurde von der Regierung häufig zu Specialcommissionen für wissenschaftliche und technische Fragen herangezogen. Von dieser vielseitigen Thätigkeit will ich hier nur einige Punkte hervorheben, die mir der Anführung werth erscheinen.

Als das Reichspatentgesetz im wesentlichen meinen Vorschlägen entsprechend ins Leben trat, erging an mich die Aufforderung, dem zu bildenden Patentamte wenigstens für eine Reihe von Jahren als Mitglied beizutreten. Ich that dies gern, um dahin wirken zu können, daß die Ausführungspraxis mit den angenommenen Grundsätzen des Patentgesetzes in Einklang blieb. Auf diese Weise erhielt ich die Qualität als Reichsbeamter und wurde als solcher vom Fürsten Bismarck für die Verleihung des Titels „Geheimer Regierungsrath" vorgeschlagen. Ich nahm denselben auch dankend an, da die Führung eines Titels in Preußen allgemein gebräuchlich ist und meine Collegen, die Mitglieder der Akademie der Wissenschaften, diesen größtentheils führten.

Im Vereine zur Beförderung des Gewerbfleißes, der von Beuth, dem Vater der preußischen Industrie, ins Leben gerufen wurde und sich unter dem langjährigen Präsidium des Ministers Delbrück große Verdienste um die industrielle Entwicklung Deutschlands erworben hat, war ich ein thätiges Mitglied und eine Reihe von Jahren Stellvertreter des Vorsitzenden.

An der Gründung des elektrotechnischen Vereins durch den Staatssecretär Dr. von Stephan bin ich wesentlich betheiligt gewesen. Ich war der erste active Präsident des Vereins und habe viele meiner technischen Arbeiten zuerst durch Vorträge in diesem Vereine publicirt. Nach dem Vorgange des Berliner elektrotechnischen Vereins wurden an vielen Orten ähnliche Vereine begründet; auch der verdienstvolle, von meinem Bruder Wilhelm ins Leben gerufene ältere Verein der telegraph Engineers in London erweiterte jetzt Titel und Programm durch Annahme der Elektrotechnik als Vereinszweck. Die Bildung des Berliner Vereins ist als die Geburt der Elektrotechnik als gesonderten Zweiges der Technik zu betrachten; der Name Elektrotechnik selbst tritt im Titel des Vereins zum ersten Male auf. Durch Annahme der später von mir beantragten Resolution „die Regierungen zu ersuchen, an allen technischen Hochschulen Professuren der Elektrotechnik zu errichten, damit die jüngeren Techniker Gelegenheit erhielten, den Nutzen kennen zu lernen, den die Elektrotechnik ihrem Specialfach bringen könnte“, hat der Verein sich um die schnelle Entwicklung der Elektrotechnik in allen ihren Zweigen sehr verdient gemacht, denn der Resolution wurde fast überall Folge geleistet. Auch durch seine Bestrebungen, ein internationales elektrisches Maaßsystem zu gewinnen, hat sich der Verein große Verdienste erworben. Die Anregung dazu ging von dem Congresse aus, der sich an die internationale elektrische Ausstellung von 1881 in Paris knüpfte. Dieser richtete an die französische Regierung die Aufforderung, auf diplomatischem Wege das Zusammentreten einer internationalen Delegirten-Conferenz zu erwirken, deren Aufgabe die Feststellung eines wissenschaftlich geordneten Maaßsystems für die Elektrotechnik sein sollte.

Eine solche Conferenz, zu der von dem deutschen Reiche Helmholtz, Wiedemann, Clausius, Kirchhoff und ich deputirt waren, trat im folgenden Jahre in Paris zusammen und entschied sich im Princip für das absolute Maaßsystem Wilhelm Webers, mit der Modifikation, daß das c.g.s.-Maaß, für das man sich in England bereits entschieden hatte, als Widerstandsmaaß adoptirt wurde. Bei der geringen Genauigkeit aber, mit der bis dahin die Webersche absolute Widerstandseinheit praktisch dargestellt werden konnte, wurde beschlossen, als Grundlage der Bestimmungen die von mir vorgeschlagene Quecksilbereinheit anzunehmen und die Gelehrten aller Staaten aufzufordern, das Verhältniß der modificirten Weberschen c.g.s.-Einheit zu der damals schon weit verbreiteten Siemens-Einheit durch Versuche festzustellen. Als Mittel aus allen in Folge dessen vorgenommenen Bestimmungen ergab sich für dieses Verhältniß der Werth 1,06, und demgemäß wurde von der im Jahre 1884 stattfindenden Schlußconferenz ein Quecksilberfaden von 1 qmm Querschnitt und 106 cm Länge bei 0° C. unter dem Namen „Ohm“ als internationale, gesetzliche Widerstandsein-

zu bedauern ist dabei, daß der Name Wilhelm Webers, des Schöpfers dieses absoluten Maaßsystems, nicht berücksichtigt wurde, obwohl man ihm diese Ehre doch in erster Linie hätte erweisen sollen, [illegible] man sein System adoptirte. Für mich war es ein kleiner Triumph, daß eine Reproduction meiner Quecksilbereinheit, die Lord Rayleigh nach einer von der meinigen etwas abweichenden Methode vornahm, doch bis auf ein Zehntausendstel mit den von meiner Firma ausgegebenen Maaßetalons übereinstimmte.

Es war freilich etwas hart für mich, daß meine mit so vieler Mühe und Arbeit zu Stande gebrachte Widerstandseinheit, die überhaupt erst vergleichbare elektrische Messungen ermöglicht hatte, dann über ein Decennium in der ganzen Welt benutzt und von der internationalen Telegraphenconferenz als gesetzliches internationales Widerstandsmaaß für die Telegraphie angenommen war, nun plötzlich unter meiner eigenen Mitwirkung beseitigt werden mußte. Die großen Vorzüge eines theoretisch begründeten, consequent durchgeführten und allgemein angenommenen Maaßsystems machten dieses der Wissenschaft und dem öffentlichen Interesse gebrachte Opfer aber nöthig.

Meine schriftstellerische Thätigkeit beschränkte sich im allgemeinen auf die Darstellung meiner wissenschaftlichen und technischen Arbeiten und die Beschreibung der von mir construirten Mechanismen. Oefters mußte ich aber auch Angriffe, welche direct oder indirect gegen meine Firma oder gegen mich persönlich gerichtet waren, durch Entgegnungen zurückweisen. Es war dies um so nöthiger, als meine Firma nie annoncirte und nur durch gute Leistungen Reclame machte. Unbegründete Angriffe auf ihre Leistungen durften daher nicht ohne directe Zurückweisung bleiben, was häufig nur durch Berufung auf das Preßgesetz zu ermöglichen war, da die Zeitungen gewöhnlich mehr Sympathie für die regelmäßigen Einsender einträglicher Annoncen hatten.

Ich will von solchen Berichtigungen hier nur eine im April 1877 der Elberfelder Zeitung gesandte hervorheben, da sich ein allgemeineres Interesse an sie knüpft. Der anonyme Schriftsteller, der mich zu dieser Berichtigung veranlaßte, hatte die dynamo-elektrischen Maschinen des Herrn Gramme in Paris gerühmt, den er als den verdienstvollen Erfinder der dynamo-elektrischen Maschine und der elektrischen Beleuchtung hinstellte, und für dessen Anerkennung er die deutsche Gerechtigkeitsliebe mit hochtönenden Worten in Anspruch nahm, ohne der deutschen Betheiligung an diesen Erfindungen überhaupt nur Erwähnung zu thun. Ich hob in meiner Entgegnung zunächst das unzweifelhafte Verdienst Grammes an der Entwicklung der dynamo-elektrischen Maschine hervor, welches in der Combinirung des Pacinottischen Ringes mit meinem dynamo-elektrischen Principe bestand, konnte dann aber nicht unterlassen, dem Appell an die deutsche Gerechtigkeitsliebe zu Gunsten fremder Verdienste die umgekehrte Richtung zu geben, indem ich darauf hinwies, daß der Deutsche immer geneigt sei, das Fremde, Weitherkommende mehr anzuerkennen als das Einheimische. Dies sei, führte ich aus, ein großes Hinderniß für die Entwicklung der deutschen Industrie, da dieselbe durch die Vorliebe für fremdes Fabrikat vielfach gezwungen würde, ihre besseren Leistungen unter fremder Flagge auf den Weltmarkt zu schicken, woher es käme, daß das deutsche Fabrikat überall mit Unrecht als mittelmäßige, billige Waare charakterisirt würde.

Ich habe schon bei früherer Gelegenheit hierauf hingewiesen und namentlich die geradezu selbstmörderische Gewohnheit, die besseren deutschen Fabrikate als englische, französische oder gar amerikanische auf den Markt zu bringen, als unpatriotisch und unwürdig gekennzeichnet. Es ist schwer zu entscheiden, ob die Schuld hauptsächlich am deutschen Publikum oder an den deutschen Gewerbetreibenden liegt, jedenfalls ist es eine Wechselwirkung zwischen dem Vorurtheil des ersteren und der Kurzsichtigkeit der letzteren, die nur ihren augenblicklichen Vortheil im Auge haben. Seit der Begründung des neuen deutschen Reiches und dem damit verbundenen nationalen Aufschwunge ist ja unzweifelhaft eine Besserung in dieser Hinsicht eingetreten, aber es fehlt noch sehr viel an der vollständigen Ausrottung des Uebels. Unsern Gewerbetreibenden mangelt noch zu sehr das stolze Bewußtsein, nur gute Waare zu liefern, und unserm Publikum die Erkenntniß, daß gute Waare auch bei höherem Preise die billigste ist. Erst aus der Wechselwirkung beider entwickelt sich der Nationalstolz auf die Leistungen der eigenen Industrie, der die beste Schutzwehr für dieselbe bildet. Wie stark das Gefühl der Ueberlegenheit der eigenen Leistungen über alle fremden sich in England entwickelt hat, empfand ich recht schlagend, als ich einst mit Bruder Wilhelm der Ausladung eines Schiffes zusah, das zum ersten Male aus einem norwegischen Hafen Eis nach London brachte. Das Eis war in prachtvollen, würfelförmigen Blöcken am Ufer gelagert und wurde mit offenbarem Interesse von Kauflustigen betrachtet. Mein Bruder knüpfte mit einem derselben eine Unterhaltung an, indem er das schöne Aussehen der Blöcke lobte. „O yes“, sagte darauf der Angeredete, ein herkulischer Schlächtermeister, „it looks very well, but it has not the english nature“. Selbst das englische Eis mußte nothwendig kälter sein als das fremde. Dieses Vorurtheil für die heimische Waare, das jeder Engländer besitzt und das seine Wahl stets beeinflußt, befestigt den Stolz des englischen Handwerkers und Fabrikanten auf die Güte seiner Arbeit und läßt dadurch vielfach das Vorurtheil zur Wahrheit werden.

Von meinen sonstigen populären Publikationen will ich hier nur meine Vorträge „Die Elektricität im Dienste des Lebens“ vom Jahre 1879 und „Das naturwissenschaftliche Zeitalter“ vom Jahre 1886 anführen.

In ersterem Vortrage entwickelte ich den damaligen Stand der Elektrotechnik und knüpfte daran Betrachtungen über die mit Zuversicht zu erwartenden weiteren Fortschritte derselben, welche sich daraus ergeben würden, daß die Elektricität jetzt mit Hülfe der dynamo-elektrischen Maschine auch schwere Arbeit leisten könnte, während sie bis dahin nur durch die Schnelligkeit ihrer Bewegung nützlich gewesen wäre, indem sie Nachrichten und Signale übermittelte, dirigirte und commandirte, jedoch die Ausführung der schweren Arbeit selbst anderen Naturkräften überließ.

Der Vortrag „Ueber das naturwissenschaftliche Zeitalter“, den ich in der Eröffnungssitzung der Gesellschaft der Naturforscher und Aerzte im Herbst des Jahres 1886 zu Berlin hielt, behandelte das Thema der Veränderung der socialen Zustände durch die schnell wachsende Herrschaft des Menschen über die Naturkräfte. Ich setzte auseinander, daß die auf naturwissenschaftlicher Grundlage ruhende Technik dem Menschen die bisherige schwere körperliche Arbeit, die ihm zur Erhaltung seines Lebens von der Natur auferlegt sei, mehr und mehr abnähme, daß die Lebensbedürfnisse und Genußmittel durch immer geringere körperliche Arbeitsleistung herzustellen seien, also billiger und damit allen Menschen zugänglicher würden, daß ferner durch die Kraftvertheilung und das nothwendige Herabgehen des Zinsfußes das Uebergewicht der großen Fabriken über die Einzelarbeit mehr und mehr aufgehoben würde und mithin die praktischen Ziele der Socialdemokratie ohne gewaltsamen Umsturz des Bestehenden allein durch die ungestörte Entwicklung des naturwissenschaftlichen Zeitalters erreicht werden würden. Auch suchte ich in meinem Vortrage den Nachweis zu führen, daß das Studium der Naturwissenschaften in seiner weiteren Ausbildung und Verallgemeinerung die Menschheit nicht verrohen und idealen Bestrebungen abwendig machen würde, sondern sie im Gegentheil zu demüthiger Bewunderung der die ganze Schöpfung durchdringenden und unfaßbaren Weisheit führen, sie also veredeln und bessern müsse. Es erschien mir nützlich, für diese meine Ueberzeugung gerade an jener Stelle öffentlich einzutreten, da der unerschütterliche Glaube an die segensreichen Folgen der ungestörten Entwicklung des naturwissenschaftlichen Zeitalters allein im Stande ist, die alle menschliche Kultur bedrohenden fanatischen Angriffe von rechts und links erfolgreich zu bekämpfen.

Es genügt aber nicht, die Entwicklung der naturwissenschaftlichen Technik ungestört fortschreiten zu lassen, es ist vielmehr nothwendig, sie nach Möglichkeit zu fördern. Dafür geschieht in Deutschland allerdings schon viel durch das hochentwickelte System des naturwissenschaftlich-technischen Unterrichtes, für welchen auf den zahlreichen Universitäten und polytechnischen Lehranstalten die denkbar besten Einrichtungen getroffen sind. Es fehlte aber an jeder Organisation zur Unterstützung wissenschaftlicher Forschungsthätigkeit, also zur Erweiterung des Gebietes unserer Naturerkenntniß, von der auch der technische Fortschritt abhängig ist. In Preußen hatte man schon vor Jahren die Nothwendigkeit eines Institutes erkannt, welches die wissenschaftliche Unterstützung der Technik und namentlich der Präcisionsmechanik zur Aufgabe hätte, und eine Commission, zu der auch ich berufen wurde, hatte den Plan für ein solches Institut ausgearbeitet, das an das neue, im Bau begriffene Polytechnikum zu Charlottenburg angeschlossen werden sollte. Dies war aber keine Lösung der Aufgabe, die wissenschaftliche Forschungsthätigkeit selbst zu fördern.

Die Nothwendigkeit eines Institutes, das nicht dem Unterrichte, sondern ausschließlich der naturwissenschaftlichen Forschung diente, hatte sich bei den Conferenzen über die Feststellung internationaler elektrischer Maaße in Paris recht schlagend herausgestellt. Es fand sich in ganz Deutschland kein geeigneter Platz, um die schwierigen Arbeiten der exacten Darstellung der Weberschen absoluten Widerstandseinheit auszuführen. Die Laboratorien der Universitäten sind ihrer Bestimmung gemäß für Unterrichtszwecke eingerichtet und dafür in der Regel auch ganz in Anspruch genommen. Die deutschen Gelehrten haben sie zwar trotzdem in den Mußestunden, die der Lehrberuf ihnen ließ, zur Ausführung ihrer Forschungsarbeiten benutzt und damit auch Großes geleistet, doch waren für umfangreiche, grundlegende Arbeiten weder die Arbeitsräume und ihre Einrichtung noch die Mußestunden der Gelehrten selbst ausreichend. Mein Vorschlag, dem geplanten Institute zur wissenschaftlichen Unterstützung der Technik ein zweites anzugliedern, welches ausschließlich der naturwissenschaftlichen Forschung dienen sollte, fand zwar viel Sympathie, doch hielt man die Durchführung des Planes unter den obwaltenden Verhältnissen für unmöglich. Es fehlte ein geeignetes, hinlänglich großes und Erschütterungen durch den Fuhrwerksverkehr nicht preisgegebenes Grundstück, und es erschien auch sehr schwierig, dem beträchtlichen Geldaufwande für die Errichtung und die spätere Erhaltung eines solchen Institutes Aufnahme in den preußischen Etat zu verschaffen.

Ich hatte bereits in meinem Testamente eine ansehnliche Geldsumme dafür bestimmt, zur Förderung der naturwissenschaftlichen Forschung verwendet zu werden, doch wäre bis zu meinem vielleicht noch ziemlich fernen Tode kostbare Zeit verloren gegangen, und namentlich wäre dann die günstige Gelegenheit versäumt, durch Verbindung des geplanten, für die wissenschaftliche Forschung bestimmten Institutes mit dem im Princip schon festgestellten wissenschaftlich-technischen ein großes und dem Zeitbedürfniß entsprechendes Unternehmen ins Leben zu rufen. Deshalb entschloß ich mich, meinen Tod nicht abzuwarten, sondern der Reichsregierung das Anerbieten zu machen, ihr ein großes, für den Zweck völlig geeignetes Grundstück oder den entsprechenden Kapitalbetrag für ein der naturwissenschaftlichen Forschung gewidmetes Reichsinstitut zur Verfügung zu stellen, wenn das Reich die Baukosten tragen und die künftige Unterhaltung des Institutes übernehmen wollte. Mein Vorschlag wurde von der Reichsregierung angenommen, vom Parlamente bestätigt, und es ist auf dieser Grundlage die physikalisch-technische Reichsanstalt in Charlottenburg erwachsen, die unter der Leitung des ersten Physikers unserer Zeit, des Geheimraths von Helmholtz, jetzt eine deutsche Heimstätte für die wissenschaftliche Forschung bildet.

Charlottenburg, im Juni 1892.

Ich hoffte im vorigen Jahre diese Erinnerungen in Harzburg abzuschließen, wurde aber durch eine Erkrankung meiner Frau und viele andere Störungen daran verhindert. Im Herbste hatte ich selbst einen schweren Influenzaanfall zu überstehen, der mich nöthigte, den Winter im Süden zu verbringen. Von meiner Frau und jüngsten Tochter begleitet, begab ich mich im Dezember nach Corfu. Zwar ist dort für Kranke nicht viel Fürsorge getroffen, und das Klima ist im Januar und Februar ungefähr das eines regnerischen norddeutschen Sommers, aber die herrliche Lage und die schöne Umgebung der Stadt gewähren auch um diese Jahreszeit hohen Genuß. Corfu zehrt noch heute von den Wohlthaten, welche die englische Oberherrschaft früher der Insel gebracht hat. Die von den Engländern erbauten schönen Straßen, obwohl zum Theil schon verfallen, gewähren noch immer gute Verbindung zwischen den wichtigsten Punkten der Insel; auch die englische Wasserleitung, welche die Stadt Corfu zu einem gesunden Orte gemacht hat, ist glücklicherweise noch in Thätigkeit. Bis vor kurzem lebte der Corfiote in alter phäakischer Behaglichkeit von den Einnahmen, welche die zahllosen alten Oelbäume der Insel ihm gewährten; er nahm sich nicht einmal die Mühe, die Früchte regelrecht zu ernten, sondern wartete ab, bis sie von selbst zur Erde fielen und sammelte dann die noch gut erhaltenen. Neuerdings hat aber das Petroleum die Oelpreise sehr hinabgedrückt, und die Sorgen ums tägliche

Brod fangen nun auch im Phäakenlande an, sich fühlbar zu machen. Man wendet daher dem Weinbau jetzt größere Aufmerksamkeit zu, der zwar viel mehr Arbeit kostet, dafür aber auch weit lohnender ist als der Oelbau. Mit Bedauern sieht man in manchen Gegenden der Insel die alten malerischen Oelbäume fallen, die der einträglicheren Weinkultur Platz machen müssen. Fast die einzigen Fremden, die sich dauernd in Corfu aufhalten, sind französische Händler, die allen Wein aufkaufen. Die große Menge rothen Farbstoffes, die der korfiotische Wein enthält, mag ihn wohl sehr geeignet zur Fabrikation echten Bordeaux machen. In früheren Zeiten durfte kein Wein aus der Insel exportirt werden, da die Corfioten ihren Wein selbst trinken wollten. So ändern sich uralte Gewohnheiten in unserer nichts Unveränderliches duldenden Zeit!

Ende Februar, als die Obstbäume zu blühen begannen, verließen wir Corfu und gingen nach Neapel, wo wir besseres Wetter und mehr Unterhaltung zu finden hofften. Aber die Apenninen waren noch tief verschneit, selbst der liebe Vesuv trug einen leichten Schneemantel und in Neapel regnete es noch viel anhaltender und stärker als in Corfu. Dafür erfreuten wir uns dort des angenehmen Verkehrs mit Freund Dohrn und seiner liebenswürdigen Familie. Vier Wochen später gingen wir nach Amalfi, aber erst in Sorrent lachte uns endlich der lang ersehnte blaue italienische Himmel. Dort spürte ich zuerst die Rückkehr meiner Kräfte, als ich auf einem Spaziergange mit meiner Frau durch das Bestreben einen schönen Aussichtspunkt zu gewinnen, zum höchsten Punkte der Umgebung, dem Kloster Deserto, geführt wurde. Meine Hoffnung, dem Vesuv nochmals einen Besuch abstatten zu können und vielleicht noch einmal einen Einblick in die Quellen seiner wechselnden Thätigkeit zu gewinnen, blieb des ungünstigen Wetters wegen leider unerfüllt. Es hat mir aber viel Freude gemacht, ihn wiederzusehen, denn man hängt an Personen und Sachen, denen man Dank schuldet. Hatte mir doch der Vesuv bei einer im Jahre 1878 ausgeführten Besteigung durch seine regelmäßig wiederkehrenden explosionsartigen Auswürfe so unzweifelhafte Fingerzeige

Anfang Mai kehrten wir in die Heimath zurück, leider hatte ich aber noch zweimal heftige Fieberanfälle zu erleiden. Nachdem ich auch sie nun glücklich überwunden habe, hoffe ich, daß die Krankheitsperiode meines Alters damit beendet ist und mir noch ein ruhiger und heiterer Lebensabend im Kreise meiner Lieben beschieden sein wird.

Meiner Geschwister habe ich im Vorhergehenden schon häufig gedacht, bei dem großen Einfluß, den sie auf meinen Lebensgang ausübten, fühle ich mich aber gedrungen, ihr Leben noch kurz im Zusammenhange zu schildern.

Zunächst will ich meines uns leider so früh durch den Tod entrissenen Bruders Wilhelm gedenken. Wie dieser sich in einem ihm fremden Lande, das er ohne alle Bekanntschaften und Empfehlungen mit sehr beschränkten Mitteln betrat, zu einer hoch angesehenen Lebensstellung hinaufgearbeitet hat, das hat eine so berufene englische Feder wie die des Mr. Pole verständlich geschildert. Es haben ja viele Ausländer und darunter auch Deutsche ihr Glück in England gemacht, aber dies war meist einseitig und beruhte auf besonderen Glücksfällen, zu denen auch eine vereinzelte Erfindung von großer materieller Bedeutung in der Regel zu zählen ist. Wilhelm erreichte mehr, er gewann die öffentliche Meinung Englands dafür, ihn schon bei Lebzeiten und in noch hervorragenderer Weise nach seinem Tode als einen der leitenden Führer zu feiern, denen das Land den großen Aufschwung seiner Technik durch Verbreitung und Anwendung naturwissenschaftlicher Kenntnisse verdankt. Durch unausgesetzte Thätigkeit in dem hochentwickelten Vereinsleben, das in England den früheren Mangel einer guten technischen Vorbildung mit bestem Erfolge ersetzt hat, trug Wilhelm viel dazu bei, die englische Technik auf das Niveau der fortgeschrittenen Naturwissenschaft zu erheben, und es gereicht England zur Ehre, dieses Verdienst auch bei einem Nichtengländer vorurtheilslos anerkannt zu haben. Wesentlich unterstützt wurde Wilhelm bei seinem Wirken durch die ununterbrochene innige Verbindung mit seinen Brüdern und durch seine Verheirathung mit der liebenswürdigen Miß Gordon aus angesehener schottischer Familie, die es ihm erleichterte, auch im englischen Gesellschaftsleben festen Fuß zu fassen.

Wilhelm starb am 19. November 1883 in seinem sechszigsten Lebensjahre an einem langsam entwickelten und wenig beachteten Herzleiden. Sein fast plötzlich erfolgter Tod ereilte ihn auf der Höhe seiner Lebensthätigkeit. Es waren auf Wilhelm schon alle Ehren gehäuft, die für einen Gelehrten und Techniker in England zu erreichen sind. Er war wiederholt Präsident der hervorragendsten wissenschaftlichen und technischen Gesellschaften, so auch der erste Präsident der von ihm selbst begründeten Society of telegraph engineers and electricians. Die höchsten, von diesen Gesellschaften ertheilten Anerkennungen und Preise wurden ihm zuerkannt, die Universitäten von Cambridge und Oxford promovirten ihn zu ihrem Ehrendoctor, und die Königin von England verlieh ihm als Sir William Siemens die Ritterwürde. Sein Tod wurde in ganz England als ein nationaler Verlust betrauert und von allen Zeitungen in diesem Sinne beklagt. Das Begräbniß ward in der Westminster-Abtei feierlich begangen. Ein Jahr nach seinem Tode fand daselbst unter persönlicher Theilnahme der hervorragendsten englischen Naturforscher und Techniker die Einweihung eines Kirchenfensters statt, das die wissenschaftlichen und technischen Vereine Englands ihm zu Ehren gestiftet hatten. Seine tiefgebeugte Gattin hat sich auf ihren schönen Landsitz Sherwood bei Tunbridge Wells zurückgezogen, den ihr die Fürsorge ihres Gatten hinterlassen hatte, und betrauert dort den Verlust ihres Lebensglückes. Wir Brüder und namentlich ich, für den Wilhelm noch mehr als Bruder war, empfanden seinen unerwarteten Tod als einen harten Schlag, den das bald darüber verflossene Jahrzehnt wohl mildern, aber nicht überwinden konnte.

Von meinen Brüdern Hans und Ferdinand, die Landwirthe geworden waren, hatte sich Hans später der landwirthschaftlichen Technik zugewandt und den Betrieb einer Spiritusbrennerei in Mecklenburg übernommen. Zwar spann er dabei nicht viel Seide, fand aber Gelegenheit, sich zu verlieben und zu verloben. Nach seiner Verheirathung erwarb er mit meiner Beihülfe eine Flaschenglashütte bei Dresden, die er bis zu seinem im Jahre 1867 erfolgten Tode betrieb. Ferdinand lebt noch heute auf seinem Rittergute Piontken in Ostpreußen. Er hat sich im Jahre 1856 wieder verlobt und dann verheirathet; eine seiner beiden Töchter ist die Gattin meines Sohnes Wilhelm und hat mir schon vor Jahren den ersten Enkel bescheert.

Mein Bruder Friedrich hatte sich in den fünfziger Jahren lebhaft an den Bemühungen Wilhelms um die Verbesserung seiner Regenerativ-Dampfmaschinen und Verdampfungsapparate betheiligt. Im Jahre 1856 kam er auf die glückliche Idee, das bis dahin noch wenig erfolgreiche Regenerativsystem auch für pyrotechnische Zwecke und insbesondere für Flammöfen anzuwenden. Eine Reihe von Patenten, die er zum Theil allein, zum Theil gemeinsam mit Wilhelm auf eine vervollkommnete Form der Regenerativ-Gasöfen in verschiedenen Ländern nahm, bildete die Grundlage eines von Wilhelm und ihm begründeten Ofenbaugeschäftes. Um dieses in Deutschland und Oesterreich zu betreiben, siedelte er kurz nach seiner Verheirathung, im Jahre 1864, nach Berlin über. Im Jahre 1867 übernahm er dann nach dem Tode unseres Bruders Hans dessen Flaschenglashütte bei Dresden und erhob sie durch seine technische Begabung und Thatkraft bald zu einer Musterhütte für die Glasfabrikation. Durch Einführung des Regenerativofen-Systems und später des Ofenbetriebes mit freier Flammenführung gab er den Anstoß zu einem epochemachenden Umschwunge der Pyrotechnik und insbesondere der Glasindustrie. In neuerer Zeit hat er die Dresdener Hütte und die zu ihr gehörigen Hütten in Böhmen einer Aktiengesellschaft übertragen, da sie ihm nicht Stoff genug für erfinderische Thätigkeit mehr boten. Heute ist er eifrig mit der Vervollkommnung seines regenerativen Heizprocesses und

19*

der Stahlfabrikation beschäftigt. Auch auf einem ganz abgelegenen Gebiete, dem der Gasbeleuchtung, hat er große Verbesserungen eingeführt, indem er das Princip der selbstthätigen Vorwärmung bei den Gasbrennern zur Anwendung brachte und auf diese Weise die Leuchtkraft des Gases um ein mehrfaches vergrößerte. Er hat dadurch den Sieg des elektrischen Lichtes über die Gasbeleuchtung bedeutend erschwert, was unserer brüderlichen Eintracht aber keinen Abbruch thut. Nach Wilhelms Tode übernahm er auch dessen Ingenieurgeschäft in England und hat es mit bestem Erfolge fortgeführt. Eine liebenswürdige Frau und eine reizende Kinderschaar werden ihn hoffentlich noch lange Jahre beglücken und dadurch für weiteres rastloses Streben kräftigen.

Karl hatte in Rußland einen seinen Fähigkeiten sehr entsprechenden Wirkungskreis gefunden und durch die glückliche Durchführung unserer großen russischen Unternehmungen zur festen Begründung und financiell gesunden Entwicklung unseres Geschäftes sehr wesentlich beigetragen. Als aber im Jahre 1867 unsere russischen Remonte-Contracte abliefen und die russische Regierung die weiteren Telegraphenanlagen in eigener Regie ausführte, schien die Petersburger Firma von der erlangten Bedeutung herabsteigen zu müssen. Da nun um dieselbe Zeit Karls Frau leidend wurde und ein Klimawechsel für sie dringend nöthig erschien, so verlegte Karl seinen Wohnsitz nach Tiflis und übernahm die Leitung der dort begründeten Filiale sowie unseres, schon zu größerer Ausdehnung herangewachsenen Bergwerks Kedabeg. Leider verschlimmerte sich der Zustand seiner Frau aber immer mehr, auch ein längerer Aufenthalt in Wien und Berlin stellte ihre Gesundheit nicht wieder her; sie starb im Jahre 1869 zu Berlin und ließ Karl mit einem Sohne und zwei Töchtern zurück. Ich schlug Karl jetzt vor, ganz in Berlin zu bleiben und sich an der Leitung der Berliner Firma zu betheiligen. Wir planten auch schon, weil wir beide Wittwer waren, uns ein gemeinsames Haus zu bauen, da trat Wilhelm mit dem Wunsche hervor, Karl möchte nach London übersiedeln. Karl ging auf diesen Vorschlag ein und leitete dann bis zum Jahre 1880 gemeinsam mit Wilhelm die Geschäfte der

Firma Siemens Brothers & Co. Er erwies sich in London ebenso wie in Petersburg als weitsichtiger Geschäftsmann und als tüchtiger Organisator und Leiter großer Unternehmungen. Die in Charlton bei Woolwich angelegte Fabrik wurde auf sein Betreiben bedeutend erweitert, namentlich das Kabelwerk sehr vergrößert und ein eigenes Guttaperchawerk eingerichtet. Nach mehrjährigem Aufenthalte in England fing aber Karls, früher immer sehr kräftige Gesundheit an schwächer zu werden; er konnte auf die Dauer das feuchte englische Klima nicht vertragen. Dazu kam, daß sich bei seinen Kindern eine unwiderstehliche Sehnsucht nach ihrem Geburtslande Rußland entwickelte. Aus diesen Gründen ging Karl im Jahre 1880 mit ihnen nach Petersburg zurück und übernahm wieder die Leitung des dortigen Geschäftes, das er bald zu neuer Blüthe brachte. Seine beiden Töchter haben sich in Rußland verheirathet; sein Sohn unterstützt ihn bei der Geschäftsleitung, soweit ihm ein Augenleiden, mit dem er leider behaftet ist, dies gestattet. Karls eigene Gesundheit hat sich seit dem Verlassen Englands wieder gekräftigt. Er selbst wie die von ihm geleitete Firma, die sich jetzt hauptsächlich mit der Einrichtung elektrischer Beleuchtungsanlagen und Kraftübertragungen beschäftigt, stehen in Rußland in hohem Ansehen.

Die jüngsten Brüder Walter und Otto sind beide in Tiflis gestorben und ruhen dort in einem gemeinsamen Grabe. Walter starb, wie ich schon mittheilte, in Folge eines unglücklichen Sturzes mit dem Pferde. Er war ein schöner, stattlicher Mann mit angenehmen Umgangsformen, die ihn im Kaukasus schnell beliebt machten; uns Brüdern hat er stets die größte Anhänglichkeit bewiesen. Otto erlag etliche Jahre später seiner schwachen Gesundheit, die er nicht immer genügend berücksichtigte. Er war ein braver, sehr talentvoller Mensch, besaß aber nicht immer die nöthige Selbstbeherrschung und Charakterstärke und hat daher uns älteren Brüdern oft Sorge gemacht. Als er sich in London, wo er unter Wilhelms Leitung zum Techniker ausgebildet werden sollte, eine bedenkliche Lungenkrankheit zugezogen hatte, ließen wir ihn auf einem guten Segelschiffe eine Reise um die Welt machen, in der Hoffnung, daß ihn dies kuriren würde. Er kam auch anscheinend ganz gesund in Australien an, konnte dort aber der Versuchung nicht widerstehen, sich einer Expedition anzuschließen, die den Continent durchqueren wollte, um die Spuren des verschollenen Reisenden Leichhardt aufzusuchen. Doch er war den Strapazen nicht gewachsen und wäre in dem wüsten Inneren des Landes beinahe an den Folgen eines Blutsturzes zu Grunde gegangen. Als er nach einer Reihe von weiteren Abenteuern nach England zurückkehrte, schickten wir ihn nach dem Kaukasus, der sich Lungenkranken schon oft als heilsam erwiesen hatte. In der That schien ein längerer Aufenthalt in Kedabeg ihn völlig wiederhergestellt zu haben. Nach Walters plötzlichem Tode trat er in dessen Funktionen ein. Im Hause des Fürsten Mirsky, Gouverneurs des Kaukasus, lernte er die Wittwe des im Krimkriege gefallenen Generals Fürsten Mirsky, eines Bruders des Gouverneurs, kennen und lieben. Leider löste sein Tod schon nach wenigen Jahren die Verbindung des glücklichen Paares.

Unsere Schwester Mathilde, die Gattin des Professors Himly, ist im Sommer 1878 in Kiel gestorben, als liebevolle und treue Schwester von uns betrauert. Schwester Sophie hat leider schon vor Jahren ihren Gatten, der zuletzt Anwalt beim Reichsgericht in Leipzig war, verloren.

Ueber mein eigenes Leben in den letzten Jahren bleibt mir noch anzuführen, daß ich seit dem Beginn des Jahres 1890 die Geschäftsleitung der Firma Siemens & Halske zu Berlin, Charlottenburg, Petersburg und Wien den bisherigen Socien, meinem Bruder Karl und meinen Söhnen Arnold und Wilhelm überlassen habe und nur noch als Commanditist an der Firma betheiligt bin. Es gereicht mir zur großen Freude, hier bezeugen zu können, daß meine Söhne sich ihrer schweren und verantwortlichen Stellung vollständig gewachsen gezeigt haben, ja daß mein Ausscheiden offenbar der Firma einen neuen, jugendlichen Aufschwung gegeben hat. Dies ist um so anerkennenswerther, als auch meine alten Gehülfen in der technischen Oberleitung, die Herren Frischen, von Hefner und Lent ausgeschieden sind, von denen der erste leider durch den Tod seiner Thätigkeit entrissen wurde. Es geht eben den Geschäftshäusern wie den Staaten, sie bedürfen von Zeit zu Zeit einer Verjüngung ihrer Leitung, um selbst jung zu bleiben. Das Londoner Geschäft und meine Privatunternehmungen wurden durch mein Ausscheiden aus der Firma Siemens & Halske nicht berührt und geben mir auch ferner hinreichende technische Beschäftigung.

Meine Kinder erster Ehe sind sämmtlich glücklich verheirathet. Mein Erstgeborener, Arnold, heirathete die Tochter meines Freundes von Helmholtz und hat bereits ebenso wie sein Bruder durch zwei Enkel für den Familienstamm gesorgt.

Wenn ich zum Schluß mein Leben überblicke und die bedingenden Ursachen und treibenden Kräfte aufsuche, die mich über alle Hindernisse und Gefahren hinweg zu einer Lebensstellung führten, welche mir Anerkennung und innere Befriedigung brachte und mich überreichlich mit den materiellen Gütern des Lebens versah, so muß ich zunächst anerkennen, daß das glückliche Zusammentreffen vieler Umstände dazu mitgewirkt hat und ich überhaupt dem glücklichen Zufall viel dabei zu danken habe. Ein solches glückliches Zusammentreffen war es schon, daß mein Leben gerade in die Zeit der schnellen Entwicklung der Naturwissenschaften fiel, und daß ich mich besonders der elektrischen Technik schon zuwandte, als sie noch ganz unentwickelt war und daher einen sehr fruchtbaren Boden für Erfindungen und Verbesserungen bildete. Andererseits habe ich aber im Leben auch vielfach mit ganz ungewöhnlichem Mißgeschick zu kämpfen gehabt. William Meyer, mein lieber Jugendfreund und treuer Genosse, bezeichnete diesen steten Kampf mit ganz unerwarteten Schwierigkeiten und unglücklichen Zufällen, die mir bei meinen Unternehmungen anfangs in der Regel entgegentraten, deren Ueberwindung mir aber meist mit großem Glücke gelang, recht drastisch mit dem studentischen Ausspruche, ich hätte „Sau beim Pech". Ich muß die Richtigkeit dieser Auffassung anerkennen, glaube aber doch nicht, daß es nur blindes Schicksalswalten war, wodurch die Wellenlinie von Glück und Unglück, auf der sich unser

Leben bewegt, mich so häufig den angestrebten Zielen zuführte. Erfolg und Mißerfolg, Sieg und Niederlage hängen im menschlichen Leben vielfach ganz von der rechtzeitigen und richtigen Benutzung sich darbietender Gelegenheiten ab. Die Eigenschaft, in kritischen Momenten schnell entschlossen zu sein und ohne lange Ueberlegung das Richtige zu thun, ist mir während meines ganzen Lebens so ziemlich treu geblieben, trotz des etwas träumerischen Gedankenlebens, in das ich vielfach, ich könnte fast sagen gewöhnlich versunken war. In unzähligen Fällen hat mich diese Fähigkeit vor Schaden bewahrt und in schwierigen Lebenslagen richtig geleitet. Freilich gehörte immer eine gewisse Erregung dazu, um mir die volle Herrschaft über meine geistigen Eigenschaften zu geben. Ich bedurfte ihrer nicht nur, um meinem Gedankenleben entrissen zu werden, sondern auch zum Schutze gegen meine eigenen Charakterschwächen. Zu diesen rechne ich vornehmlich eine allzu große Gutmüthigkeit, die es mir ungemein schwer machte, eine an mich gerichtete Bitte abzuschlagen, einen erkannten Wunsch nicht zu erfüllen, ja überhaupt Jemand etwas zu sagen oder zu thun, was ihm unangenehm oder schmerzlich sein mußte. Zu meinem Glücke stand dieser, besonders für einen Geschäftsmann und Dirigenten vieler Leute sehr störenden Eigenschaft die andere gegenüber, daß ich leicht erregt und in Zorn versetzt werden konnte. Dieser Zorn, der immer leicht in mir aufstieg, wenn meine guten Absichten verkannt oder mißbraucht wurden, war stets eine Erlösung und Befreiung für mich, und ich habe es oft ausgesprochen, daß mir Jemand, mit dem ich Unangenehmes zu verhandeln hatte, keinen größeren Dienst erweisen könnte, als wenn er mir Ursache gäbe, zornig zu werden. Uebrigens war dieser Zorn in der Regel nur eine Form geistiger Erregung, die ich niemals aus der Gewalt verlor. Obwohl ich in jüngeren Jahren von meinen Freunden mit dem Spitznamen „Krauskopf" benannt wurde, womit sie einen gewissen Zusammenhang zwischen meinem krausen Haar und krausen Sinn andeuten wollten, so hat mich mein leicht aufbrausender Zorn doch nie zu Handlungen verleitet, die ich später hätte bereuen müssen. Zum Leiter großer Unternehmungen war ich auch in anderen Beziehungen

Wenn ich trotzdem große Geschäftshäuser begründet und mit ungewöhnlichem Erfolge geleitet habe, so ist dies ein Beweis dafür, daß mit Thatkraft gepaarter Fleiß vielfach unsere Schwächen überwindet oder doch weniger schädlich macht. Dabei kann ich mir selbst das Zeugniß geben, daß es nicht Gewinnsucht war, die mich bewog, meine Arbeitskraft und mein Interesse in so ausgedehntem Maaße technischen Unternehmungen zuzuwenden. In der Regel war es zunächst das wissenschaftlich-technische Interesse, das mich einer Aufgabe zuführte. Ein Geschäftsfreund hänselte mich einmal mit der Behauptung, ich ließe mich bei meinen Unternehmungen immer von dem allgemeinen Nutzen leiten, den sie bringen sollten, fände aber schließlich immer meine Rechnung dabei. Ich erkenne diese Bemerkung innerhalb gewisser Grenzen als richtig an, denn solche Unternehmungen, die das Gemeinwohl fördern, werden durch das allgemeine Interesse getragen und erhalten dadurch größere Aussicht auf erfolgreiche Durchführung. Indessen will ich auch die mächtige Einwirkung nicht unterschätzen, welche der Erfolg und das ihm entspringende Bewußtsein, Nützliches zu schaffen und zugleich Tausenden von fleißigen Arbeitern dadurch ihr Brot zu geben, auf den Menschen ausübt. Dieses befriedigende Bewußtsein wirkt anregend auf unsere geistigen Eigenschaften und ist wohl die Grundlage des sonst etwas bedenklichen Sprüchworts: „Wem Gott ein Amt giebt, dem giebt er auch den Verstand dazu".

Eine wesentliche Ursache für das schnelle Aufblühen unserer Fabriken sehe ich darin, daß die Gegenstände unserer Fabrikation zum großen Theil auf eigenen Erfindungen beruhten. Waren diese auch in den meisten Fällen nicht durch Patente geschützt, so gaben sie uns doch immer einen Vorsprung vor unsern Concurrenten, der dann gewöhnlich so lange anhielt, bis wir durch neue Verbesserungen abermals einen Vorsprung gewannen. Andauernde Wirkung konnte das allerdings nur in Folge des Rufes größter Zuverlässigkeit und Güte haben, dessen sich unsere Fabrikate in der ganzen Welt erfreuten.

Außer dieser öffentlichen Anerkennung meiner technischen Leistungen sind mir persönlich sowohl von den Herrschern der größeren Staaten Europas wie von Universitäten, Akademien, wissenschaftlichen und technischen Instituten und Gesellschaften Ehrenbezeugungen in so reichem Maaße erwiesen worden, daß mir kaum noch etwas zu wünschen übrig bleibt.

Ich begann die Niederschrift meiner Erinnerungen mit dem biblischen Ausspruche „Unser Leben währet siebenzig Jahr und wenn's hochkommt, so sind's achtzig Jahr", und ich denke, sie wird gezeigt haben, daß auch der Schluß des Denkspruches „und wenn es köstlich gewesen, so ist es Mühe und Arbeit gewesen" sich an mir bewährt. Denn mein Leben war schön, weil es wesentlich erfolgreiche Mühe und nützliche Arbeit war, und wenn ich schließlich der Trauer darüber Ausdruck gebe, daß es seinem Ende entgegengeht, so bewegt mich dazu der Schmerz, daß ich von meinen Lieben scheiden muß, und daß es mir nicht vergönnt ist, an der vollen Entwicklung des naturwissenschaftlichen Zeitalters erfolgreich weiter zu arbeiten.

Lightning Source UK Ltd.
Milton Keynes UK
UKHW020125090119
334943UK00005B/554/P